Barrierefreiheit im virtuellen Raum

Helmut Vieritz

Barrierefreiheit im virtuellen Raum

Benutzungszentrierte und modellgetriebene Entwicklung von Weboberflächen

Helmut Vieritz
Aachen, Deutschland

Dissertation RWTH Aachen University, 2015

ISBN 978-3-658-10703-1   ISBN 978-3-658-10704-8 (eBook)
DOI 10.1007/978-3-658-10704-8

Die Deutsche Nationalbibliothek verzeichnet diese Publikation in der Deutschen Nationalbi-
bliografie; detaillierte bibliografische Daten sind im Internet über http://dnb.d-nb.de abrufbar.

Springer Vieweg
© Springer Fachmedien Wiesbaden 2015

Gedruckt auf säurefreiem und chlorfrei gebleichtem Papier

Springer Fachmedien Wiesbaden ist Teil der Fachverlagsgruppe Springer Science+Business Media
(www.springer.com)

Vorwort

Diese Publikation wendet sich Softwarearchitekten, Webentwickler und Projektmanager interaktiver Webanwendungen. Zielstellung dieser Forschungsarbeit ist es, die Anforderungen der barrierefreien Bedienbarkeit im Entwurf einer interaktiven Webanwendung zu integrieren. Die Motivation dafür ergibt sich aus der Beobachtung, dass die Barrierefreiheit einer Webanwendung an Analyse und Entwurf komplexe Anforderungen stellt, die durch die gängigen Empfehlungen nicht beschrieben werden. Vergleichbar zu Wartbarkeit, Zuverlässigkeit oder Skalierbarkeit adressiert sie die gesamte Anwendungsarchitektur und muss durch die Webentwicklung von Beginn an unterstützt werden. Fehlt das notwendige Expertenwissen in den Frühphasen des Webprojekts, besteht ein hohes Risiko, dass bereits der Entwurf fehlerbehaftet ist.

Diese Publikation schlägt die Brücke zwischen den Anforderungen des Benutzers und des Softwarearchitekten bzw. Entwicklers. Mit Hilfe des modellgetriebenen Entwurfs wird der Zusammenhang zwischen den Anforderungen der Barrierefreiheit gemäß gängiger Empfehlungen einerseits sowie den wesentlichen Aspekten der Interaktion mit Weboberflächen andererseits dargestellt. Die barrierefreie Bedienung wird als integraler Aspekt des Entwurfs mit modernen Softwarewerkzeugen dargestellt. Modellgetriebener Entwurf und interaktive Softwarearchitektur bilden sich gegenseitig ergänzende Aspekte des Softwareprozesses.

Entstehen und Gelingen dieser Arbeit verdanke ich dem Austausch mit Anderen. Ich danke Frau Prof. Dr. phil. Martina Fromhold-Eisebith für die Unterstützung. Mein besonderer Dank gilt Frau Prof. Dr. rer. nat. Sabina Jeschke, die mir die Arbeit an dieser Thematik über Jahre hinweg ermöglicht hat. Ich danke meiner Familie, Kollegen und Kolleginnen, Freundinnen und Freunden für die Begleitung und Unterstützung. Ihnen ist diese Arbeit gewidmet.

Abstract

Since the 1990s, accessibility of Web applications plays an important role in the development of technology. Meanwhile, a Web application requires a complex software development process with analysis, specification and design activities. Successful implementation of accessible user interfaces is based on their integration into early analysis and design activities. Since current accessibility guidelines address only runtime behavior, additional efforts are required to transform and integrate the requirements into analysis and design of Web applications.

This research work investigates the requirements of accessibility for the user as well as the requirements of Web application design. A software process model for Web applications is defined that helps software architects and developers to meet the requirements of accessibility during analysis and design activities. The approach combines usage-centered design with model-driven development to bridge the gap between user and developer. The investigation starts with the analysis of accessible human-computer interaction and the state of the art in development of accessible Web applications. User's tasks and workflow are taken as a starting point for user interface (UI) design based on the universal design paradigm. Current guidelines for accessible user interface behavior are refined for modeling. The relationship between software architecture and accessibility is examined to include complementary aspects of the software development process. The resulting software development process integrates the requirements of accessible interaction in early development activities.

After investigating the Human-computer interaction (HCI) and software architecture for accessibility, a model-driven design approach for Web-based UI design is presented which overlaps the essential models in HCI including the task, dialog and presentation model. The Unified Modeling Language (UML) is used as a meta model and for notation. An additional chapter examines alternative access to UML diagrams. Pre-implementation accessibility evaluation is investigated based on rapid prototyping and model-driven tests. As a case study, the concept is used and tested for an accessible Web interface in data and information integration. The combination of usage-centered and model-driven design supports user's needs for accessible interaction as well as the integration into modern Web application development. To follow commons conditions of recent Web development, standard UI software architecture and a reference framework for model-driven UI design are used. Finally, the research work is completed with the transfer of the process model to other domains of application with focus on multiplatform-development.

Inhaltsverzeichnis

Abkürzungen

AIO .... Abstract Interaction Object
AT .... Assistive Technologie
ATAG.............. Authoring Tool Accessibility Guidelines
AUI .... Abstract User Interface
BITV .... Barrierefreie-Informationstechnik-Verordnung
CIO.................. Concrete Interaction Object
CRF................. Cameleon-Referenzframework
CSS .... Cascading Style Sheet
CTT.................. ConcurTaskTree
CUI.................. Concrete User Interface
DOM .... Document Object Model
ER .... Entity-Relationship-Modell
FUI .... Final User Interface
GUI .... Graphical User Interface
GWT .... Google Web Toolkit
HCI.................. Human-Computer-Interaction
HTA .... Hierarchical Task Analysis
HTML .... Hypertext Markup Language
HUTN.............. Human-Usable Textual Notation
ICIDH.............. International Classification of Impairments, Disabilities and Handicaps
ICF .... International Classification of Funtioning, Disability and Health
IKT.................. Informations- und Kommunikationstechnik
INAMOSYS..... Integrated Accessibility Models for Web and Automation Systems
JSF.................. Java Server Faces
MDE................ Model-Driven Engineering
MDWE............ Model-Driven Web Engineering
MFC .... Microsoft Foundation Classes
MOF .... Meta Object Facility
MSAA .... Microsoft Active Accessibility
MVC .... Model-View-Control
MVP................ Model-View-Presenter

MVVM.............. Model-View-ViewModel
MBUID .... Model-Based User Interface Development
OCL.................. Object Constraint Language
OMT................. Object-Modeling Technique
OWL .... Web Ontology Language
PDF .... Portable Document Format
REST............... Representational State Transfer
RIA.................. Rich Internet Application
RUP................. Rational Unified Process
SMIL .... Synchronized Multimedia Integration Language
STN.................. State Transition Network
SVG................. Scalable Vector Graphics
UAAG .... User Agent Accessibility Guidelines
UI .... User Interface
UIA .... User Interface Automation
UID .... User Interaction Diagram
UIML .... User Interface Markup Language
UML................. Unified Modeling Language
URL.................. Uniform Resource Locator
W3C .... World Wide Web Consortium
WAI-ARIA....... Web Initiative Accessible Rich Internet Applications
WHO .... World Health Organization
WCAG .... Web Content Accessibility Guidelines
WPF .... Windows Presentation Foundation
XAML.............. Extensible Application Markup Language
XMI.................. XML Metadata Interchange
XML................. eXtensible Markup Language
XUL .... XML User Interface Language

Abbildungsverzeichnis

Tabellenverzeichnis

1 Einleitung

1.1 Vorbemerkung

Die vorliegende Forschungsarbeit ist eine Fortführung der Arbeiten des INA-MOSYS-Projekts (Integrated Accessibility Models for Web and Automation Systems), dessen Forschungsziel die Entwicklung eines ganzheitlichen Konzepts für die barrierefreie Bedienung von Webanwendungen und Systemen der Produktautomatisierung war (vgl. Vieritz et al. 2011a; Vieritz et al. 2011b; Yazdi et al. 2011). In beiden Domänen ergeben sich aus unterschiedlichen Ursachen heraus vergleichbare Bedienbarrieren. Dies können erstens individuelle Anforderungen sein, wie sie sich bei motorischen, sensorischen oder kognitiven Einschränkungen des Benutzers ergeben. Zweitens beeinträchtigen Störungen durch Umgebungseinflüsse wie z. B. Lärm oder helles Sonnenlicht die Bedienung und drittens limitiert Bedientechnologie wie z. B. kleine Bildschirme oder einfache LCD-Displays die Interaktionsmöglichkeiten. Das INAMOSYS-Konzept wird eingehender in Abschnitt 4.6 erläutert. Die generischen Konzepte des INAMO-SYS-Projekts werden in dieser Forschungsarbeit in Bezug auf barrierefreie Weboberflächen weiterentwickelt. Schwerpunkt ist die Integration individueller Anforderungen der Barrierefreiheit in den Entwurf von Webanwendungen. In Abschnitt 8.2 wird der Zusammenhang zwischen der vorliegenden Forschungsarbeit und dem INAMOSYS-Konzept dargestellt.

1.2 Problemstellung und Ziele der Forschungsarbeit

Für Menschen mit sensorischen, motorischen oder kognitiven Einschränkungen bietet das Internet vielfältige neue Möglichkeiten der Teilnahme am sozialen Leben. Webbasierte digitale Angebote der Informations- und Kommunikationstechnologie bieten gegenüber klassischen Medien zahlreiche Vorteile für Benutzer mit Behinderung (vgl. Abbildung 1-1).

„For me being online is everything. It's my hi-fi, my source of income, my supermarket, my telephone. It's my way in." (blind User, Harper & Yesilada 2008: 1)

Die Nutzung des Internets ist für Menschen mit Behinderung selbstverständlich und bietet im Alltag große Erleichterungen – bspw. für Rollstuhlfahrer auf der Suche nach Fahrplanauskünften. Gemäß einer Untersuchung der Stiftung Aktion Mensch sowie ARD und ZDF aus den Jahren 2007/08 nutzen Menschen mit Behinderung das Internet überdurchschnittlich oft und selbständig: Im Mittel an 6,5 Tagen pro Woche im Vergleich zu 5,1 Tagen pro Woche unter allen Benutzern (Cornelssen & Schmitz 2008).

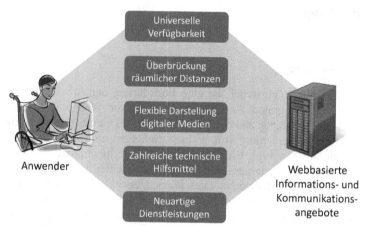

Abbildung 1-1: Vorteile webbasierter Angebote

Das Potenzial computerbasierter Technologie zeigte sich bereits in 1970er und 80er Jahren, als Systeme mit text-basierter Darstellung der Information und mit eingeschränkten Zeichensätzen wie z. B. ASCII verbreitet waren. Das erste digitale Braillegerät *Braillex* wurde 1975 vorgestellt (Boldt 1982: 70) und Chat-Anwendungen waren (und sind) für Gehörlose eine zugängliche Alternative zum Telefon. Seit Beginn der 1990er Jahren bieten grafische Bedienoberflächen für die barrierefreie Bedienung neue Möglichkeiten der multimedialen und -modalen Informationsvermittlung, die die Bedienung vereinfachen und neuartige Anwendungen ermöglichen (Boyd 1990: 496–502). Es zeigte sich jedoch, dass eine bessere Barrierefreiheit kein Selbstläufer der technologischen Entwicklung ist (Karshmer et al. 1994: 17; Kochanek 1994: 90; Edwards, Mynatt & Stockton 1994: 47). Screenreadern stand bspw. nicht mehr die textbasierte Information der Kommandozeile zur Verfügung und sie mussten stattdessen Text und Information im Grafikspeicher „erraten". Ab 1997 war mit der *Microsoft Active Accessibility* (MSAA, MSDN 2001) eine erste alternative Schnittstelle für den Zugriff auf den Windows 95-Desktop verfügbar, die *Assistive Technologien* (AT) wie bspw. Screenreader unterstützte.

Ein ähnliches Bild bot die rasche Entfaltung des World Wide Web, das in den 1990er Jahren durch Vernetzung von Hypermedien auf der Basis der *Hypertext Markup Language* (HTML, W3C 1999a) als Auszeichnungssprache entstand. Auch hier wurden die Vorteile und der Bedarf aus Sicht der barrierefreien Bedienbarkeit erkannt:

„The power of the Web is in its universality. Access by everyone regardless of disability is an essential aspect." (Tim Berners-Lee, W3C 1997)

In der Praxis dagegen verschloss sich das Web zunehmend Anwendern mit AT und die Notwendigkeit einer expliziten Diskussion der neuen Herausforderungen (Laux et al. 1996: 94–101) sowie politischer Maßnahmen wurde offensichtlich. Die davon betroffene Benutzergruppe ist nicht marginal, nimmt zu und neben Menschen mit Behinderungen ist die Situation für ältere Anwender in vieler Hinsicht ähnlich (Kurniawan 2008: 48–54). Das dreifache Altern der bundesdeutschen Gesellschaft – die absolute und relative Zunahme älterer Menschen über 60 Jahre sowie die absolute Zunahme sehr alter Menschen über 80 Jahre[1] – verstärkt weiterhin den Bedarf an Webangeboten, die die Anforderungen dieser Benutzergruppe unterstützen. Obwohl die aus motorischen, sensorischen oder kognitiven Einschränkungen resultierenden Bedürfnisse stets individuell spezifisch und sehr unterschiedlich sind, wurde das Potenzial allgemeiner Richtlinien für barrierefreie Informations- und Kommunikationstechnologien gesehen (Cooper & Senge 1994: 164). Im Jahre 1998 reagierte die US-Administration mit der Ergänzung Section 508 (United States Access Board 1998) des Rehabilitation Act von 1973, die für Informations- und Kommunikationstechnologien verbindliche Vorgaben zur Unterstützung der barrierefreien Bedienung setzte. Ein Jahr später publizierte das *World Wide Web Consortium* (W3C) seine ersten Empfehlungen für barrierefreie Webinhalte – die *Web Content Accessibility Guidelines* (WCAG, W3C 1999b). Die WCAG sind seitdem international führend in Wahrnehmung und Akzeptanz und dienten u.a. 2002 als Vorlage der *Barrierefreie-Informationstechnik-Verordnung* (BITV, BMAS 2002) der Bundesregierung. Die BITV gibt mit einer Übergangsfrist bis 2005 verbindliche Vorgaben für die barrierefreie Gestaltung von Internet- bzw. Intranet-Angeboten der Bundesbehörden. Eine Überarbeitung der WCAG erfolgte bis 2008 (W3C 2008b) und die zweite Fassung der BITV wurde 2011 verabschiedet (BMAS 2011). Inzwischen wurde die BITV in verschiedene Verordnungen auf Landesebene übernommen. Damit stehen seit einiger Zeit auf nationaler wie internationaler Ebene ausgereifte Richtlinien und Kriterien für die barrierefreie Bedienbarkeit von Webangeboten zur Verfügung. Dennoch stellen Richards et.al fest, dass sich die Barrierefreiheit in der letzten Dekade im angelsächsischen Raum nur wenig verbessert hat (Richards, Montague & Hanson 2012: 79)[2]. Einige Verbesserungen sind:

---

1 Gemäß Klein-Luyten et al. (Klein-Luyten et al. 2009: 7) leben Ende 2005 6,765 Mill. (8%) schwerbehinderte Menschen in Deutschland. Über die Hälfte sind 65 Jahre alt oder älter. Der Anteil der 55-65-jährigen beträgt 21%. Der absolute und relative Anteil der über 60-jährigen an der bundesdeutschen Bevölkerung nimmt zu und wird im Jahr 2030 etwa 26 Millionen absolut bzw. 33% relativ betragen. Im Jahr 2030 werden etwa 4,3 Millionen Menschen 80 Jahre und mehr alt sein.
2 Diverse nationale Einzelstudien (Thompson et al. 2007) sowie systematische internationale Vergleiche der Barrierefreiheit u.a. durch die Vereinten Nationen (Nomensa 2006), die Washington University (Thompson et al. 2007) und das Zero Project (z.B. Fembek et al. 2014) belegen allgemeine erhebliche Defizite der Barrierefreiheit in Webangeboten.

- Alternativer Text für Bilder deutlich besser
- Überschriften strukturieren deutlich besser den Inhalt
- Beachtung der Problemstellung nimmt zu, mehr Seiten mit Hinweisen zur Barrierefreiheit, öffentliche Seiten häufiger als Top-Ranked-Angebote

Weiterhin verbreitet sind Fehler in der Deklaration von Dekorationsbildern. Dagegen war die Auszeichnung von Webseitentiteln schon immer gut. Die Verbesserungen sind teilweise als Seiteneffekte zu verstehen. Beispielsweise reduziert die Verwendung von Cascading Style Sheets (CSS) Barrieren – u.a. nimmt der Einsatz von Layout-Tabellen ab. Ebenso tragen die Bemühungen um ein besseres Page Ranking, eine verbesserte Strukturierung und Navigation sowie Cross-Devices Inhalte häufig als Nebeneffekt zu einer besseren Zugänglichkeit der Inhalte bei. Barrierefreiheit ergibt sich demzufolge nicht allein durch Empfehlungen und Richtlinien und muss bei der Gestaltung der Inhalte besonders berücksichtigt werden, um die in Abbildung 1-1 genannten Vorteile zu realisieren.

Seit den 1990er Jahren haben webbasierte Anwendungen erheblich an funktionaler und technischer Komplexität gewonnen. Besucherstarke Webseiten sind heutzutage Applikationen mit umfangreicher Interaktion und leistungsfähigen Serverplattformen. Dazu zählen u.a. Suchmaschinen, Medienplattformen und Plattformen des Social Web. Diversität und Konkurrenz der Webtechnologien sind für einzelne Programmierer nicht mehr beherrschbar und erfordern arbeitsteilige Teams. Zusätzliche Aktivitäten der Analyse und des Entwurfs leistungsfähiger Anwendungen gestalten den Webentwicklungsprozess komplexer – vergleichbar zur Softwarekrise der 1960er Jahre (Ludewig & Lichter 2007: 46). Dies trifft besonders auf allgemeine Anforderungen zu, die viele Funktionalitäten der Anwendung gleichermaßen adressieren. Sie stellen wichtige Vorgaben für die Architektur und Spezifikation der Anwendung dar und müssen frühzeitig im Entwicklungsprozess integriert werden. Dazu zählen neben Aspekten wie Zuverlässigkeit, Wartbarkeit oder Skalierbarkeit auch die Benutzbarkeit sowie die Barrierefreiheit einer Anwendung. Wird darauf verzichtet, dann besteht das Risiko eines fehlerhaften Entwurfs verbunden mit einer späten Identifizierung der Fehler. Die Konsequenz ist eine ressourcenaufwändige Korrektur. Der Entwurf von Webanwendungen muss deshalb auch die Interaktion mit dem Anwender und die Barrierefreiheit im Blick haben. Umfang und Komplexität erfordern übergreifende Konzepte bzw. Designprinzipien, die zwischen den konkreten Vorgaben des Verhaltens von Weboberflächen und Aufbau sowie Struktur der Anwendung vermitteln.

Empfehlungen wie die WCAG (W3C 2008b) beschreiben die barrierefreie Bedienbarkeit aus Anwendersicht bzw. zur Laufzeit und bieten keine Unterstützung für die Integration in den Anwendungsentwurf. Die Frage nach den entsprechenden Anforderungen in den Frühphasen des Webdesigns wird allgemein durch die derzeit verfügbaren Empfehlungen und Richtlinien nicht beantwortet (vgl. Hoffman, Grivel & Battle 2005: 468) und es besteht ein Bedarf an „Übersetzung" der Anwendersicht in die Entwicklersicht (vgl. Abbildung 1-2).

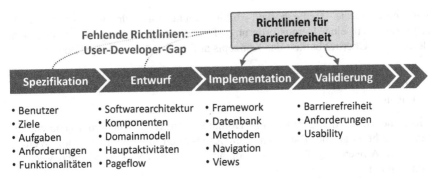

Abbildung 1-2: Primärer Entwicklungsprozess einer Webanwendung (vgl. Sommerville 2010: 28)

Diese Herausforderung bildet den Ausgangspunkt der vorliegenden Forschungsarbeit, deren Schwerpunkt die Integration der Anforderungen einer barrierefreien Bedienbarkeit im Entwicklungsprozess moderner Webanwendungen bildet. Insbesondere bei Anwendungen mit umfangreicher Funktionalität und vielfältiger Interaktion mit dem Anwender wird dadurch der barrierefreie Entwurf unterstützt. Ziel dieser Forschungsarbeit ist die Entwicklung und Umsetzung eines Softwareentwicklungsprozesses für den Entwurf barrierefrei bedienbarer Webanwendungen. Damit soll dem dargestellten Bedarf von Softwarearchitekten und Webentwicklern Rechnung getragen werden, die Anforderungen der Barrierefreiheit von Webanwendungen bereits frühzeitig im Entwicklungsprozess integrieren zu können.

Die erste Forschungsfrage analysiert die Interaktion zwischen Benutzer und Webanwendung aus Sicht der barrierefreien Bedienung sowie analog dazu den Softwareentwicklungsprozess aus Sicht der Barrierefreiheit als Anforderung. Die Anforderungen an den Entwicklungsprozess werden abgeleitet. Der besondere Fokus liegt auf dem Entwurf der Weboberfläche:

1. Welche Anforderungen stellt die barrierefreie Bedienbarkeit an den Entwurf einer Weboberfläche?

Im Zentrum der zweiten Forschungsfrage steht die Verbindung der Perspektive des Anwenders zur Laufzeit mit der Perspektive des Softwarearchitekten während der Entwicklung auf Basis eines benutzungszentrierten und modellgetriebenen Prozesses für den Entwurf barrierefreier Weboberflächen:

2. Wie muss ein benutzungszentriertes und modellgetriebenes Vorgehen gestaltet sein, um den Entwurf einer barrierefrei bedienbaren Weboberfläche zu unterstützen?

Die barrierefreie Bedienbarkeit bildet nicht nur für webbasierte IKT-Anwendungen eine Herausforderung. Die dritte Forschungsfrage untersucht deshalb die Übertragbarkeit des Konzepts auf andere Anwendungsfelder:

3. Wie lässt sich der benutzungszentrierte und modellgetriebene Entwurf barrierefrei bedienbarer Weboberflächen auf weitere Anwendungsdomänen übertragen?

Mögliche Anwendungsfelder sind Domänen mit vergleichbaren Barrieren, die durch technologische Barrieren, Umweltfaktoren u.a. bedingt sind. Weitere denkbare Anwendungsfelder sind Domänen, in denen Weboberflächen Verwendung finden.

1.3 Aufbau der Forschungsarbeit

Für die Darstellung der Untersuchung werden zuerst im zweiten Kapitel die zentralen Begriffe dieser Forschungsarbeit eingeführt. Der Forschungsgegenstand wird im dritten Kapitel beschrieben und eingegrenzt. Grundlegende Paradigmen dieser Forschungsarbeit werden benannt. Anschließend wird im vierten Kapitel der Stand der Forschung und Technik dargestellt.

Das Vorgehen für die Untersuchung der Forschungsfragen orientiert sich an den grundlegenden Aktivitäten eines Softwareprozesses nach Sommerville (Sommerville 2010: 28). Das Produkt des Vorgehens ist der benutzungszentrierte und modellgetriebene Softwareentwicklungsprozess selbst, der die Integration der barrierefreien Bedienbarkeit im Entwicklungsprozess unterstützt. Entwurf und Implementierung dienen der Realisierung des Entwurfsprozesses, der anschließend gegen die Anforderungen validiert wird. Für die Implementation und Validierung wird ein Anwendungsfall entwickelt und implementiert.

Abbildung 1-3 veranschaulicht die Struktur der Forschungsarbeit und den grundlegenden Zusammenhang mit den Aktivitäten eines Softwareprozesses nach Sommerville (Sommerville 2010: 28). Die erste Forschungsfrage wird im fünften Kapitel untersucht. Ausgehend von der Benutzungs- und Entwicklungssicht auf die barrierefreie Interaktion werden die Anforderungen an den Softwareentwurf spezifiziert. Die Abstraktion der WCAG für Analyse und Entwurf der Webanwendung wird untersucht. Ergänzend wird der grundlegende Zusammenhang mit der Softwarearchitektur als komplementärer Ergänzung des Softwareentwicklungsprozesses dargestellt.

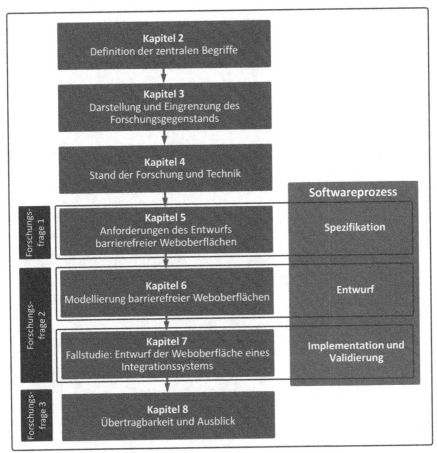

Abbildung 1-3: Aufbau der Forschungsarbeit und methodisches Vorgehen

Das achte Kapitel behandelt die dritte Forschungsfrage nach der Übertragbarkeit auf weitere Anwendungsdomänen. Die Einordnung der vorliegenden Forschungsarbeit in die Ergebnisse des INAMOSYS-Projekts wird dargestellt und die Grenzen des entwickelten benutzungszentrierten und modellgetriebenen Entwurfs analysiert. Als weiteres Anwendungsfeld wird insbesondere die Multiplattformentwicklung untersucht. Das neunte Kapitel fasst die vorliegende Arbeit abschließend zusammen.

2 Definition der zentralen Begriffe

2.1 Barrierefreiheit

Der Begriff *Barrierefreiheit* ist typischerweise normativ bestimmt:

> Barrierefrei sind bauliche und sonstige Anlagen, Verkehrsmittel, technische Gebrauchsgegenstände, Systeme der Informationsverarbeitung, akustische und visuelle Informationsquellen und Kommunikationseinrichtungen sowie andere gestaltete Lebensbereiche, wenn sie für behinderte Menschen in der allgemein üblichen Weise, ohne besondere Erschwernis und grundsätzlich ohne fremde Hilfe zugänglich und nutzbar sind. (BMJV 2002)

Barrierefreie Produkte können von möglichst allen Menschen in jedem Alter mit unterschiedlichen Fähigkeiten weitgehend gleichberechtigt und ohne Assistenz bestimmungsgemäß benutzt werden (DIN 2002: Nr. Pkt. 2.3), d.h. sie sind für alle Benutzer uneingeschränkt und ohne (menschliche) Assistenz bedienbar. *Alle Benutzer* schließt insbesondere und ausdrücklich Menschen mit Einschränkungen sensorischer, motorischer oder kognitiver Fähigkeiten mit ein. Der Kreis der Benutzer kann dabei variieren und ist nicht gleichzusetzen mit allen Menschen. Jedoch sind unter Benutzern auch jene eingeschlossen, die das System zwar derzeit nicht aktiv benutzen, jedoch potenziell Benutzer sein können, weil bspw. die Anwendungsdomäne für sie relevant ist. In dieser Forschungsarbeit werden „Barrierefreiheit", „Zugänglichkeit" bzw. „Accessibility" synonym verwendet[3]. Barrierefreiheit im Internet (*Web Accessibility)* wendet diese Anforderungen auf das Web an.

> Web Accessibility means that people with disabilities can use the Web. More specifically, Web accessibility means that people with disabilities can perceive, understand, navigate, and interact with the Web, and that they can contribute to the Web. (Henry 2005)

Barrierefreie Bedienung umfasst die umfassende Wahrnehmung und Kontrolle von Informationen durch den Benutzer. Für die Bedienung relevante Informationen sind wahrnehmbar, operabel und verständlich (vgl. Abbildung 2-1, W3C 2008b). Des Weiteren ist Robustheit gefordert, d.h. die Bedienung wird durch unterschiedliche Software bzw. Softwareversionen unterstützt.

Im Rahmen dieser Forschungsarbeit wird definiert: *Barrierefreiheit* bzw. *Zugänglichkeit* oder *Accessibility* ist die Eigenschaft eines webbasierten technischen Systems und insbesondere seiner Benutzungsschnittstelle, für alle Benutzer – Personen mit sensorischen, motorischen oder kognitiven Einschränkungen

---

3 Im Anglo-Amerikanischen ist für „Barrierefreiheit" der Begriff „Accessibility" üblich. Die Rück-Übersetzung von „Accessibility" zu „Zugänglichkeit" ist insbesondere in der Literatur zum World Wide Web verbreitet. Zum Beispiel wird in der autorisierten Übersetzung der *Web Content Accessibility Guidelines* (W3C 2008b) ins Deutsche (W3C 2009) „Accessibility" durchgängig als „Zugänglichkeit" übersetzt. Die BITV (Bundesministerium für Arbeit und Soziales 2011) ist in großen Teilen inhaltlich adäquat zu den WCAG und nutzt sowohl „barrierefrei" als auch „zugänglich".

eingeschlossen – die uneingeschränkte und autonome Bedienung zu unterstützen. Für die Bedienung relevante Informationen sind wahrnehmbar, manipulierbar und verständlich.

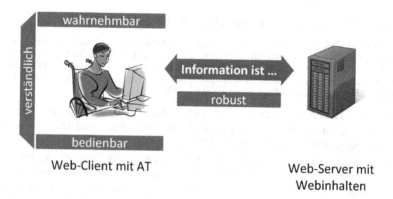

Abbildung 2-1: Prinzipien der WCAG 2.0 (W3C 2008b)

2.2   Benutzungsschnittstelle und Weboberfläche

Als *Benutzungsschnittstelle* oder auch *User Interface* (UI) wird in einem Mensch-Maschine-System allgemein das Subsystem verstanden, dass der Interaktion zwischen Mensch bzw. Benutzer und technischem System dient. Unter *Benutzungsschnittstelle* fallen „alle Bestandteile eines interaktiven Systems (Software oder Hardware), die Informationen und Steuerelemente zur Verfügung stellen, die für den Benutzer notwendig sind, um eine bestimmte Arbeitsaufgabe mit dem interaktiven System zu erledigen." (DIN 2008a: 7). Eine Benutzungsschnittstelle erlaubt dem Benutzer, das technische System zu bedienen, zu beobachten und damit verbundene Prozesse zu steuern. Benutzungsschnittstellen unterstützen die Eingabe (input) und Ausgabe (output) von Daten bzw. Information. Information ist Wissen in Bezug auf Objekte wie Fakten, Dinge, Prozesse oder Ideen einschließlich Konzepten, das in einem bestimmten Kontext eine spezifische Bedeutung besitzt:

> „Knowledge concerning objects, such as facts, events, things, processes or ideas, including concepts, that within a certain context has a particular meaning" (ISO 1993: 01.01.01)

Daten sind eine wiederholt interpretierbare formalisierte Repräsentation von Information, geeignet zur Kommunikation, Interpretation oder Verarbeitung:

„A reinterpretable representation of *information* in a formalized manner, suitable for communication, interpretation, or processing" (ISO 1993: 01.01.02, Hervorh. im O.)

Informationen sind Daten, die einen (dem Benutzer bekannten) Kontext besitzen. Daten sind eine Repräsentation von Information, die für Maschinen bearbeitbar und lesbar ist. Weiterhin erlaubt die Eingabe dem Benutzer die Manipulation des Systems. Die Ausgabe dient der Präsentation von Information. Insbesondere übermittelt sie dem Benutzer die Effekte der Manipulation. Benutzungsschnittstellen werden alternativ als *Benutzerschnittstelle, Bediensystem* oder *Bedienschnittstelle* bezeichnet. Da die Benutzungsschnittstelle typischerweise eine Einheit aus Hard- und Software ist, wird von der *Gesellschaft für Informatik* allgemein der Begriff *Useware* vorgeschlagen:

„Useware umfasst alle der Nutzung einer Maschine oder Anlage dienenden Hard- und Software-Komponenten." (Zühlke 2002)

Useware grenzt das Bediensystem vom Hardwaresystem sowie dem Softwaresystem ab. Motivation für diese Abgrenzung ist auch der zunehmende Ressourceneinsatz (vgl. Abbildung 2-2) für die Realisierung der Benutzungsschnittstelle in der Produktentwicklung.

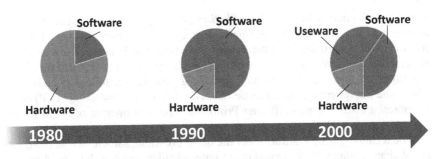

Abbildung 2-2: Entwicklungstendenz der Kostenanteile in der Produktgestaltung (Reuther 2003: Abb. 2-10, zit. Zühlke 2002, Layout d. Verfasser angepasst)

Myers und Rosson stellten 1992 eine Studie vor (Myers & Rosson 1992: 195–199), nach der 48 % des Sourcecode, 45 % der Entwicklungszeit, 50 % der Implementationszeit und 37 % des Wartungsaufwands für die Benutzungsschnittstelle aufgewendet werden. Siedersleben schätzt für die Realisierung der Bedienoberfläche den Anteil am Gesamtaufwand bei interaktiven Systemen auf häufig 60 %, manchmal sogar 80 % (Siedersleben 2004: 235). Auch Petrasch schätzt diesen Anteil – bedingt durch steigende Anforderungen und die wachsende Zahl

heterogener Ein- und Ausgabegeräte – auf mindestens 50 % der Gesamtentwick-
lungszeit (Petrasch 2007: 5).

   Grafische Benutzungsoberflächen (*Graphical User Interface* – GUI) sind
Benutzungsschnittstellen für IKT-Systeme, die die Interaktion mittels grafischer
Symbole unterstützen. Sie sind typisch für die Bedienung von Computern, Tablets und Smartphones. Alternative Bezeichnungen für *grafische Benutzungsober-
fläche* sind *grafische Benutzeroberfläche* oder einfach *Bedienoberfläche*. Grafische Benutzungsoberflächen wurden zuerst als *lokale Oberflächen* verwendet.
Lokale Oberflächen (auch *native Clients* genannt) sind die Benutzungsschnittstellen für Anwendungen, deren anwendungsspezifische Software lokal auf dem
System vorhanden ist (Siedersleben 2004: 235). Im Rahmen dieser Forschungsarbeit werden Bedienoberflächen auf der Basis von Webtechnologien untersucht
und *Weboberflächen* genannt. Im Gegensatz zu lokalen Oberflächen benötigen
Weboberflächen keine Installation und können weltweit mit Hilfe eines Browsers bedient werden. Aus Sicht des Benutzers gelten lokale Oberflächen oft als
angenehmer zu bedienen, da sie schneller reagieren und robuster sind. Auch
werden Eingabefehler schneller abgefangen und die Bedienungsmöglichkeiten
sind vielfältiger (Siedersleben 2004: 235).

2.3   Webanwendung

Eine *Webanwendung* bzw. *Webapplikation* (*Web Application*) ist ein Anwen-
dungsprogramm, das grundlegend nach dem Client-Server-Prinzip gestaltet ist.
Auf dem Client wird die Webanwendung typischerweise in einem Browser oder
allgemeiner Benutzeragenten ausgeführt. Der Server ist für die Anwendungsfunktionalität und die Datenhaltung zuständig. Die Kommunikation zwischen
Client und Server erfolgt auf Basis des *Hypertext Transfer Protocol* (HTTP) oder
vergleichbarer bzw. typspezifischer Protokolle über das Internet oder ein Intranet.

   Die technologische Plattform, auf die diese Forschungsarbeit sich bezieht, ist
die Webanwendung. Webanwendungen unterscheiden sich von lokalen Anwendungen durch die Separation von Weboberfläche und Anwendungsserver. Der
Browser trennt als Abstraktionsschicht die Anwendung vom lokalen System und
unterstützt eine vom Betriebssystem unabhängige Entwicklung. Der technologischen Begrenzung der Webtechnologien steht der Vorteil ihrer Standardisierung
gegenüber. Der Aufwand für die Softwaredistribution und -aktualisierung wird
minimiert und eine lokale Installation entfällt. Inkompatibilitäten verschiedener
Browser können jedoch die Anforderungen an die Entwicklung steigern. Weitere
Nachteile stellen die Restriktion des Zugriffs auf native Ressourcen des lokalen
Systems dar – bspw. Programmierschnittstellen – sowie Verzögerungen in der
Bedienung durch das Nachladen von Webseiten – insbesondere bei Netzwerk-
verbindungen mit geringer Bandbreite und hohen Latenzzeiten. Der Wegfall

einer Installation der Weboberfläche unterstützt bei Webanwendungen kurze Zyklen der Auslieferung und die kontinuierliche Aktualisierung bzw. häufige Anpassung. Webanwendungen erweitern den für klassische Webseiten typischen Fokus auf der Darstellung von Information mit den Möglichkeiten einer komplexen Geschäftslogik. Um das Interaktionsverhalten durch das partielle Nachladen von Inhalten weiter zu verbessern, werden Techniken wie *JavaScript* (standardisiert als *ECMAScript*, ISO 2011) und Ajax (*Asynchronous JavaScript and XML*, Garrett 2005) genutzt (Wolffgang 2012: 41).

Die einschlägige Literatur unterscheidet häufig zwischen Webanwendungen und *Rich Internet Applications* (RIA, Allaire 2002: 2). Die Bezeichnung RIA bezieht sich auf Webanwendungen mit hochgradig clientseitig generierten Inhalten auf der Basis von Ajax- und JavaScript-Techniken. Ziel ist ein zu lokalen Anwendungen vergleichbares Verhalten der Weboberfläche, sodass auch klassische Softwareanwendungen wie Textverarbeitung bzw. Tabellenkalkulation browserbasiert realisiert werden können. Rich Internet Applications bieten damit die Möglichkeit, die Vorteile lokaler Anwendungen, wie schnelle Reaktion und flexible Interaktionsmöglichkeiten mit denen von webbasierten Anwendungen wie einfache Verfügbarkeit und Datensicherung zu verbinden. Sie verwenden oft eigene Plugins – bspw. *Silverlight* (Microsoft 2014b) – als Laufzeitumgebung im Browser oder auch entsprechende JavaScript-Frameworks. Die Grenze zwischen Webanwendungen und RIAs ist fließend, da Ajax und JavaScript auch durch klassische Plattformen der Webentwicklung wie *PHP* (The PHP Group 2014), *ASP.NET* (*Active Server Pages.NET*, Microsoft 2012) oder *JSF* (*Java Server Faces*, Oracle 2012) unterstützt werden.

2.4 Benutzungszentriertes Design

Benutzungszentriertes Design ist eine Methodologie zur Verbindung von HCI-Design mit Software Engineering. Sie wurde in den 1990er Jahren durch Constantine und Lockwood entwickelt (Constantine & Lockwood 1999). Benutzungszentrierte Entwicklung ist ein systematischer, modellgetriebener Prozess für Benutzungsschnittstellen, dessen Fokus auf der Benutzung des Systems liegt. Ziel ist es, das „kleinste" und einfachste System zu entwickeln, das direkt und vollständig die Bedienaufgaben des Benutzers unterstützt (vgl. Constantine & Lockwood 2002: 43). Abstrakte Modelle beschreiben Benutzerrollen, Aufgaben und Inhalte der Benutzungsschnittstelle.

2.5 Modellgetriebene Entwicklung von Benutzungsschnittstellen

Die modellgetriebene Entwicklung von Benutzungsschnittstellen nutzt abstrakte Modelle zur Deklaration der Benutzungsschnittstelle, die anschließend durch Modellcompiler in ausführbaren Code übersetzt werden. Die Beschreibung von

Benutzungsschnittstellen umfasst zwei wesentliche Aspekte – den Interaktions-aspekt und den Präsentationsaspekt (Müller 2003: 18). Der Interaktionsaspekt beschreibt was dargestellt werden soll: die Ein- und Ausgaben der Interaktion mit dem Benutzer sowie ihre Logik. Der Präsentationsaspekt beschreibt wie etwas dargestellt werden soll: die Gestaltung der Benutzungsschnittstelle, ihr Layout, die Anordnung von UI-Elementen etc. Nach Schlungbaum erfüllt eine modellbasierte Entwicklungsumgebung für Benutzungsschnittstellen (*Model-based User Interface Development Environment*, MBUIDE) zwei notwendige Kriterien:

1. "MBUIDE must include a high-level, abstract and explicitly represented (declarative) model about the interactive system to be developed (either a task model or a domain model or both)"

2. "MBUIDE must exploit a clear and computer-supported relation from (1) to the desired and running UI. That means that there is some kind of automatic transformation like knowledge-based generation or simple compilation to implement the running UI." (Schlungbaum 1996: 4)

Dieser Ansatz der modellbasierten Entwicklung hat sich als sehr anspruchsvoll erwiesen, da die vollständige Deklaration im Modell und die anschließende au-tomatisierte Übersetzung sowohl an den Entwickler als auch den Compiler sehr hohe Ansprüche stellen, die durch die verfügbaren Werkzeuge bis heute nicht erfüllt werden. Die Folge war, dass in der Praxis die entworfenen Modelle meist nur für Zwecke der Dokumentation verwendet wurden. In den vergangenen Jah-ren wurden deshalb modellgetriebene (model-driven) Konzepte entwickelt, die den Entwurfsprozess begleiten und vorwärtstreiben. Dabei wird oft automatisch kompilierter und manuell geschriebener Code zusammen entwickelt, sodass die Modelle keine vollständige Deklaration leisten müssen und viele Standardfunk-tionalitäten auch ohne Modellierung implementiert werden. Die Modelle be-schreiben in diesem Fall dann vorrangig die Objekt- und Beziehungsstruktur der zugrunde liegenden Logik – bspw. mit einem Klassenmodell. Dadurch können Modelle den Entwurf, die Verifikation und die Evaluation der Benutzungs-schnittstelle unterstützen. Die Modelle der Benutzungsschnittstelle tragen auch dazu bei, Zweck, Zusammenhänge und -wirken der Entitäten zu erfassen und vorhersehbar zu machen (vgl. Charwat 1994).

3 Darstellung und Eingrenzung des Forschungsgegenstands

3.1 Überblick

Die allgemeine normative Definition der Barrierefreiheit gemäß Abschnitt 2.1 beruht auf einem modernen internationalen Konsens der sozialen Inklusion und die Gestaltung barrierefreier IKT erfordert die technikaffine Vertiefung dieses allgemeinen politischen Konzepts. Dieses Kapitel stellt den grundlegenden Zusammenhang zwischen dem Dispositiv *Soziale Inklusion* und dem Forschungsfeld bzw. -zielen dieser Forschungsarbeit her (vgl. Abbildung 3-1).

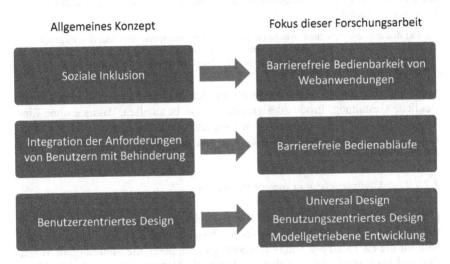

Abbildung 3-1: Einordnung des eigenen Ansatzes

In Abschnitt 3.2 wird der analytische Zugang über den Begriff *Barriere* dargestellt. Anschließend werden in Abschnitt 3.3 Designparadigmen der sozialen Inklusion dargestellt und analysiert. In Abschnitt 3.4 wird der benutzungszentrierte Entwurf vom benutzerzentrierten Design abgegrenzt. Abschließend wird in Abschnitt 3.5 das Konzept der Forschungsarbeit im Überblick dargestellt und der modellgetriebene Softwareentwicklungsprozess motiviert.

3.2   Soziale Inklusion und Barrieren

3.2.1   Soziale Inklusion

Unter dem Stichwort der *sozialen Inklusion* vollzieht sich derzeit ein Paradigmenwechsel, der Behinderung und Barrierefreiheit nicht mehr allein aus der medizinischen Sicht betrachtet. Das tradierte medizinische Paradigma betrachtet Behinderung als defizitär und versucht das Individuum bspw. durch medizinische Intervention und Rehabilitation in seine gegebene soziale Umwelt zu integrieren (vgl. WHO 1980: 14, 29). Stattdessen ist heute eine komplexere Perspektive gefordert, die Behinderung als sozial, kulturell und historisch konstruiert versteht. Die Überwindung der Behinderung erfolgt durch die Anpassung des sozialen Kontexts an die Bedürfnisse des Einzelnen, so dass seine soziale Teilhabe möglich wird.

> Der deutlichste Unterschied zwischen dem Begriff der ‚Integration' und dem der ‚Inklusion' … , besteht darin, dass Integration von einer vorgegebenen Gesellschaft ausgeht, in die integriert werden kann und soll, Inklusion aber erfordert, dass gesellschaftliche Verhältnisse, die exkludieren, überwunden werden müssen. (Kronauer 2010: 56)

Inklusion setzt den Fokus des Handelns auf den sozialen Kontext des Menschen. Bauliche Gestaltung, Produktdesign etc. sind so beschaffen, dass sie ohne Einschränkung für die Benutzung durch möglichst viele Menschen geeignet sind. Einen kurzen Abriss dieser Entwicklung und der Hintergründe gibt Abschnitt 10.1 im Anhang.

3.2.1.1   *Medizinische und soziale Perspektive*

Oft werden die Anforderungen der Barrierefreiheit aus einer medizinischen Perspektive der individuellen Einschränkung beschrieben. Von besonderer Bedeutung für die HCI sind der Stütz- und Bewegungsapparat, die Sinnesorgane Auge, Ohr und Haut sowie das periphere und zentrale Nervensystem (vgl. Abbildung 3-2).

Das breite Spektrum an Körperfunktionen und -strukturen des menschlichen Körpers (vgl. WHO 2001: 48–122) korreliert mit vielfältigen möglichen Einschränkungen der Fähigkeiten des Benutzers und den damit verbundenen Aktivitätseinschränkungen bzw. Behinderungen. In der Praxis werden verschiedene einfache Klassifikationen für eine Unterteilung genutzt. Verbreitet ist die Unterscheidung sensorischer, motorischer und kognitiver Einschränkungen. Im Kontext des Internets ist heutzutage die Trennung von Seh-, Hör-, kognitiven (Lern-) und motorischen Einschränkungen üblich (vgl. Harper & Yesilada 2008: IX;

Berger et al. 2010: 15–19)[4]. Ergänzend können altersbedingte Einschränkungen hinzukommen, die durch die charakteristische Kombination von Einschränkungen eine eigene Klassifikation rechtfertigen.

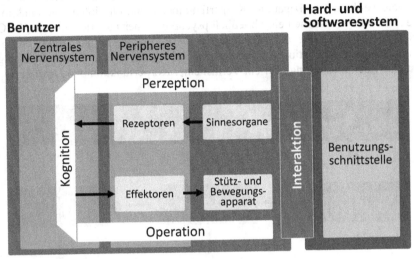

Abbildung 3-2: Subsysteme des menschlichen Organismus in der HCI

Gegen diese gängige Aufteilung lässt sich einwenden, dass sie sich an der personenbezogenen Wahrnehmung von Beeinträchtigung bzw. Behinderung orientiert und nicht an den Barrieren. Diese Klassifizierung bietet in vielen Fällen auch keine geeignete Strukturierung; bspw. sind eine Rot-Grün-Blindheit wie auch ein „Tunnelblick" als Symptom jeweils Einschränkungen visueller Fähigkeiten, jedoch unterscheiden sich die resultierenden Anforderungen an die HCI – visuelle Präsentation, Benutzung der Tastatur etc. – deutlich. Ebenso vernachlässigt diese Unterteilung die biografische Dimension der Wirkungskette Perzeption-Kognition-Operation. Beispielsweise hängen die kognitiven Fähigkeiten bei Blindheit und Gehörlosigkeit erheblich davon ab, ob die Einschränkung bereits zum Zeitpunkt der Geburt bzw. kurz danach vorlag oder erst später entstanden ist.

---

4 Die Studie *Web 2.0/barrierefrei* der Aktion Mensch (Berger et al. 2010: 5) definiert zum Vergleich die Kategorien Sehbehinderungen, Blindheit, Schwerhörigkeit, Gehörlosigkeit, motorische Beeinträchtigungen, Lese-Rechtschreibschwäche sowie Lern- und geistige Behinderungen. Bei Peters und Bradbard (Peters & Bradbard 2010) sind es visuelle, auditive, kognitive und motorische Einschränkungen.

Für eine ganzheitliche Beschreibung der Phänomene werden deshalb komplexere Ansätze entwickelt. Dazu zählt u. a. der biopsychosoziale Ansatz der *World Health Organization* (WHO) in der *International Classification of Functioning, Disability and Health* (ICF, WHO 2001)[5] von 2001 (vgl. Abbildung 3-3). Die ICF unterscheidet Körperfunktionen und -strukturen, Aktivitäten sowie soziale Teilhabe (Partizipation). Körperfunktionen sind physiologische Funktionen von Körpersystemen einschließlich psychologischer Funktionalitäten (WHO 2001: 51). Körperliche Aktivitäten setzen diese Funktionen und Strukturen voraus. Soziale Partizipation setzt körperliche Aktivitäten voraus. Eine Schädigung ist eine Beeinträchtigung oder ein Verlust einer Körperfunktion bzw. -struktur.

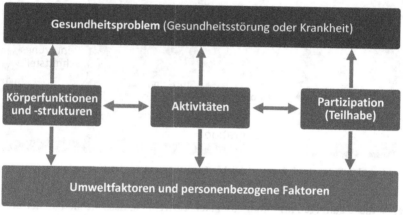

Abbildung 3-3: Begriffskonzept der ICF (DIMDI 2005: Abb. 1, Layout angepasst durch Verf.)

Eine Schädigung zieht nicht zwangsläufig auch Aktivitätsverlust nach sich, da oft ein Ausgleich durch medizinische Maßnahmen möglich ist. Beispielsweise kann eine Brille bestimmte Funktionseinschränkungen des Augapfels ausgleichen. Ist die medizinische Kompensation nicht möglich, kann durch die entsprechende Gestaltung der Förderfaktoren in der Umwelt die individuelle Aktivität unterstützt werden. Die „Umweltfaktoren bilden die materielle, soziale und einstellungsbezogene Umwelt ab, in der Menschen leben und ihr Dasein entfalten" (DIMDI 2005: 162); bspw. kann ein Rollstuhlfahrer in einem Supermarkt einkaufen (Aktivität zur Selbstversorgung), wenn dieser rollstuhlgerecht gestaltet ist. Tabelle 3-1 stellt die Hauptkategorien der einzelnen Faktoren dar.

---

5 Die Zielstellungen der ICF und der bekannteren *International Statistical Classification of Diseases and Related Health Problems* (ICD) sind unterschiedlich. Die ICD bietet ein allgemeines Klassifikationssystem für medizinische Diagnosen. Ausgehend von der ICD klassifiziert die ICF die individuellen und sozialen Auswirkungen von Einschränkungen in Körperfunktionalitäten und -strukturen.

Die Klassifizierung der Umweltfaktoren in der ICF orientiert sich an den Lebensbereichen der alltäglichen Lebensführung wie Mobilität, Bildung, Erwerbstätigkeit etc. Für die vorliegende Arbeit sind die Umweltfaktoren der Kategorie „Produkte und Technologien" (DIMDI 2005: 126–129) relevant, insofern es sich um webbasierte Systeme handelt. Das sind die Kategorien e120, e125, e130 und e135. Eine Barriere liegt vor, wenn die Gestaltung der Umweltfaktoren die individuelle Aktivität nicht unterstützt[6] bzw. analog zur Definition der Barrierefreiheit in Abschnitt 2.1 gilt: Eine Barriere liegt vor, wenn die Interaktion zwischen dem Anwender und der Webanwendung so erschwert oder gestört wird, dass bestimmte Personengruppen – insbesondere jene mit sensorischen, motorischen oder kognitiven Einschränkungen – ihre Arbeitsziele nicht, nicht autonom bzw. nur mit hohem Aufwand erreichen können.

Tabelle 3-1: Überblick der ICF-Klassifikation (vgl. DIMDI 2005: 17-22, 32)

Funktionsfähigkeit		Kontextfaktoren	
Körperfunktionen und -strukturen	**Aktivitäten und Partizipation**	**Umweltfaktoren**	**Personenbezogene Faktoren**
- Mentale Funktionen - Sinnesfunktionen und Schmerz - Stimm- und Sprechfunktionen - Funktionen des kardiovaskulären, hämatologischen, Immun- und Atmungssystems - Funktionen des Verdauungs-, des Stoffwechsel- und des endokrinen Systems - Funktionen des Urogenital und reproduktiven Systems - Neuromuskuloskeletale und bewegungsbezogene Funktionen - Funktionen der Haut und der Hautanhangsgebilde	- Lernen und Wissensanwendung - Allgemeine Aufgaben und Anforderungen - Kommunikation - Mobilität - Selbstversorgung - Häusliches Leben - Interpersonelle Aktionen und Beziehungen - Bedeutende Lebensbereiche - Gemeinschafts-, soziales und staatsbürgerliches Leben	- Produkte und Technologien - Natürliche und vom Menschen veränderte Umwelt - Unterstützung und Beziehungen - Einstellungen - Dienste, Systeme und Handlungsgrundsätze	Nicht klassifiziert bzw. anwendbar

Die Orientierung an Barrieren – anstatt individuellen Einschränkungen bzw. Behinderungen – vereinfacht den analytischen Weg von den Benutzeranforderungen zum Entwurf, da Barrieren direkt benannt und nicht indirekt aus individuellen Anforderungen abgeleitet werden. Der Fokus verschiebt sich von den

---

6 Die ICF definiert Behinderung nicht als Folge individueller Defizite, sondern als negative Konsequenz im Zusammenwirken körperlicher biologischer Einschränkungen und psychosozialer Kontextfaktoren in einer spezifischen Situation bspw. in der Schule; Behinderung ist im weiteren Sinne das Fehlen sozialer Partizipation. Ziel dieser Unterscheidung ist u.a. die Vermeidung der Stigmatisierung durch die ICF-Klassifizierung (DIMDI 2005: 171).

individuellen Einschränkungen der Interaktion seitens des Benutzers hin zu den Limitationen der genutzten Technologie. Das vereinfacht auch die Anwendung übergreifender Konzepte. Barrieren ergeben sich dann nicht nur als Konsequenz individueller Anforderungen, sondern bspw. auch in Folge eingeschränkter Technologie wie Smartphones oder einschränkender Umweltbedingungen wie Lärm. Einen entsprechenden Ansatz verfolgte das INAMOSYS-Projekt (vgl. Vieritz et al. 2011b: 369, vgl. Abschnitt 8.2).

3.2.2   Typen von Barrieren

Das Konzept der ICF zeigt, dass Barrieren nicht allein aus technologischer Sicht betrachtet werden dürfen, sondern weitere Umweltfaktoren (vgl. Tabelle 3-1) zum Tragen kommen, die eine soziale Teilhabe verhindern können. In der Studie Web 2.0/ barrierefrei (Berger et al. 2010) beschreiben Berger et al. eine Unterteilung in anwendungsbedingte, behinderungsbedingte und individuelle Barrieren. *Anwendungsbedingte Barrieren* sind Hindernisse die aus Art und Gestaltung der Anwendung resultieren. Dazu zählen bspw. Anmeldevorgänge, die nicht barrierefrei sind. *Behinderungsbedingte Barrieren* ergeben sich aus der individuellen Beeinträchtigung des Benutzers. Das betrifft u.a. das Kommunikationsverhalten bei Webanwendungen. Visuelle Kommunikation ist für blinde Benutzer nicht von Interesse und die barrierefreie Gestaltung von Videokonferenzen ändert daran wenig, sodass in diesem Fall eine behinderungsbedingte Barriere vorliegt. *Individuelle Barrieren* ergeben sich aus der jeweiligen Situation des Benutzers. Sie stehen in Bezug zu fehlender technischer Ausstattung, mangelnden Vorkenntnissen bzw. mangelndem Interesse oder fehlender Medienkompetenz (Berger et al. 2010: 23). Für den Entwurf einer Webanwendung sind die anwendungsbezogenen Barrieren relevant und Empfehlungen wie die WCAG adressieren diese. Zu den anwendungsbezogenen Barrieren zählen:

-   *Technisch-funktionale Barrieren* folgen aus den verwendeten Techniken bzw. Programmierungen sowie Einschränkungen der AT und sind für Softwarearchitekten und Webentwickler relevant.
-   *Redaktionelle und inhaltliche Barrieren* sind Folge mangelnder Aufbereitung der Inhalte für die Nutzung im Internet und sind für Autoren relevant.
-   Designbarrieren resultieren aus einem fehlerhaften grafischen Design der Benutzungsschnittstelle und sind für das Layout relevant.
-   *Organisatorische Barrieren* ergeben sich aus organisatorischen Umständen und dem Kontext des Webangebots und sind für das Projektmanagement relevant.

Eine nach den gängigen Richtlinien erfolgreich evaluierte Barrierefreiheit kann nicht das Vorliegen behinderungsbedingter bzw. individueller Barrieren ausschließen. Der Kontext dieser Barrieren liegt oft außerhalb der Handlungsmöglichkeiten von Softwaredesignern und Webentwicklern. Der Fokus dieser Forschungsarbeit liegt deshalb auf den anwendungsbezogenen Barrieren.

3.3   Design für die Inklusion

3.3.1   Designparadigmen für barrierefreie Informationstechnologie

Für die Gestaltung im Sinne der sozialen Inklusion sind mehrere Konzepte entwickelt worden – *Design für Alle, Universal Design* und *Inclusive Design*. Deren Ziel ist eine allgemein inkludierende Barrierefreiheit, die sich von älteren Konzepten individueller Lösungen auf medizinischer Basis unterscheidet. Die Ansätze werden hier kurz vorgestellt und verglichen.

3.3.1.1   Design für Alle

Design für Alle (*Design for All*) ist ein europäisches Konzept, dessen Ursprünge auf „demokratische" Design-Ansätze im skandinavischen Raum in den 1950er Jahren zurückgehen – z. B. für die „Gesellschaft für Alle" von Olof Palme (Klein-Luyten et al. 2009: 13) – und das konzeptionell durch das Netzwerk *EIDD-Design for All Europe* entwickelt wird:

> „Design für Alle bedeutet Design mit Blick auf die menschliche Vielfalt, soziale Inklusion und Gleichstellung." (EIDD-Design for all Europe 2004)

Design für Alle definiert keine Standards oder Vorgaben, sondern setzt stattdessen auf einen inkludierenden (demokratischen) Gestaltungsprozess, dessen Methodik nicht festgelegt ist. Produkte sollen so gestaltet werden, dass sie attraktiv und komfortabel sind sowie durch möglichst viele Menschen ohne Assistenz genutzt werden können. Politische Institutionen der EU und Deutschlands beziehen sich auf das Konzept Design für Alle (vgl. EU 2004: 217; BMAS 2014: 17). Bundesministerien haben dazu in den letzten Jahren Studien durchführen lassen, die das Potenzial eines Designs für Alle analysieren (vgl. Klein-Luyten et al. 2009) und handlungsleitende Kriterien entwickeln (vgl. Neumann 2014).

3.3.1.2   Inclusive Design

Das Konzept des *Inclusive Design* (Coleman et al. 2007) wird seit den 1980er Jahren in Großbritanniens entwickelt. Ziel ist „die Gestaltung von Mainstreamprodukten und/oder -Dienstleitungen die zugänglich und nutzbar sind für so viele Menschen wie sinnvoll und möglich [...] ohne die Notwendigkeit einer besonderen Anpassung oder eines speziellen Designs." (British Standards Institution 2005, übers. und zit. in Klein-Luyten et al. 2009: 11). Der Ansatz zielt auf die aktive Beteiligung der Nutzer und Beseitigung der Stigmatisierung. Zur Methodik werden keine genauen Vorgaben gemacht. Inklusives Design betont ökonomische Aspekte, indem Produkte bzw. Dienstleistungen so erweitert werden, dass sie für möglichst viele Menschen nutzbar sind und ohne dass wirtschaftlicher Gewinn bzw. Kundenzufriedenheit darunter leiden (Coleman et al. 2003: 10). Coleman versteht dementsprechend Inclusive Design als wirtschaftsstrategisches Element und nicht als Designparadigma (Klein-Luyten et al. 2009: 141). Die Webplattform *Inclusive Design Toolkit* (Engineering Design Centre 2013) dient vorrangig der Motivation und Sensibilisierung. Sie beschreibt Benutzeranforderungen und allgemeine Prozessschritte. Die konkrete Darstellung der Umsetzung geschieht wie auch beim Design für Alle meist in Form von Best-Practice-Beispielen.

3.3.1.3   Universal Design

Der Begriff *Universal Design* wurde in den 1980er Jahren in den USA durch den Architekten Ronald Mace (Mace 1985) geprägt.

„Universal design is the design of products and environments to be usable by all people, to the greatest extent possible, without the need for adaptation or specialized design." (Mace 1985, vgl. auch Story, Mueller & Mace 1998: 13)

Im Vergleich zum europäischen Design für Alle liegt beim Universal Design der Fokus auf dem Endprodukt, für das Prinzipien und einheitliche Vorgaben für alle Produkte entwickelt werden. Dabei steht der wirtschaftliche Aspekt im Vordergrund. Maßgeblich für die Entwicklung und Publikation des Konzepts sind die Aktivitäten des *Center for Universal Design* (CUD), das 1989 durch Mace gegründet wurde. Universal Design wird in Europa vom Europarat empfohlen (Europarat 2001; Europarat 2007) sowie weltweit durch die Vereinten Nationen (UN 2006).

3.3.2   Bewertung der Ansätze

Tabelle 3-2 zeigt einen Vergleich der Konzepte. Kritiker wenden gegen den Fokus des Universal Design auf Richtlinien ein, dass möglicherweise die tragende Idee der Inklusion nicht verstanden wird (Salmen 2011: 6.1). Kercher von der EIDD-Design for All Europe kritisiert, dass US-amerikanische Konzepte noch an ein überlegenes Kulturmodell glauben und man in Europa durch kulturelle Vielfalt und Zusammenleben auf engem Raum bereits an Diversität gewöhnt ist (Bhatia 2008: 123). Jedoch sind aufgrund der effektiveren juristischen Durchsetzbarkeit Gesetze und Normen in den USA vergleichsweise erfolgreich (Croll 2009: 163).

Tabelle 3-2: Übersicht der Konzepte zu Inklusion und Barrierefreiheit (vgl. Klein-Luyten et al. 2009: 11)

Konzept	Barrierefreiheit/ Accessibility	Universal Design	Inclusive Design	Design für Alle Design for All
Dominante Bezeichnung	Weltweit	USA, Japan	Großbritannien	Europa
Gestalterische Vorgaben	Verschiedene Normen	Prinzipien und Richtlinien	nein	nein
Orientierung	Produkt	Produkt	Prozess	Prozess
Forderung nach Nutzerein-bindung	Nein	Nein	Ja	Ja

Aus Sicht der Unternehmen fehlen prozessorientierten Ansätzen wie dem Design für Alle konkrete Vorgaben und Kriterien (vgl. Neumann 2014: 5). Eine Entwicklung entsprechender konkreter Gestaltungsempfehlungen für das Design für Alle ergibt eine große Ähnlichkeit zum Universal Design (vgl. Neumann 2014: 13–18 und Duncan 2007: 7). Allen Ansätzen liegt die gleiche Maxime einer insbesondere auch am Nutzer mit Einschränkung bzw. Behinderung orientierten Gestaltung zu Grunde, kombiniert mit der Überzeugung, dass ein universelles und barrierefreies Design ohne Individuallösungen möglich ist. Die Auseinandersetzung spiegelt deshalb auch eher die politische Frage nach dem Verhältnis von Konsument und Produzent zur Produktgestaltung bzw. die juristische Kultur ihrer Regionen wider. Lediglich das Universal Design ist weithin international auch jenseits des Kontexts seiner Entstehung bekannt – z. B. in Japan und im Bereich der Webtechnologien.

Tabelle 3-3 stellt die differenzierenden Aspekte der Ansätze dar. Zwischen den Ansätzen bestehen umfangreiche Überschneidungen und bei gleicher Zielstellung grenzen sie sich eher in den Prinzipien als den Details ihrer Vorgehensweise voneinander ab. Symptomatisch dafür ist auch, dass in den Publikationen zum Thema oft eine Vermischung zu finden ist. US-amerikanische Konzepte setzen den Fokus vorrangig auf Richtlinien, Regeln, Verfahrensabläufe etc. (Duncan 2007) und europäische Konzepte auf der Beteiligung der Benutzer (Coleman, Bendixen & Tahkokallio 2003: 290).

Tabelle 3-3: Aspekte einer inkludierenden Produktgestaltung

Motivation	Ökonomische Vorteile	↔	Demokratisierung der Produktgestaltung
Entscheidungs-kompetenz	Gestalterische Hoheit bei Produzenten	↔	Beteiligung der Konsumenten am Gestaltungsprozess
Vorgehen	Vorgaben, Richtlinien etc.	↔	Ergebnisoffener, inkludierender Prozess
Absicherung der Umsetzung	Juristische Durchsetzbarkeit	↔	Konsensorientierung und Zielvereinbarung

Ziel dieser Forschungsarbeit ist die Herstellung des Zusammenhangs zwischen der Gestaltungsvorgabe der Barrierefreiheit und ihrer Umsetzung in der Webentwicklung (vgl. Abschnitt 1.2). Im Kontext der Webentwicklung hat sich das Konzept des Universal Design durchgesetzt, das als US-amerikanischer Ansatz auch die Standards des W3C für das Web prägt und international wirksam ist. Zusätzlich bietet es ausgearbeitete Vorgaben für die Gestaltung von Produkten, die bereits seit längerer Zeit existieren und entsprechend ausgereift sind. Universal Design ist deshalb für die Untersuchung der barrierefreien Bedienbarkeit im Entwicklungsprozess von Webanwendungen das Konzept der Wahl.

3.3.3   Universal Design und barrierefreie Webinhalte

Die Zielstellung von Universal Design und Barrierefreiheit im Sinne des Bundesministeriums für Justiz und Verbraucherschutz (vgl. Abschnitt 2.1) sind vergleichbar. Universal Design erweitert diese Zielstellung, indem es konkrete Anforderungen an das Produktdesign beschreibt. In den Jahren 1995-97 wurden dazu die Prinzipien des Universal Design am *Center for Universal Design* der North Carolina State University entwickelt (Connell et al. 1997, vgl. Tabelle 3-4). Universal Design unterstützt u.a. identische Bedienabläufe und identischen Bedienkontext für alle Benutzer, sodass bspw. ein Service-Mitarbeiter am Telefon einen blinden oder sehenden Kunden gleichermaßen gut unterstützen kann. Das bedeutet nicht, dass das Design technisch nur den kleinsten gemeinsamen Nenner abdeckt und auf innovative Lösungen verzichtet werden muss.

Tabelle 3-4: Prinzipien des Universal Design (Connell et al. 1997, übers. d. Verf.)

Prinzip	Richtlinien
Breite Nutzbarkeit: Das Design ist für Menschen mit unterschiedlichen Fähigkeiten nutzbar und marktfähig.	- Benutzung für alle Nutzer gleich: identisch, wenn möglich; gleichwertig wenn nicht - Vermeidung der Ausgrenzung oder Stigmatisierung der Benutzer - Allen Benutzern gleichermaßen zugängliche Funktionalitäten der Privatsphäre, Sicherheit und sicheren Nutzung - Design attraktiv für alle Benutzer
Flexible Benutzbarkeit: Das Design unterstützt ein breites Spektrum individueller Präferenzen und Fähigkeiten.	- Unterstützung verschiedener Methoden der Benutzung - Unterstützung eines rechts- und linkshändigen Zugangs bzw. Nutzung - Vereinfachung einer genauen und präzisen Bedienung - Nutzer kann das Tempo anpassen
Einfache und intuitive Bedienung: Die Benutzung des Designs ist einfach verständlich – unabhängig von Erfahrung, Wissen, Sprachfähigkeiten bzw. momentaner Konzentrationsfähigkeit des Benutzers.	- Vermeidung unnötiger Komplexität - Gestaltung konsistent mit den Erwartungen und der Intuition des Benutzers - Unterstützung eines breiten Spektrums an Lese- und Sprachfähigkeiten - Darstellung der Information entsprechend ihrer Wichtigkeit - Klare Eingabeaufforderung und Rückgabe während eines Bedienablaufs und nach Vollendung
Sensorisch wahrnehmbare Informationen: Das Design kommuniziert notwendige Information effektiv zum Benutzer – unabhängig von den Umgebungsbedingungen oder den sensorischen Fähigkeiten des Benutzers.	- Redundante Darstellung essenzieller Informationen durch verschiedene Modalitäten (Piktogramm, verbal, taktil) - Darstellung essenzieller Information mit angemessenem Kontrast zur Umgebung - Maximierung der Wahrnehmbarkeit essenzieller Information - Unterscheidung von Elementen in beschreibbarer Weise (z. B. zur Unterstützung einfacher Instruktionen und Anweisungen) - Kompatibilität mit verschiedenen Techniken und Geräten von Menschen mit sensorischen Einschränkungen
Fehlertoleranz: Das Design minimiert Risiken und ungewollte Auswirkungen zufälliger oder unbeabsichtigter Handlungen.	- Anordnung der Elemente minimiert Risiken und Fehler: Die am häufigsten benutzten Elemente sind am besten zugänglich; Gefährdende Elemente sind entfernt, isoliert oder abgedeckt. - Warnungen für Risiken und Fehler - Unterstützung fehlertoleranter Funktionalitäten - Unterbindung unbewusster Benutzeraktionen während Aufmerksamkeit erfordernden Bedienabläufen
Geringer körperlicher Aufwand: Das Design ist effizient und komfortabel – bei minimaler Ermüdung.	- Neutrale Körperhaltungen des Benutzers werden unterstützt - Angemessene Bedienkräfte - Minimierung sich wiederholender Benutzeraktionen - Minimierung andauernder körperlicher Belastung
Größe und Platz für Zugang und Benutzung: Größe und Platz sind für Zugang, Erreichbarkeit, Manipulation und Benutzung ausreichend bemessen – unabhängig von Körpergröße, Haltung oder Beweglichkeit des Benutzers.	- Klare Sicht auf wichtige Bedienelemente für jeden sitzenden oder stehenden Nutzer - Komfortable Erreichbarkeit aller Komponenten für jeden sitzenden oder stehenden Nutzer - Unterstützung unterschiedlicher Hand- und Griffgrößen - Ausreichend Platz für zusätzliche AT oder personelle Unterstützung

Für die ICT ergeben sich als spezifische Herausforderungen die Unterstützung vielfältiger Hard- und Software, die Heterogenität der Benutzer sowie die Differenz zwischen dem Wissen des Benutzers und den für die Bedienung erforderlichen Kenntnissen (vgl. Shneiderman 2000: 85–86). Vergleichbar zum Ansatz des Universal Design stellen spezifische Vorgaben und Empfehlungen ein wichtiges Gestaltungsmittel für barrierefreie Informations- und Webtechnologie dar. Abbildung 3-4 gibt einen Überblick zur Chronologie verschiedener Empfehlungen und Richtlinien.

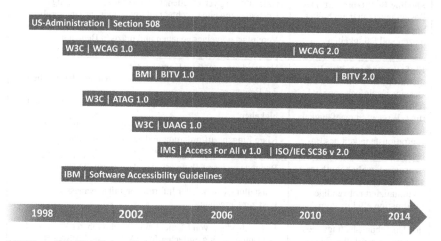

Abbildung 3-4: Richtlinien-Chronologie für die Barrierefreiheit der IKT-Technologie

Viele Richtlinien sind zwischen 1998 und 2002 entwickelt worden. Zum Teil liegen sie inzwischen in überarbeiteten Versionen vor. Hervorzuheben sind die WCAG des W3C (W3C 2008b), die die Prinzipien des Universal Design auf Webinhalte übertragen und an denen sich u.a. die *Barrierefreie Informationstechnik-Verordnung* (BITV, BMAS 2011) des Bundes orientiert. Sie sind als Richtlinie für Webinhalte führend und werden auch auf vergleichbare Anwendungsgebiete wie die Darstellung auf Mobilgeräten (W3C 2008a) bzw. die Bedienbarkeit für ältere Benutzer (W3C 2012a) übertragen. In ihrer ersten Version (W3C 1999b) beschreiben sie, wie zugängliche Webinhalte auf der Basis von HTML und CSS gestaltet sind. Das W3C nutzt Universal Design als Gestaltungsparadigma, offene Standards und textbasierte Alternativen für Skripte etc. Die WCAG 1.0 sind vor allem auf den Kontext statischer Angebote im Web zugeschnitten und wurden der raschen technologischen Entwicklung in den folgenden Jahren nicht mehr gerecht. Untersuchungen zur Umsetzung der WCAG 1.0 in Großbritannien (Sloan et al. 2006) benennen folgende Problempunkte:

- Die Richtlinien werden von Entwicklern und Designern als unübersichtlich und zu „theoretisch" empfunden.
- Die erfolgreiche Umsetzung der WCAG hängt von der Erfüllung weiterer Richtlinien des WAI ab.
- Die Richtlinien enthalten unscharfe bzw. mehrdeutige Formulierungen.
- Die Richtlinien verlangen strikt den Einsatz offener (W3C-)Formate. Scalable Vector Graphics (SVG, W3C 2011a) konnte sich jedoch nicht gegen Flash durchsetzen.
- Zur Umsetzung der Richtlinien wird Expertenwissen bzgl. der Barrierefreiheit benötigt.

Das W3C reagiert auf die Kritik mit einer Vielzahl ergänzender Dokumentation und Empfehlungen. Seit 2008 liegt mit den WCAG 2.0 (W3C 2008b) die zweite Version der Empfehlungen vor. Schwerpunkt der Überarbeitung ist die Unabhängigkeit der Anforderungen von speziellen Technologien wie HTML oder CSS sowie die Angabe präziser Kriterien zur Validierung. Die WCAG 2.0 stützen sich dazu auf vier Grundprinzipien (vgl. Abbildung 2-1):

- Die Informationen sind für jeden Benutzer wahrnehmbar.
- Die Benutzungsschnittstelle kann von jedem Benutzer bedient werden.
- Die Darstellung der Information ist für jeden Benutzer verständlich.
- Die Anwendung ist robust, d.h. sie funktioniert mit einer Vielzahl von Benutzeragenten und AT.

Damit werden die Anforderungen der Barrierefreiheit auch stärker formalisiert und abstrahiert (vgl. Tabelle 3-5).

Tabelle 3-5: Struktur der WCAG 2.0 (W3C 2008b)

1. Wahrnehmbarkeit	2. Bedienbarkeit	3. Verständlichkeit	4. Robustheit
1.1 Textalternativen für Nicht-Text-Inhalte 1.2 Alternativen für zeitbasierte Medien 1.3 Inhalte ohne Verlust mit unterschiedlichem Layout darstellbar 1.4 Erleichterung beim Sehen und Hören von Inhalten	2.1 Alle Funktionalitäten über Tastatur bedienbar 2.2 Ausreichend Zeit für Benutzer beim Sehen und Hören von Inhalten 2.3 Verzicht auf Layout, das bekanntermaßen zu Anfällen führen kann 2.4 Unterstützung beim Navigieren, Suchen und Orientieren	3.1 Textinhalte sind lesbar und verständlich 3.2 Vorhersehbare/s Aussehen und Funktionalität von Webseiten 3.3 Unterstützung bei der Fehlervermeidung und -korrektur	4.1 Maximale Kompatibilität mit aktuellen und zukünftigen Benutzeragenten und assistierenden Technologien

Den vier Kategorien sind jeweils einzelne Richtlinien zugeordnet, die die Aspekte konkret beschreiben.. Die WCAG werden ergänzt (vgl. Abbildung 3-5) durch die *Authoring Tool Accessibility Guidelines* (ATAG, W3C 2013a) für Autorenwerkzeuge (vgl. Tabelle 10-3) sowie die *User Agent Accessibility Guidelines* (UAAG, W3C 2014f) für Benutzeragenten wie z. B. Browser oder Email-Clients (vgl. Tabelle 10-2).

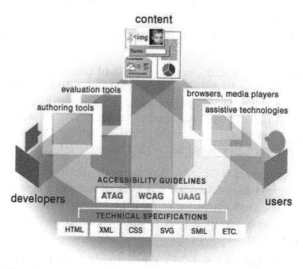

Abbildung 3-5: Empfehlungen des W3C zur Barrierefreiheit (W3C 2011b)

Das Konzept des W3C deckt damit den Bereich von der Produktion von Webinhalten mit Autorenwerkzeugen bis hin zur Bedienung der Benutzeragenten ab. Entwurfsentscheidungen können sich auch ergänzend an Normen für Softwaresysteme orientieren (vgl. DIN 2008b). Für komplexe Prozesse der Produktion bspw. mit arbeitsteiligen Teams reichen produktseitige Vorgaben allein nicht aus und es werden methodische Ergänzungen zur Umsetzung benötigt.

3.4   Benutzer- und benutzungszentriertes Design

Universal Design und die WCAG konkretisieren die Anforderungen der Barrierefreiheit für das Produkt „Webanwendung". Eine geeignete Methodik für die Umsetzung wird dabei nicht benannt. Insbesondere komplexe Entwicklungsprozesse mit dezidierter Entwurfsphase erfordern deshalb eine methodische Erweiterung wie das benutzungszentrierte Design, das in Abschnitt 2.4 eingeführt wird.

Es erweitert das *benutzerzentrierte Design* (*User-Centered Design*, UCD, vgl. Tabelle 3-6).

Tabelle 3-6: Vergleich zwischen benutzer- und benutzungszentriertem Design (vgl. Constantine & Lockwood 2002: 4)

Benutzerzentriertes Design	Benutzungszentriertes Design
Fokus auf der Benutzererfahrung und -zufriedenheit	Fokus auf den Bedienaufgaben
Integration der Benutzer	Ausgewählte Integration der Benutzer
Entwurf durch iteratives Prototyping	Entwurf durch Modellierung
Prozess variabel, wenig formalisiert und spezifiziert	Prozess systematisch spezifiziert
Evolutionärer Entwurf durch Trial-And-Error	Ingenieursmäßiger Entwurf (Engineering)
Geleitet durch Wünsche und Vorstellungen der Benutzer	Geleitet durch Modellierung und Modelle

Die Konzepte des Designs für Alle und des Inclusive Designs empfehlen allgemein UCD für die Entwicklung barrierefreier Produkte und Prozesse. Benutzerzentriertes Design stellt bei der Gestaltung interaktiver Systeme die Erwartungen, Bedürfnisse und Fähigkeiten der Endanwender in den Mittelpunkt. Benutzer – bspw. mit Seheinschränkungen – sind aktiv am Entwicklungsprozess beteiligt, um Anforderungen zu integrieren, die schwer vorhersehbar bzw. formalisierbar sind. Benutzerzentriertes Design beschreibt typischerweise jedoch kein streng formalisiertes Vorgehensmodell (vgl. DIN 2011: 9), sondern einen paradigmatischen Rahmen für eine Vielzahl von Konzepten und Methoden, die oft umfangreiche Expertise und Anpassungsfähigkeit an die jeweilige Zielgruppe erfordern. Für die Umsetzung der barrierefreien Bedienbarkeit in Webangeboten wird ebenfalls UCD vorgeschlagen (vgl. Laux et al. 1996: 94–101; Henry 2007; VERVA 2008: 22–27), ist jedoch aufwändig, da Anforderungserhebung und Entwurf mit aktiver Beteiligung einer notwendigerweise begrenzten Anzahl von Benutzern realisiert werden müssen und die zusätzliche methodische Absicherung gegen die Überbewertung der Anforderungen einzelner, nicht repräsentativer Anwender erfordern.

Das benutzungszentrierte Design (vgl. Constantine & Lockwood 1999; Constantine & Lockwood 2002) hat das gleiche Ziel wie das benutzerzentrierte Design – die anwendergerechte Gestaltung eines Produkts bzw. einer Webapplikation. Jedoch liegt der Fokus nicht auf dem Benutzer im Allgemeinen, sondern auf dessen Bedienaufgaben (vgl. Abbildung 3-6). Obwohl die Differenz zu vielen Ansätzen des benutzerzentrierten Designs lediglich im Fokus bzw. der Gewichtung verschiedener Aspekte der Anwenderseite liegt, ergeben sich deutliche

Differenzen in der Anwendung und in den Ergebnissen (vgl. Constantine 2004). Die methodische Vorgehensweise des benutzungszentrierten Designs ist deutlich konkreter bestimmt und nutzt die Modellierung zur Definition und Beschreibung der Bedienabläufe – genauer ein Rollen-, Aufgaben- und Domainmodell. Das Vorgehensmodell zielt auf eine leichtgewichtige Anwendung der Modellierung und ihre effektive und effiziente Nutzung für den Anwendungsentwurf.

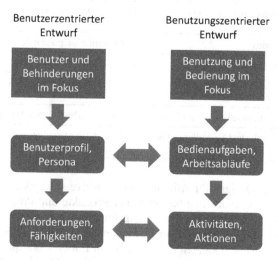

Abbildung 3-6: Benutzer- und benutzungszentrierter Entwurf

3.5   Konzept der Forschungsarbeit

In dieser Forschungsarbeit wird die Übertragung der Anforderungen einer barrierefreien Bedienung auf den Entwurf von Webanwendungen dargestellt. Abbildung 3-7 zeigt das Konzept dieser Forschungsarbeit im Überblick. Den Ausgangspunkt bildet die Analyse der Bedienaufgaben, die anschließend in einem modellgetriebenen Prozess dem Entwurf der Weboberfläche dient. In der Softwaretechnik dienen der Realisierung vorausgehende Modelle dazu, die Komplexität im Entwurf zu reduzieren (vgl. Schwinger & Koch 2006: 40) – bspw. mit UML-Diagrammen. Unabhängig von der Implementation unterstützen sie die Beschreibung der Weboberfläche. Die mit Hilfe von Anwendungsfällen und Szenarien gewonnenen Anforderungen für die Webanwendung spezifizieren die Funktionalitäten des Anwendungskerns. Die Bedienaufgaben und -abläufe werden in einem Bedienmodell formalisiert. Die Beschreibung der Interaktion zwischen Anwender und Webanwendung im Dialogmodell definiert das Verhalten der Weboberfläche. Komposition und Eigenschaften der Weboberflächen werden im Präsentationsmodell – einer abstrakten Beschreibung der Weboberfläche – dargestellt. Die Verwendung einer modularisierten Standardarchitektur für Weboberflächen unterstützt die Übertragung der Modelle in den Softwareentwurf der Anwendung. Eine detaillierte Darstellung des Konzepts gibt das sechste Kapitel.

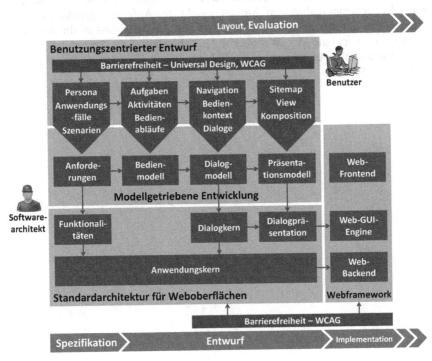

Abbildung 3-7: Konzept der Forschungsarbeit

3.6   Zusammenfassung

Moderne Konzepte sehen Barrierefreiheit nicht allein aus der Perspektive individueller Defizite, sondern schließen technologische, organisatorische und soziale Umweltfaktoren mit ein (vgl. Abschnitt 3.2). Der Fokus auf den Barrieren verkürzt den Weg von der Anforderungsanalyse hin zum Entwurf und unterstützt übergreifende Konzepte der Barrierefreiheit. Die Definition der Barrierefreiheit in Abschnitt 2.1 steht in engem Zusammenhang mit dem Konzept der sozialen Inklusion und Designparadigmen wie dem Design for All, dem Inclusive Design oder dem Universal Design (vgl. Abschnitt 3.3). Universal Design eignet sich als Designparadigma, da es konkrete Vorgaben definiert, die durch die WCAG für Webangebote detailliert werden. Das Entwurfsparadigma des benutzerzentrierten

Designs ist methodisch wenig spezifiziert und deshalb für eine detaillierte Untersuchung der Integration der Barrierefreiheit in den Softwareentwicklungsprozess allein nicht ausreichend (vgl. Abschnitt 3.4). Der Ansatz des benutzungszentrierten Designs löst diese Schwäche durch eine konkrete Methodik auf Basis der Bedienaufgaben. In dieser Forschungsarbeit bilden die Analyse und Modellierung der Bedienaufgaben den Ausgangspunkt der Anforderungserhebung. Das Konzept des benutzungszentrierten Designs wird im Anschluss an die modellgetriebene Entwicklung der Weboberfläche gebunden (vgl. Abschnitt 3.5), um einen leistungsfähigen konzeptuellen Rahmen für die Ziele dieser Forschungsarbeit zu schaffen.

4 Stand der Forschung und Technik

4.1 Überblick

Im dritten Kapitel werden die zentralen Forschungsfelder eingegrenzt. Neben der Barrierefreiheit in Webanwendungen (vgl. Abschnitt 3.2) zählen die Modellierung der Bedienaufgaben (vgl. Abschnitt 3.4), die Softwarearchitektur interaktiver Weboberflächen sowie die modellgetriebene Entwicklung von Webanwendungen (vgl. Abschnitt 3.5) dazu. In diesem Kapitel wird der Stand der Forschung und Technik in diesen Gebieten dargestellt. Die Beschreibung folgt einer geschlossenen Darstellung beginnend mit allgemeinen Aspekten barrierefreier Webinhalte über zentrale Felder der modellgetriebenen Webentwicklung hin zur Integration der Barrierefreiheit im Entwicklungsprozess (vgl. Abbildung 4-1).

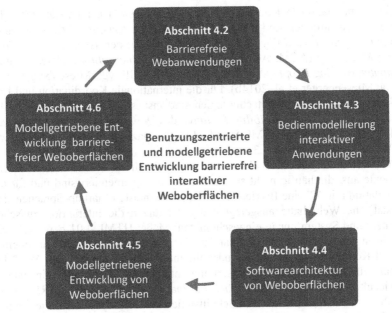

Abbildung 4-1: Struktur der Darstellung des Stands der Forschung und Technik

In Abschnitt 4.2 wird die Unterstützung der Barrierefreiheit in den Webtechnologien des W3C beschrieben. Als Grundlage eines benutzungszentrierten Entwurfs stellt Abschnitt 4.3 die Modellierung der Bedienabläufe interaktiver Oberflächen dar. Anschließend beschreiben Abschnitt 4.4 den aktuellen Stand der

Softwarearchitektur interaktiver Weboberflächen sowie Abschnitt 4.5 der modellgetriebenen Entwicklung von Weboberflächen. Besondere Beachtung gilt Referenzkonzepten. Zum Abschluss beschreibt und vergleicht Abschnitt 4.6 vorliegende Publikationen für die Integration der Barrierefreiheit in das Engineering von Webanwendungen.

Die zunehmende Verschmelzung lokaler Oberflächen mit Weboberflächen ist insbesondere auch für Webanwendungen relevant. Sie führt zu einer fachlichen, organisatorischen und personellen Verschmelzung der Forschungsfelder. Die Darstellung des Stands in Forschung und Technik folgt deshalb dem Grundgedanken, dass lokale Oberflächen auf der Basis von GUIs durch Weboberflächen erweitert werden, indem Webtechnologien die Anforderungen webbasierter Client-Server-Architekturen bzw. von Hypermedien integrieren.

4.2   Barrierefreie Interaktion mit Weboberflächen

Wichtige internationale Konferenzen im Forschungsfeld der barrierefreien Informationstechnologien sind die *ACM SIGACCESS International Conference on Computers and Accessibility* (ASSETS, ACM 2014b) der *Association for Computing Machinery* (ACM, ACM 2014a) sowie die *International Conference on Computer Helping People with Special Needs* (ICCHP, vgl. Miesenberger et al. 2014a; Miesenberger et al. 2014b). Für die internationale Koordination und Entwicklung barrierefreier Webtechnologien sind insbesondere die Aktivitäten des W3C bzw. der *Web Accessibility Initiative* des W3C (WAI, W3C 2014h) von Bedeutung. Neben dem HTML-Standard zählen dazu auch Empfehlungen wie die WCAG (vgl. Abschnitt 3.3).

Webanwendungen und RIAs zeichnen sich durch zahlreiche interaktive UI-Elemente aus, die häufig nicht standardkonform implementiert sind und für die Präsentation mit AT eine Barriere darstellen. Die meisten Markup-Sprachen sind für statische Webinhalte ausgelegt und unterstützen die Interaktion zwischen Benutzer und System nur in eingeschränktem Maße; HTML 4.01 bzw. XHTML 1.0 bieten neben Links und Formularelementen wenig Unterstützung für interaktive UI-Komponenten wie Slider oder für multimediale Inhalte. Das W3C hat deshalb für die barrierefreie Darstellung interaktiver Webinhalte ein Modell entwickelt – die *WAI Accessible Rich Internet Applications* (WAI-ARIA, W3C 2014b) –, das sich an alternativen Schnittstellen für Desktopsysteme orientiert (z. B. MSAA oder IAccessible2 , vgl. Abschnitt 10.2) und die besonderen Anforderungen von Webanwendungen integriert. Analog legt die Entwicklung des HTML5-Standards (W3C 2014c) besonderes Augenmerk auf die Interaktion mit dem Benutzer bzw. die multimediale Präsentation inkl. der Barrierefreiheit.

4.2.1 Interaktive Webanwendungen mit den WAI-ARIA

Grundlage der barrierefreien Darstellung von Webinhalten durch AT ist die Verfügbarkeit semantischer Information über UI-Komponenten (Widgets) sowie deren Struktur und Verhalten. Die WAI-ARIA (W3C 2014b) spezifizieren eine Ontologie zugänglicher Widgets. Ziel ist die Ergänzung bestehenden Markups wie bspw. HTML zur Verbesserung der Barrierefreiheit und Interoperabilität von Webanwendungen. Webautoren und -entwicklern bietet sich so die Möglichkeit, Struktur und Verhalten von Widgets adäquat und zugänglich zu beschreiben. Die Widgets werden für Benutzer von AT erkenn- und bedienbar.

In den WAI-ARIA besitzen UI-Komponenten eine Rolle, Eigenschaften, Zustände sowie ein Verhalten. Die Rolle beschreibt die Funktion des Widgets. Die Taxonomie der Rollen wird als OWL/RDF-Modell (W3C 2012b) mit Super- (z. B. *Menu*) und Subklassen (z. B. *Menuitem*) definiert. Es werden abstrakte Rollen klassifiziert: Widget-Rollen, Rollen zur Dokumentstruktur, Window-Rollen sowie weitere Unterklassen wie *Landmark* oder *Section*. Die WAI-Rolle des Elements überschreibt dabei vorgegebene Rollen des Markups, sodass Elemente, die aus gestalterischen Gründen „falsch" ausgezeichnet werden, durch die WAI-ARIA dennoch korrekt beschrieben werden können, ohne das Layout zu verändern. Widgets besitzen Eigenschaften, die innerhalb der Rollentaxonomie vererbt werden. Eine Teilmenge der Attribute weist ein dynamisches Verhalten auf. Mit Hilfe der WAI-ARIA kann der Benutzer über Änderungen und den aktuellen Wert des Attributs benachrichtigt werden. Listing 1 stellt die WAI-ARIA-Attribute für die Rolle eines Sliders sowie seiner Eigenschaften (Minimum, Maximum, aktueller Wert, Einheit) dar.

```
<div role="slider" aria-labelledby="sliderLabel"
    aria-valuemin="0" aria-valuemax="100"
    aria-valuenow="0" aria-valuetext="Prozent" />
```

Listing 1: Einfacher Slider mit WAI-ARIA-Eigenschaften

Neben der Beschreibung interaktiver Elemente wird die Vermittlung von Informationen aus Bereichen ohne Fokus – sogenannte Live-Regionen – möglich. Tabelle 4-1 stellt Vor- und Nachteile der WAI-ARIA im Überblick dar.

Tabelle 4-1: Vor- und Nachteile der WAI-ARIA

Vorteile	Nachteile
- Markup-unabhängige Beschreibung der Eigenschaften und des Verhaltens einer Weboberfläche - Semantische Auszeichnung von UI-Komponenten - Erweiterte Kontrolle Skript-gesteuerter Interaktionen – bspw. für Fehler- oder Statusmeldungen	- Keine Auszeichnung interaktionsrelevanter Textformatierungen - Keine selbstdefinierten Rollen für komplexe UI-Komponenten - Fehlende Adaptierbarkeit für neuentwickelte UI-Technologien

Die WAI-ARIA unterstützen eine gegenüber gängigen Markup-Sprachen deutlich erweiterte Auszeichnung der interaktiven Funktionalitäten einer Weboberfläche, die den Anforderungen aktueller Webanwendungen und RIAs gerecht wird (vgl. Hardt & Schrepp 2011: 157). Da die WAI-ARIA selbst nicht erweitert werden können, lassen sich spezialisierte UI-Komponenten – z. B. Gantt-Charts oder 3D-Visualisierungen – bzw. neue UI-Technologien nur begrenzt einbinden. Die Unterstützung der WAI-ARIA fiel 2011 im Firefox-Browser, Internet Explorer und Safari-Browser am besten aus (Faulkner 2011).

4.2.2   Barrierefreiheit in HTML5

Zugängliches Markup wird im neuen Standard HTML5 (W3C 2014c) erstmalig ein integriertes Konzept sein, das auf den Empfehlungen der WAI aufbaut. Zusatzinformationen werden nicht mehr in unsichtbaren Attributen wie *alt* oder *summary* beschrieben, sondern direkt im *body*-Element, da sie für alle Zielgruppen relevant sind. Durch die Auszeichnung von Bereichen wie *nav, aside, article, section* etc. werden die semantische Strukturierung von Dokumenten unterstützt und die Möglichkeiten der strukturellen Navigation verbessert. Auch der barrierefreie Umgang mit Formularen ist verbessert worden. Mit dem Attribut *autofocus* kann genau einmal pro Seite ein Formularelement für den automatischen Tastaturfokus definiert werden. Ebenso werden Musterdaten für Eingabefelder unterstützt, um fehlerhafte Eingaben zu verhindern. Das *accesskey*-Attribut lässt sich zukünftig auf jedes HTML-Element anwenden, sodass die Tastaturnavigation verbessert wird.

Zum Abspielen von Video- und Audio-Inhalten verwenden Browser bisher eingebettete oder externe Plugins mit separater Bedienkontrolle. Gegenüber dem Browser verhalten sich die Plugins wie eine Blackbox. Die Folge sind zusätzliche Bedienbarrieren bspw. durch eine fehlende Fokusübergabe. Auch die Anbindung von Textalternativen bspw. Untertiteln war bisher aufwändig. Durch die native Unterstützung von Audio- und Video-Streams in HTML5 (*audio*- und *video*-Element) kann auf die Installation und den Einsatz von Plugins verzichtet und so die Realisierung einer barrierefreien Bedienung vereinfacht werden. Tabelle 4-2 fasst die Unterschiede in den HTML-Versionen 4.01 und 5 zusammen.

Die neue Version von HTML nutzt zur Beseitigung bekannter Barrieren oft Lösungen, die bereits als Empfehlungen, Standards oder Workarounds etabliert sind. Zeitgleich zur HTML5-Entwicklung erfolgt die Integration von HTML5 in Browsern. Nach einer Analyse der Browser Firefox 31, Internet Explorer 11 und Chrome 35 unter Windows von Faulkner (Faulkner 2014) bietet der Firefox-Browser derzeit die umfassendste Unterstützung sowohl neuer HTML5-Funktionalitäten insgesamt als auch der barrierefreien Bedienbarkeit implementierter Funktionalitäten, d.h. 90 % der realisierten HTML5-Funktionaliäten sind auch barrierefrei nutzbar. Im Vergleich dazu erreichen der Chrome-Browser ca. 70 % und der Internet Explorer ca. 40 %.

Tabelle 4-2: Vergleich der Barrierefreiheit in HTML 4.01 und 5

Funktionalität	HTML 4.01	HTML5	Relevanz
accesskey-Attribut	definiert für die Elemente *a, area, button, input, label, legend, textarea*	alle Elemente	Ansteuerung beliebiger Seitenelemente per Tastatur
Abspielen von Audio- und Videoinhalten	per separatem Plugin in Browser-Sandbox	durch den Browser selbst abspielbar	Vermeidung der technologischen Schranke zwischen Browser und Plugin
Einbinden von Untertiteln	über separate Formate wie z. B. SMIL	über *track*-Element	Zugang zu Audioinhalten für Gehörlose
Setzen des Tastaturfokus	Workaround per JavaScript	Attribut *autofocus*	bessere Orientierung in komplexen Formularen
Musterdaten	Workaround per Default-Wert und JavaScript	*placeholder*-Attribut in Formularelementen	Unterstützung der fehlerfreien Eingabe
WAI-ARIA-Elemente	separate ergänzende Empfehlung	integraler Bestandteil	dezidierte UI-Semantik insbesondere für RIA

Die Verbindung von WAI-ARIA und HTML5 bietet gegenüber HTML4 eine deutlich verbesserte Unterstützung der Implementation barrierefrei interaktiver Webanwendungen, die den gestiegenen Anforderungen der Interoperabilität mit dem Anwender sowie der Integration multimedialer Inhalte nachkommt.

4.3   Modellierung von Bedienabläufen

Die Modellierung der Bedienabläufe bildet das Bindeglied zwischen benutzungszentriertem Entwurf und der modellgetriebenen Entwicklung von Benutzungsschnittstellen. *Bedienmodelle* (*Task Model*) beschreiben die logische Perspektive auf die Aktivitäten des Benutzers bei der Verfolgung seiner Arbeitsziele. Sie beschreiben die Zerlegung in Teilaufgaben sowie deren temporale (zeitliche) Ordnung. Die Vorteile der Aufgabenmodellierung sind:

-   Plattform- und implementierungsunabhängige Beschreibung interaktiver Systeme
-   Besseres Verständnis der Anwendungsdomäne
-   Kommunikationsmittel für alle an der Entwicklung des Systems Beteiligten wie bspw. Systemarchitekten, Interface-Designer, Manager, Benutzer und Domänen-Experten
-   Fokus auf Übereinstimmung des Systemverhaltens mit den Benutzererwartungen
-   Basis für eine Aufgaben-orientierte Benutzerhilfe
-   Dokumentation interaktiver Systeme

Für die Aufgabenanalyse existieren bereits zahlreiche Methoden, die sich hinsichtlich der analysierten Interaktionsaspekte unterscheiden lassen (Wilson et al. 1988; Haan 2000): die Transformation externer in Systemaufgaben, das Wissen des Benutzers, die Handlungen des Benutzers oder die Bedienoberfläche des Systems (vgl. Tabelle 4-3). Eine ausführliche Diskussion findet sich bspw. bei van Welie (van Welie 2001).

Für den benutzungszentrierten Entwurf sind Konzepte mit Fokus auf der Benutzerhandlung relevant. Das Konzept *Goals, Operators, Methods and Selection rules* (GOMS) wurde 1983 von Card et al. (Card, Moran & Newell 1983) publiziert. Goals beschreiben die Ziele des Benutzers und Operators sind durch die Software definierte Benutzeraktionen. Methods verknüpfen Teilziele und Operatoren zu Bedienabläufen zur Erreichung eines Ziels und Selection Rules beschreiben benutzerseitige Constraints zur Auswahl geeigneter Methoden. Benutzeraktivitäten werden in elementare Aktionen zerlegt. *Hierarchical Task Analysis* (HTA) wurde 1993 von Lon Barfield vorgestellt (Barfield 1993). Namensgebende Idee ist die hierarchische Dekonstruktion von Benutzeraufgaben in Teilaufgaben. Das Ergebnis der Zerlegung in Teilaufgaben ist ein Graphen-Baum. Arbeitsabläufe werden linear dargestellt (vgl. Cooper, Reimann & Cronin 2007). Der Ansatz *useML* wurde 2003 von Reuther (Reuther 2003) vorgestellt und setzt den Fokus auf Maschinenbediensysteme. Die Benutzeraktivitäten werden aus den fünf elementaren Aktionen *Informieren, Auslösen, Auswählen, Eingeben* und *Ändern* zusammengesetzt (vgl. Reuther 2003: 57–61), die sich direkt auf abstrakte Interaktionskomponenten abbilden lassen.

Tabelle 4-3: Übersicht zu Ansätzen der Aufgabenmodellierung

Bezeichnung/Quelle	Fokus
Command Language Grammar (CLG) (Moran 1981)	Bedienoberfläche
Action Language (Reisner 1981)	Benutzerwissen
External Internal Task Analysis (ETIT) (Moran 1983)	Externe A. -> Systemaufgaben
Goals, Operators, Methods and Selection Rules (GOMS) (Card, Moran & Newell 1983)	Benutzerhandlung
Cognitive Complexity Theory (Kieras & Polson 1985)	Benutzerhandlung
Task Action Grammar (TAG) (Payne & Green 1986; Payne & Green 1989)	Benutzerwissen
Extended Task Action Grammar (ETAG) (Tauber 1990)	Bedienoberfläche
User Action Notation (UAN) (Hix & Hartson 1993)	Benutzerhandlung
Hierarchical Task Analysis (HTA) (Barfield 1993)	Benutzerhandlung
ConcurTastTree (CTT) (Paterno, Mancini & Meniconi 1997)	Benutzerhandlung
UMLi (da Silva 2002)	Benutzerhandlung
TaskMODL/DiaMODL (Trætteberg 2002)	Benutzerhandlung
useML (Reuther 2003)	Benutzerhandlung

Mit der Verbreitung grafischer Bedienoberflächen und des World Wide Web entwickelten sich neue Ansätze, denen das Paradigma der Objektorientierung zu Grunde liegt. Dazu zählt insbesondere das durch Paternò entwickelte *Concur-TaskTree* (CTT, Paternò 2003) mit den Charakteristika:

– Fokus auf High-Level-Aktivitäten
– Hierarchische Struktur in grafischer Baum-Syntax
– Notation nebenläufiger Tasks mit temporalen Beziehungen
– Task-Klassifizierung mit vier Typen: *Abstraction Task*, *Application Task*, *Interaction Task* und *User Task*
– Notation von Objekten für das UI und die Anwendungsdomäne

Die hierarchische Zerlegung von Aufgaben ergibt bei nebenläufigen Aktivitäten in modernen Bedienoberflächen eine unübersichtliche Darstellung und ist nicht intuitiv. Deshalb werden Ansätze verfolgt, die auch parallele Benutzeraktivitäten gut darstellen können. Ein verbreitetes Werkzeug sind UML-Aktivitätsdiagramme (OMG 2013b). Die *Task Modeling Language* (Task-MODL) wurde 2002 von Trætteberg (Trætteberg 2002) vorgestellt und stellt eine eigenständige Notation dar, die nicht mit UML verwandt ist. Derzeit unternimmt das W3C Anstrengungen, die verschiedenen Ansätze der Bedienmodellierung zu systematisieren. Danach sind wichtige Anforderungen an Bedienmodelle (vgl. W3C 2014d: Pkt. 2):

- Trennung statischer und dynamischer Aspekte
- Darstellung als hierarchische Struktur
- Bedienablauf und Benutzungskontext stehen in Beziehung
- Initiale Taxonomie von Bedienaktionen

Es wird unterschieden in Benutzer-, System- und Interaktionsaufgaben sowie abstrakten Aufgaben. Abstrakte Aufgaben besitzen Teilaufgaben aus unterschiedlichen Kategorien z. B. eine Suche. Das Metamodell basiert auf der CTT (Paternò 2003) und umfasst neben der Taskhierarchie auch Temporaloperatoren (vgl. Allen 1983; Moerchen 2010, vgl. Tabelle 4-4), um die Beziehungen zwischen Tasks zu definieren. Die Priorität der *n*-nären Task-Operatoren (alle bis auf *Iteration* und *Optional*) nimmt von oben nach unten ab.

Tabelle 4-4: Task-Operatoren nach (W3C 2014d: Pkt. 3.1)

Operator	Beschreibung	Nomenklatur
Choice	Task einer vorgegebenen Menge wird ausgeführt	$T_1[]T_2[] \ldots []T_n$
Order Independence	Tasks werden in beliebiger Reihenfolge ausgeführt	$T_1|=T_2|= \ldots |=T_n$
Interleaving	Verbundene Tasks werden ohne Einschränkung parallel ausgeführt	$T_1|||T_2||| \ldots |||T_n$
Parallelism	Tasks werden streng parallel ausgeführt	$T_1||T_2|| \ldots ||T_n$
Synchronisation	Tasks werden gleichzeitig ausgeführt und können Informationen austauschen	$T_1|[]|T_2|[]| \ldots |[]|T_n$
Disabling	Linksseitiger Task wird durch das Starten des rechtseitigen deaktiviert	$T_1[>T_2[> \ldots [>T_n$
Suspend-Resume	Rechtseitiger Task unterbricht den linksseitigen, anschließend kann der linksseitige an der unterbrochenen Stelle weitergeführt werden	$T_1|>T_2|> \ldots |>T_n$
Enabling	Abschluss des linksseitigen Task ist Vorbedingung zum Start des rechtsseitigen (mit oder ohne Informationsweitergabe)	$T_1>>T_2>> \ldots >>T_n$
Iteration	Task wird iterativ ausgeführt	T^*
Optional	Task ist optional	$[T]$

Für die Modellierung der elementaren Benutzeraktionen gibt es kein universelles Modell, da die Menge elementarer Bedienaktionen, die Bedienaktivitäten für sehr unterschiedliche Produktklassen und Anwendungskontexte unterstützt, notwendigerweise sehr umfangreich und anspruchsvoll in der Anwendung ist.

Stattdessen werden domänenspezifische Mengen von Benutzeraktionen beschrieben, d.h. die Modellierung unterstützt nur jene Benutzeraktivitäten, die im jeweils spezifischen Kontext von Gerät und Bedienaufgaben auch tatsächlich stattfinden können; bspw. stellt useML für die Interaktion mit Maschinenbediensystemen fünf elementare Aktionen bereit (Reuther 2003: 56).

Die vorliegenden domänenspezifischen Ansätze sind in ihrer Auswahl der unterstützten Tasktypen eher intuitiv denn systematisch. Vertreter dieser Ansätze sind: GUI (Constantine 2003), Webangebote (Jansen 2006), Maschinenbediensysteme (Reuther 2003) etc. Des Weiteren modellieren verschiedene domänenspezifische Ansätze die Bedienabläufe nicht abstrahierend bzgl. der physischen Operationen bspw. der Mausoperationen. Grundsätzlich sollte das Metamodell für die Bedienabläufe das Interaktionsparadigma „Benutzerhandlung+Objekt" (vgl. Gonzalez-Calleros et al. 2009: 63) unterstützen, d.h. jede Interaktion wird als Zusammenspiel einer Aktion mit einem Aktionsobjekt beschrieben.

4.3.1   Domänenspezifische Aktionstypen für GUIs

Die elementaren interaktiven Handlungen, die durch Bedienoberflächen unterstützt werden, lassen sich für die Vereinfachung der Modellierung in einer Taxonomie zusammenfassen. Die für diese Zwecke vorgesehenen *Abstract Interaction Objects* (AIO, vgl. UsiXML Community 2012) sind Abstraktionen von UI-Komponenten und integrieren dadurch eine Technikperspektive, die im Bedienmodell nicht erwünscht ist. Die für den Entwurf von GUIs mit dem benutzungszentriertem Design entwickelten *Canonical Abstracts Components* (CAC, Constantine 2003: 5–7, vgl. Tabelle 4-5) sind gezielt unabhängig ohne technischen Bezug definiert.

Tabelle 4-5: Kanonische Benutzeraktionen für GUIs (Constantine 2003: 6; Gonzalez-Calleros et al. 2009: 64)

Aktionstyp	Beschreibung	Beispiel
create	Neuerzeugung eines Objekts	Neukunden anlegen, Neues Dokument erzeugen
delete	Zerstören eines Objekts	Beenden einer Verbindung
duplicate	Kopieren eines Objekts	Kopieren einer Adresse
modify	Verändern eines Objects	Ändern des Datums
move	Ändern des Orts eines Objekts	Bewegen nach oben/unten
select	Auswahl aus Objekten	Auswahl eines Datums
stop	Beenden eines Prozesses	Abbruch eines Einkaufs
toggle	Zustand eines Objekts wechseln	Option auswählen
trigger	Starten eines Prozesses	Senden eines Formulars

Die CAC abstrahieren von Ein-/Ausgabemodalität ebenso wie von spezifischen Ein-/Ausgabekomponenten. Eine vergleichbare Darstellung von Seiten der UsiXML-Community liefert (Gonzalez-Calleros et al. 2009: 64). Die Benennung der Aktionen erfolgt nach dem Schema „Benutzerhandlung +Objekt der Manipulation". Neben den kanonischen Namen für Benutzerhandlungen werden deshalb auch die zu manipulierenden Objekte kanonisch klassifiziert (vgl. Tabelle 4-6). Die vorliegenden Ansätze beziehen sich auf lokale Oberflächen (GUIs) und erfordern noch eine Anpassung an interaktive Weboberflächen.

Tabelle 4-6: Kanonische abstrakte UI-Komponenten (Constantine 2003: 7; Gonzalez-Calleros et al. 2009: 65)

Name	Beschreibung	Beispiel
Element	UI-Objekt mit spezifischer einheitlicher Charakteristik, typischerweise mit einer Variable assoziiert	- Titel - Straßenname
Container	UI-Objekt aus mehreren verschiedenen Elementen unterschiedlicher Charakteristik	- Adresse - Video
Kollektion	Menge von UI-Objekten mit gleicher Charakteristik	- Kundenliste - Einkaufsliste
Notifikation (nur Constantine 2003: 7)	Kurze Statusmeldungen	- Email-Hinweis - Statusmeldung des Systems
Operation (nur Gonzalez-Calleros et al. 2009)	Auslösen von Systemfunktionen	- Absenden von Formularen

4.4 Softwarearchitektur interaktiver Weboberflächen

Mit HTML5 und den WAI-ARIA bieten sich – gegenüber HTML4 – deutlich leistungsfähigere Möglichkeiten der Implementation barrierefreier Webanwendungen (vgl. Abschnitt 4.2). Um die Anforderungen der barrierefreien Bedienung frühzeitig in Analyse und Entwurf einer Webanwendung zu integrieren, sind weitergehende Ansätze nötig, die insbesondere auch die Softwarearchitektur berücksichtigen. Eine Softwarearchitektur beschreibt die Software-Struktur bzw. -Strukturen eines Systems, seine Bausteine sowie deren sichtbare Eigenschaften und Beziehungen zueinander.

> The software architecture of a program or computing system is the structure or structures of the system, which comprise software components, the externally visible properties of those components and the relationships among them. (Bass, Clements & Kazman 1997: 7)

Die Softwarearchitektur steht insbesondere mit qualitativen Anforderungen wie z. B. Skalierbarkeit, Wartungsfreundlichkeit, Benutzbarkeit etc. in engem Zusammenhang, da diese typischerweise zahlreiche Funktionalitäten betreffen und damit die gesamte Webanwendung beeinflussen. Analog ist auch die Barrierefreiheit eine Anforderung mit Konsequenzen für die Architektur der Software- bzw. Webanwendung, d.h. eine barrierefreie Bedienung muss von Beginn an im Analyse- und Entwurfsprozess integriert werden, um ihre erfolgreiche Umsetzung zu unterstützen.

Ein grundlegendes Muster für den Entwurf interaktiver Systeme ist die 3-Schichten-Architektur (vgl. Abbildung 4-2). Sie trennt die Anwendung in Komponenten, die zuständig sind für die Interaktion mit dem Benutzer (Präsentation), die Anwendungsfunktionalität bzw. -logik und die Datenhaltung (Persistenz). Die Präsentationskomponente wird im Folgenden differenzierter dargestellt, da sie für die barrierefreie Interaktion mit dem Anwender zuständig ist.

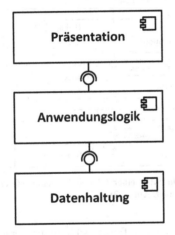

Abbildung 4-2: 3-Schichten-Architektur

Webanwendungen sind eine Erweiterung lokaler Anwednungen mit der Besonderheit einer Client-Server-Architektur und hypermedialer Inhalte (vgl. Abschnitt 2.3). Die Softwarearchitektur lokaler Oberflächen umfasst die elementaren Komponenten grafischer Bedienoberflächen und die Architektur einer Weboberfläche erweitert diese, indem sie die besonderen Anforderungen einer Client-Server-Architektur integriert. Insbesondere für interaktive Webanwendungen ist die zunehmende Verschmelzung lokaler Oberflächen mit Weboberflächen von Bedeutung und die Forschungs- und Entwicklungsfelder der Technologien des Web und der Desktop-basierten Anwendungen vernetzen sich zunehmend.

4.4.1   Quasar-Standardarchitektur für Bedienoberflächen

Eine allgemein anerkannte Referenzarchitektur für den Entwurf interaktiver Systeme liegt bisher nicht vor. Aufgrund ihrer detaillierten Ausarbeitung in Verbindung mit zahlreichen Projekten wird in dieser Forschungsarbeit die Quasar-Standardarchitektur einer lokalen Oberfläche nach Siedersleben (vgl. Siedersleben 2004: 241, vgl. Abbildung 4-3) herangezogen. Sie eignet sich durch ihren Fokus auf Dialogen insbesondere auch für die Abbildung von Bedienaufgaben.

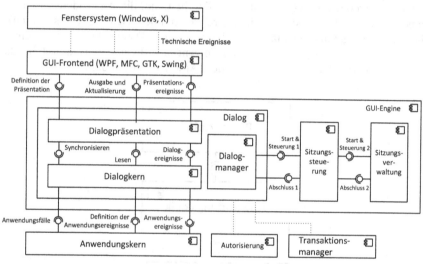

Abbildung 4-3: Standardarchitektur einer lokalen Bedienoberfläche (vgl. Siedersleben 2004: Abb. 10-1, Abb. 10-2; Lucke 2009: Abb. 3.3)

Die dargestellten Komponenten finden sich unter verschiedenen Namen und Zuständigkeiten in jedem System. Lokale Oberflächen basieren auf der Verwendung von Bibliotheken wie WPF, Qt oder Swing, die GUI-Elemente zur Gestaltung von Benutzungsschnittstellen zur Verfügung stellen. Die Anwendungskomponente, die aus Objekten dieser Bibliothek besteht, heißt *GUI-Frontend* (Siedersleben 2004: 238). Die Kommunikation zwischen *Fenstersystem* und GUI-Frontend ist jeweils spezifisch für die GUI-Bibliothek. *Technische Ereignisse* werden unmittelbar durch die Hardware erzeugt – z. B. als Mausklick. Die Komponenten der GUI-Bibliothek im GUI-Frontend übersetzen sie in *Präsentationsereignisse* – z. B. als Aktivierung einer Schaltfläche. Das GUI-Frontend kann als Komponente Schnittstellen exportieren und importieren, sowie auf Ereignisse reagieren. Durch das GUI-Frontend werden zwei Schnittstellen exportiert: die *Definition der Präsentation*, die die Formulare und die Registrierung der Rückrufaktionen entgegennimmt und die *Ausgabe und Aktualisierung*, die die entsprechenden Daten für den Benutzer empfängt.

Der *Anwendungskern* kapselt die Funktionalitäten der Anwendungslogik und der Persistenz des 3-Schichten-Modells. Im Kern werden *Anwendungsereignisse* erzeugt, z. B. nach längeren asynchronen Verarbeitungsprozessen. Zwischen dem Anwendungskern und dem GUI-Frontend vermittelt die *GUI-Engine*. Die GUI-Engine ist verantwortlich für die Verwaltung und Steuerung des Dialogs mit dem Benutzer und reagiert dementsprechend auf Präsentations- und Anwendungsereignisse.

Für den Entwurf einer Bedienoberfläche bildet die *GUI-Engine* die zentrale Komponente, die für die Ereignisbehandlung und die Dialogsteuerung zuständig ist. Jedem Dialog wird in der GUI-Engine eine *Dialogkomponente* zugeordnet bzw. jedem Dialogobjekt ein Objekt der Dialogkomponente. Dialoge bilden die Fachlichkeit der Interaktion ab und liegen deshalb nur als abstrakte bzw. Standard-Implementierung vor, die durch Vererbung erweitert werden kann (Lucke 2009: 63). In jedem Fall definieren sie ein Data- und ein Event-Binding und in komplexeren Dialogen auch ein State-Binding. Einfache Standard-Dialoge speichern dazu die Dialogdaten als Objektattribute mit get-/set-Methoden für den Zugriff und öffentliche Methoden der Dialogklasse dienen der Umsetzung des Event-Handlings. Dialogobjekte gehören jeweils zu genau einer Sitzung. Die *Sitzungssteuerung* verwaltet alle Dialogobjekte einer Sitzung. Die *Sitzungsverwaltung* wiederum kontrolliert alle Sitzungen und deren Ressourcen. Die Sitzungssteuerung kann über die Schnittstelle *Start & Steuerung 1* neue Dialogobjekte öffnen, aktivieren und unterbrechen. Dialogobjekte können ihren Abschluss über die Schnittstelle *Abschluss 1* melden. Da für jeden Dialog eine eigene Komponente implementiert wird, empfiehlt Siedersleben (Siedersleben 2004: 242):

– Dialogkomponenten immer nach dem gleichen Schema aufzubauen
– Einfache Dialogkomponenten aus generischen Komponenten zu generieren
– Komplexe Komponenten bruchlos in den Kontext zu integrieren

Die Dialogkomponente enthält als Teilkomponenten die *Dialogpräsentation* und den *Dialogkern*. Die Dialogpräsentation ist zuständig für das „Wie" der Darstellung und die Gestaltung der Benutzeraktionen. Ihre Implementation hängt u.a. von der GUI-Bibliothek ab. Die Dialogpräsentation stellt mit Hilfe des GUI-Frontends Daten dar und reagiert auf Präsentationsereignisse. Sie umfasst ein Präsentationsgedächtnis, Zustand und Steuerung der Präsentation (vergleichbar zum Dialogkern). Die Aufgaben im Einzelnen sind die Verwaltung des Präsentationsgedächtnisses und -zustands, die Erzeugung der Darstellungsstruktur und Lokalisierung sowie die Verarbeitung von Präsentationsereignissen. In Anwendungen mit ausgeprägter Interaktivität erfolgt mit Hilfe der Präsentationskomponente eine differenzierte Reaktion auf die Benutzeraktionen.

Der Dialogkern kommuniziert mit dem Anwendungskern sowie falls notwendig mit den Komponenten für Autorisierung und Transaktion. Er ist zuständig für das „Was" der Darstellung und die Reaktion auf die Benutzereingaben. Die Aufgaben des Dialogkerns sind die Verwaltung der Dialogdaten in Form von Anwendungsobjekten und spezifischen Daten (Siedersleben 2004: 247). Die Daten werden gespeichert bzw. ihre Speicherung erfolgt dialogübergreifend über die Sitzungsverwaltung. Der Dialogkern ist weiterhin zuständig für die Verwaltung und Auswertung des Dialog-Zustandsmodells. Dazu prüft er die Zulässigkeit von Ereignissen, bildet Dialogereignisse und -zustände auf Dialogaktionen ab und ändert die Dialogzustände. Aktionen des Dialogkerns sind bspw. Benutzerrückfragen, dialogbezogene Aktionen, Aufruf von Operationen aus dem Anwendungskern sowie die Synchronisation zwischen Anwendungskern und Dialogdaten. Die Dialogsteuerung (Siedersleben 2004: 248) kann manuell programmiert werden, unter Einsatz eines Interpreters für Interaktionsdiagramme erzeugt bzw. alternativ regelbasiert beschrieben werden.

Die in Abbildung 4-3 dargestellte Standardarchitektur beschreibt die grundlegenden Komponenten für interaktive Systeme und findet Unterstützung in entsprechenden Entwicklungsframeworks – bspw. *Client Utility & Framework* (CUF, Zeller 2014) oder *Quasar Views* (Engels & Kremer 2012). Im Entwicklungsprozess einer anwendungsspezifischen Bedienoberfläche liegt der Schwerpunkt auf dem Entwurf der GUI-Engine. Hier werden die fachlichen Aspekte der Interaktion abgebildet, die spezifisch für eine bestimmte Anwendung sind und deshalb für jede Anwendung neu gestaltet werden. Fenstersystem und GUI-Frontend sind typischerweise Bestandteil einer gegebenen technischen Plattform. Sie sind technisch orientiert und dadurch unabhängig von einer konkreten Anwendung bzw. wiederverwendbar.

4.4.1.1 *Anforderungen der Barrierefreiheit*

Die barrierefreie Interaktion stellt in der Standardarchitektur bei Siedersleben keine eigenständige Anforderung dar. Vorteilhaft ist jedoch die Unterstützung von Anwendungsfällen und Dialogen, die den Fokus auf die Interaktion zwischen Anwender und System setzt sowie die Orientierung an den Bedienaktivitäten des Benutzers fördert. Die Trennung der dialogischen Struktur von der Präsentation fördert eine modalitätsunabhängige Abstraktion der Interaktion in Form von Dialogen. Zusätzlich müssen dazu das GUI-Frontend und das Fenstersystems neben dem Schwerpunkt auf der visuellen Darstellung auch alternative Ein-/Ausgabemedien bzw. -modalitäten unterstützen. Inzwischen liegen für die verbreiteten Consumer-Plattformern entsprechende GUI-Bibliotheken vor (vgl. Abschnitt 10.3).

4.4.2   Erweiterung für Weboberflächen

Die Standardarchitektur für lokale Oberflächen lässt sich grundsätzlich auf Webanwendungen und Weboberflächen übertragen, da die Aufteilung in Komponenten, die Kommunikation mit dem Anwendungskern und dem Frontend sowie
die Dialoggestaltung analog gestaltet werden können und somit die Wiederverwendbarkeit von Komponenten unterstützt wird (vgl. Lucke 2009: 49). Weboberflächen erfordern Anpassungen der Architektur, da sie sich von lokalen
Oberflächen (GUIs) in einigen Aspekten unterscheiden (Siersleben 2004: 243–
245; Lucke 2009: 30):

–   GUI-Frontend und GUI-Engine sind in einem gemeinsamen Prozess inte-
    griert. Web-Clients dagegen können auf verschiedenen Systemen und eben-
    so verschiedenen technischen Plattformen laufen.

–   Das GUI-Frontend meldet detailliert alle Ereignisse wie Tastendrücke und
    Mausaktionen. Auf Web-Plattformen sind die Ereignismeldungen reduziert
    und die Sicherstellung ihrer korrekten Chronologie erfordert zusätzliche
    Maßnahmen.

–   Die HTTP-Kommunikation zwischen Client- und Server-System ist zu-
    standslos und wird für jede Anfrage erneut auf- und abgebaut.

–   Webanwendungen haben einen sehr begrenzten Zugriff auf die lokalen Res-
    sourcen des Client-Systems – bspw. sind Festplattenzugriffe nicht bzw. nur
    eingeschränkt möglich.

Abbildung 4-4 stellt die Architekturkomponenten lokaler Bedienoberflächen,
klassischer Webangebote, sowie Webanwendungen mit Ajax-Technik bzw.
Web-Sockets (Fette & Melnikov 2011; W3C 2014e) im Vergleich dar. Die von
den GUI-Komponenten einer lokalen Oberfläche gemeldeten Präsentationsereignisse sind typischerweise genau einer Sitzung zugeordnet. Für Webanwendungen
gilt dies nicht und es wird ein zusätzliches Sitzungsmanagement nötig. Deshalb
wird die GUI-Engine durch die Komponente *Web-GUI-Engine* ersetzt, die mehrere Clients verwalten kann. Die Eigenschaften – u.a. Zustandslosigkeit und
Zwang zum Verbindungsaufbau durch den Client – des HTTP-Protokolls erfordern für jede Client-seitige Anfrage an den Server den Neuaufbau einer Verbindung mit der Konsequenz eines hohen Ressourcenverbrauchs und zeitlicher
Verzögerung. Webanwendungen bzw. RIAs nutzen deshalb die asynchrone
Kommunikation basierend auf JavaScript und Ajax (Abbildung 4-4 Mitte
rechts), um das Datenvolumen zu reduzieren und die Darstellung im Browser
zeitnah an Benutzeraktivitäten anzupassen. Zukünftig werden Web-Socket-
Verbindungen (Fette & Melnikov 2011; W3C 2014e) die bilaterale, dauerhafte
Verbindung zwischen Server und Client unterstützen.

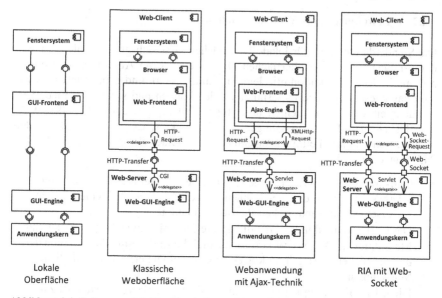

Abbildung 4-4: Softwarearchitektur klassischer und interaktiver Weboberflächen

Die Aufgaben der Web-GUI-Engine sind zunächst – vergleichbar zu den Aufgaben der GUI-Engine für lokale Clients – die Kommunikation mit dem Fenstersystem, die Analyse der Benutzereingaben und die Erzeugung der Präsentationsereignisse. Hinzu kommen die Zuordnung der Benutzereingaben zu den jeweiligen Sitzungen – das Sitzungs- bzw. Session-Management. Eine direkte Kommunikation mit dem Fenstersystem – das wäre das Fenstersystem des Web-Servers selbst – ist jedoch nicht möglich und an die Web-GUI-Engine wird nicht jede Benutzeraktion kommuniziert. Das hat u. a. erheblichen Einfluss auf Plausibilitätsprüfungen und Fehlerbehandlung bei Benutzereingaben. Das Web-GUI-Frontend erzeugt HTML-Markup.

4.4.2.1   Die Quasar-Web-Client-Architektur

Die Quasar-Web-Client-Architektur (QWCA, Lucke 2009: 49–66, vgl. Abbildung 4-5) erweitert die Standardarchitektur für die Anforderungen von Webanwendungen. Sie ist das Resultat der Zusammenfassung verschiedener Ansätze und Frameworks für die Entwicklung interaktiver Systeme bei Cap Gemini. Zu einem großen Teil ist die QWCA äquivalent zur Standardarchitektur für lokale Oberflächen (vgl. Abbildung 4-3) und erweitert diese. Der Anwendungskernproxy bündelt den Zugriff auf den Anwendungskern. Eine Zusammenfassung der QWCA-Komponenten gibt Tabelle 4-7.

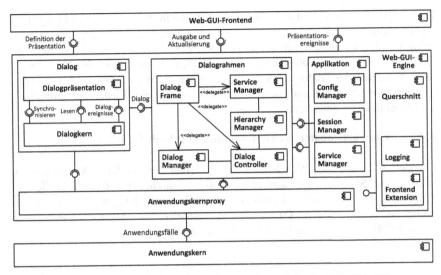

Abbildung 4-5: Architektur der Quasar Web-GUI-Engine (vgl. Lucke 2009: Abb. 5.2)

Tabelle 4-7: Komponenten der QWCA (Lucke 2009: 56–63)

Komponente	Beschreibung	Anzahl der Objekte
Applikation	Anwendungsübergreifende Aspekte	1-mal pro Server
ConfigManager	Konfiguration der Anwendung, Schnittstelle ConfigManager	1-mal pro Server
SessionManager	Verwaltung aller Sessions, Zuordnung der Requests zu den Sitzungen, kontrolliert die Grenze zwischen Browser und Web-Server	1-mal pro Server
ServiceManager (Applikation)	Registrierung und Verwaltung globaler Dienste	1-mal pro Server
Dialograhmen	Kontext der Anwendung aus Sicht eines Clients, dialogübergreifende Funktionalitäten	1-mal pro Sitzung
DialogManager	Verwaltung von Dialoginstanzen	1-mal pro Session
HierarchyManager	Verwaltung der hierarchischen Baumstruktur von Dialoginstanzen	1-mal pro Session
DialogController	Verwaltung von Dialoginstanzen auf Basis der Dialoghierarchie	1-mal pro Session
ServiceManager (Dialograhmen)	Management allgemeiner Dienste mit Session-Scope	1-mal pro Session
DialogFrame	Bietet Dialogen den Zugriff auf die Funktionalitäten des Dialograhmens an	1-mal pro Session
Querschnitt	Bietet Dienste für die gesamte Anwendung an (z. B. Logging, Konvertierung, Assertions)	1-mal pro Server

Die vorgestellte Standardarchitektur ist mit einem höheren Entwicklungsaufwand verbunden, der sich ab einem gewissen Umfang der Webanwendung auszahlt. Die Verwendung einer dezidierten Softwarearchitektur für die Präsentationskomponente einer Webanwendung empfiehlt sich, um bspw. eine klare Trennung zwischen der Dialogsteuerung in der Interaktion und allgemeinen Aufgaben wie dem Sitzungsmanagement zu erreichen sowie die Wiederverwendbarkeit von Artefakten zu unterstützen.

4.4.3   Entwurfsmuster für GUI-Engines und Web-GUI-Engines

Für den Entwurf der (Web-)GUI-Engine kleiner bis mittlerer Anwendungen erfordert die Standardarchitektur einen großen zusätzlichen Aufwand. In diesem Fall haben sich Best Practices etabliert, die als Entwurfs- bzw. Architekturmuster breite Akzeptanz finden. Dazu zählt insbesondere das Muster *Model-View-Control* (MVC, Reenskaug 1979, vgl. Abbildung 4-6).

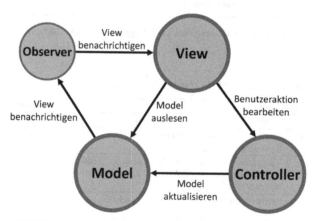

Abbildung 4-6: MVC-Muster

Das Model enthält die zu repräsentierenden Daten als Repräsentationsgedächtnis (Dialogrepräsentation) und als Dialoggedächtnis (Dialogkern). Der View ist zuständig für die Repräsentation der Daten im UI und ist der Dialogrepräsentation zugeordnet. Er kann auf die Daten im Model zugreifen und sich bei diesem als Beobachter anmelden, um über Änderungen informiert zu werden. Der Controller verwaltet den View, nimmt Benutzeraktionen in Form von Ereignissen (Event) entgegen und verarbeitet diese. Ebenso aktualisiert er das Model mit den Resultaten. Die grundlegenden Ideen des MVC-Musters sind die getrennte Präsentation (*Separated Presentation*, Fowler 2006) sowie das Beobachter-Muster für die Synchronisation von Model und View (*Observer Synchronization*, Fowler 2006).

Nach Potel (Potel 1996; vgl. auch Bower & McGlashan 2000; Fowler 2006: Model View Presenter) bieten moderne Betriebssysteme einen Großteil der Controller-Funktionalität bereits in den Viewer-Klassen. Ausgehend von seinem Vorschlag, den Controller im View zu integrieren, wurde das Muster *Model-View-Presenter* (MVP) entwickelt. Es kapselt die Bearbeitung typischer Benutzeraktionen wie die Auswahl aus einer Liste oder das Aktivieren einer Funktion in der *Presenter*-Komponente (vgl. Abbildung 4-7).

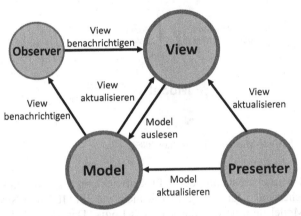

Abbildung 4-7: MVP-Muster (vgl. Shelest 2009: MVP)

Fowler nennt die essenziellen Ideen dieses Musters den *Supervising Controller* – da der Presenter sowohl den View als auch das Model aktualisieren kann – und den *Passive View* – da das Model auch ohne registrierten Observer direkt den View aktualisieren kann.

In beiden Mustern findet die Persistenz des View-Zustands keine Beachtung. Fowler schlug dafür eine weitere Komponente in Form des *Presentation Model* vor (Fowler 2006: Presentation Model), das zwischen Model und View vermittelt und in der Lage ist, den Zustand des Views zu speichern. Mit Hilfe des Presentation Model lässt sich darüber hinaus der View frei von Code halten, sodass arbeitsteilige Teams mit Designern und Entwicklern, in denen der Designer für den View zuständig ist, unterstützt werden. Diese Trennung führt zum *Model-View-ViewModel*-Muster (MVVM, Gossman 2005, vgl. Abbildung 4-8).

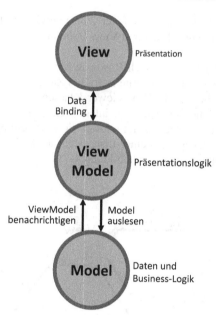

Abbildung 4-8: MVVM-Muster (vgl. Gossman 2005)

Das MVVM-Muster entstammt der WPF-Entwicklung (vgl. Abschnitt 10.3) und wird inzwischen auch für andere Plattformen wie HTML5 und Silverlight genutzt. Das Model umfasst u.a. die Business-Logik. Das *ViewModel* enthält die Präsentationslogik und kommuniziert wie in MVC und MVP mit dem Model. Seine Daten sind direkt an die UI-Daten gebunden, sodass keine separaten Methoden implementiert werden müssen.

Die Muster MVC, MVP und MVVM werden gleichermaßen für lokale wie Weboberflächen angewendet und sind auch mit der Standardarchitektur in Abbildung 4-3 umsetzbar. Insbesondere das MVVM-Entwurfsmuster aus Abbildung 4-8 fügt sich nahtlos in die Architektur ein. View und ViewModel gehören zur Dialogrepräsentation und das Model integriert sich in den Dialogkern. Der Controller des MVC-Musters und der Presenter des MVP-Musters sind dem Dialogkern zugeordnet und der View der Dialogpräsentation. Das MVC- und MVP-Model werden durch das Dialogpräsentations- und Dialogkerngedächtnis abgebildet (Siedersleben 2004: 243).

Die Standardarchitektur nach Abbildung 4-3 inkl. ihrer Erweiterung für Webanwendungen nach Abbildung 4-5 adressieren die barrierefreie Interaktion nicht explizit. Dennoch werden moderne Anforderungen unterstützt, die die Barrierefreiheit fördern. Dazu zählt die Verwendung von Anwendungsfällen, um die Benutzersicht in den Entwurfsprozess zu integrieren. Des Weiteren zählen dazu auch die Modularisierung sowie die Trennung technischer und fachlicher Aspekte, die die Wiederverwendbarkeit unterstützen. Vorhandene Lösungen für die barrierefreie Bedienung können einfacher auf neue Projekte übertragen werden, wenn fachliche projektspezifische und technische allgemeine Anforderungen in eigenen Modulen getrennt umgesetzt werden – bspw. die Dialogführung und die Präsentation mittels UI-Bibliotheken. Diesen Vorteilen steht der zusätzliche Aufwand in der Umsetzung der Softwarearchitektur gegenüber. In diesem Fall bieten sich Entwurfsmuster wie MVC, MVP bzw. MVVM an, die ebenso die Modularisierung unterstützen. Die geringe Trennung fachlicher und technischer Aspekte in den Komponenten der Entwurfsmuster ergibt jedoch eine größere Herausforderung für den Entwurf wiederverwendbarer barrierefreier Komponenten.

4.5 Modellgetriebene Entwicklung interaktiver Weboberflächen

4.5.1 Vorteile der modellgetriebenen Entwicklung

Die Softwarearchitektur beschreibt die strukturellen und dynamischen Eigenschaften einer Webanwendung. Ergänzend beschreibt der *Softwareentwicklungsprozess* die Aktivitäten, die für die Entwicklung eines Softwareprodukts notwendig sind (Sommerville 2010: 28). Im Rahmen dieser Forschungsarbeit liegt der Fokus auf der Neuentwicklung einer Webanwendung. Die grundlegenden Prozessaktivtäten sind die Spezifikation, der Entwurf, die Implementation sowie die Validierung bzw. Evaluation der Webanwendung.

Modelle sind das fundamentale Konzept des Engineerings (Ludewig & Lichter 2007: 3) und die modellgetriebene Entwicklung bietet einen modernen Ansatz für Softwareentwurf und -entwicklung, der durch die Verwendung abstrakter Modellierungssprachen den Entwurf vereinfacht und durch eine domänenspezifische Ausrichtung die Effizienz erhöht. Ein Modell ist eine kommunizierbare Beschreibung eines bestimmten Aspekts und Ausschnitts der Realität sowie Abstraktionsgrads und wird durch die Wahrnehmung des (menschlichen) Modellierers und die Zwecke der Benutzer bestimmt (vgl. Oberquelle 1984: 27). Die *modellgetriebene Entwicklung* (*Model-Driven Engineering*, MDE) bezeichnet Methoden der Softwaretechnik, in denen formale Modelle die zentrale Grundlage des Entwicklungsprozesses bilden. Als synonyme Bezeichnungen finden sich in der Literatur *Model-Driven Software Development* (MDSD) sowie das zeitweise für die OMG geschützte *Model-Driven Development* (MDD). Ziel ist die Generierung der Artefakte eines Softwaresystems aus formalen Modellen und die damit einhergehende „Automatisierung in der Softwareherstellung" (Pietrek & Trompeter 2007: 11). Model-driven Engineering entstand um die Jahrtausendwende aus dem *Computer-Aided Software Engineering* (CASE, Fuggetta 1993: 25–38) als Weiterentwicklung objektorientierter Modellierungswerkzeuge. Dazu zählen insbesondere die Ansätze *Object-Modeling Technique* (OMT, Rumbaugh et al. 1991), *Object-Oriented Design* (OOD, Booch 1994) und *Object-Oriented Software Engineering* (OOSE, Jacobson et al. 1992), die als *Unified Modeling Language* (UML, Rumbaugh, Jacobson & Booch 1997) zusammengeführt wurden. Seitdem wird UML als Standard durch die OMG weiterentwickelt (OMG 2013b) und findet breite Verwendung in der Softwaretechnik. Tabelle 4-8 zeigt eine Übersicht der Vorteile des MDE nach Stahl et al. (vgl. Stahl et al. 2007: 13–16) mit Ergänzung der Nachteile.

Tabelle 4-8: Vorteile des MDE nach Stahl et al. (vgl. Stahl et al. 2007: 13–16) und Nachteile

Vorteile	Nachteile
- Programmierung auf höheren Abstraktionsebenen - einheitliche Architektur - höhere Entwicklungsgeschwindigkeit - Wiederverwendbarkeit - Interoperabilität und Plattformunabhängigkeit - bessere Softwarequalität	- hoher Einstiegsaufwand für die Entwicklung der domänenspezifischen Sprache bzw. der Modellierungswerkzeuge - MDE-Gerüst muss manuell vervollständigt werden - anspruchsvolle Fehlersuche auf Modellebene zur Laufzeit

Die derzeit existierenden Methoden des MDE sind heterogen und auch die *Model-Driven Architecture* (MDA, OMG 2014b) der OMG kann sich nicht als allgemeiner Standard durchsetzen, da sie als generischer Ansatz in der Umsetzung sehr anspruchsvoll ist. Um die automatische Codeerzeugung durch Modellcompiler und -interpreter zu unterstützen, kommen insbesondere *Domänenspezifische Sprachen* (*Domain-Specific Language* – DSL, Stahl et al. 2007: 97–122; Kleppe 2008; Fowler 2011) zum Einsatz. Sie bieten für das Anwendungsfeld zugeschnittene Metamodelle, mit dem Ziel den Modellierungsaufwand für den Entwickler deutlich zu reduzieren. Domänenspezifische Generatorkomponenten – Cartridges genannt (Stahl et al. 2007: 197–198) – unterstützen die automatisierte Code-Erzeugung. Sie vereinfachen die Entwicklung von Modellcompilern durch Modularisierung und kapseln die technischen Details der Zielplattform.

Die Verschmelzung der Technologien lokaler Oberflächen mit Weboberflächen gilt auch für die Forschungsfelder der modellgetriebenen Entwicklung von Benutzungsschnittstellen und von Webanwendungen. Technologien und Konzepte sind übertragbar und die zunehmende Komplexität der Webanwendungen stellt die Modellierung der Daten, Funktionalität und Präsentation in einem Guss vor neue Herausforderungen. Im Folgenden werden beide Forschungsfelder mit ihren jeweils originären und relevanten Konzepten dargestellt.

4.5.2 Modellgetriebene Entwicklung von Benutzungsschnittstellen

Die modellgetriebene Entwicklung von Benutzungsschnittstellen (*Model-Based User Interface Development* – MBUID [7]) wendet MDE für den Entwurf und die Entwicklung von Bedienoberflächen o.ä. an. Dabei ergeben sich zusätzliche Herausforderungen (vgl. Meixner, Paternò & Vanderdonckt 2011: 2):

- Diversität der Benutzer mit unterschiedliche Anforderungen bzgl. Präferenzen, Fähigkeiten, Sprache und Erfahrungen
- Unterschiedliche Eingabemöglichkeiten und Modalitäten der Zielplattformen
- Heterogene Programmier- und Markupsprachen sowie Werkzeuge
- Heterogenität der Arbeitsumgebungen

Aktive Protagonisten der Forschung zu MBUID sind u.a. die Arbeitsgruppen von Vanderdonckt (u.a. UsiXML, UsiXML Community 2012), Paternò (u.a. ConcurTaskTree – CTT, Paternò 2003 und Maria, Paternó, Santoro & Spano 2009) sowie Zühlke/Meixner am DFKI (u.a. useML, Reuther 2003). Derzeit lässt sich von vier Generationen der MBUID sprechen (vgl. Schlungbaum 1996; da Silva 2001: 209; Meixner, Paternò & Vanderdonckt 2011: 4, vgl. Abbildung 4-9):

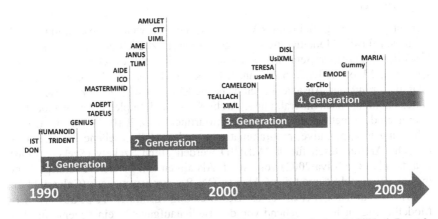

Abbildung 4-9: Chronologie des MBUID (Meixner, Paternò & Vanderdonckt 2011: 4, Darstellung durch Verfasser bearbeitet und übersetzt)

---

7 Die Unterscheidung zwischen einerseits modellbasiertem (model-based) und andererseits modellzentriertem (model-centered) bzw. modellgetriebenem (model-driven) Design dient allgemein dazu, die CASE-Ansätze von MDE-Ansätzen zu unterscheiden. Anders als der Name suggeriert, ist *Model-based User Interface Development* inzwischen auch dem MDE zuzuordnen (Meixner, Paternò & Vanderdonckt 2011: 4).

1. 1990-96: Beschreibung relevanter Aspekte eines abstrakten, deklarativen
    Modells, meist verwenden die Werkzeuge ein universales UI-Modell, das al-
    le Aspekte integriert, vorrangiges Ziel ist die automatische Generation von
    UI. Beispiele sind UIDE, AME und HUMANOID.
2. 1995-2000: Diversifizierung von Teilmodellen, bspw. Bedien-, Dialog- und
    Präsentationsmodell. Entwickler können UIs spezifizieren, erzeugen und
    ausführen. Insbesondere wurde die Taskmodellierung (z. B. CTT) in die
    MBUID integriert und weitergehend das UCD. Beispiele sind ADEPT,
    TRIDENT und MASTERMIND.
3. 2000-2004: Die dritte Generation zeichnet sich durch die Integration weite-
    rer Plattformen bspw. mobiler Geräte aus. Dementsprechend stand Mul-
    tiplattformentwicklung im Fokus der MBUID. Beispiele sind TERESA (HI-
    IS-Laboratory 2010) und Dygimes (Coninx et al. 2003).
4. Ab 2004: Im Fokus der vierten Generation stehen kontext-sensitive UI für
    eine Vielfalt von Plattformen, Geräten und Modalitäten (Stiedl 2009) – die
    Multipfadentwicklung. Des Weiteren ist die Integration von Webanwendun-
    gen von Interesse. Die Ansätze sind für grafische Bedienoberflächen und
    Weboberflächen nicht mehr getrennt. Die Datenspeicherung erfolgt XML-
    basiert und erleichtert die Nutzung verschiedener Modellierungswerkzeuge.
    Die erzeugten Modelle werden weiter optimiert, bspw. um die Usability zu
    verbessern.

Derzeit gibt es ein gemeinsames Verständnis darüber, welche Abstraktionen und
Schichten für die Modellierung benötigt werden. Bezüglich der in den einzelnen
Modellen enthaltenen Semantik und Information besteht jedoch noch kein Konsens (vgl. Meixner, Paternò & Vanderdonckt 2011: 4). Für die Kriterien einer
Klassifizierung der Ansätze liegen verschiedene Vorschläge vor – bspw. die
Unterscheidung nach Interaktions-, Architektur- und Implementationsmodellen
oder nach dem methodischen Vorgehen (Martínez-Ruiz 2010: 19–20) die Unterscheidung in explorative, programmatische und modellgetriebene Ansätze. Generische Architekturen für das MBUID werden durch Szekely (Szekely 1996)
und da Silva (da Silva 2002) vorgestellt. Als allgemeines Referenzkonzept dient
im Forschungsfeld derzeit das CAMELEON-Referenzframework (Calvary et al.
2002). Es umfasst neben einer Beschreibung zentraler Aspekte der UI-
Modellierung auch – ausgehend von den Bedienaufgaben – ein Schema für den
Modellierungsprozess.

4.5.3   CAMELEON-Referenzframework

Die große Unübersichtlichkeit und Unvollständigkeit einzelner Konzepte der
modellgetriebenen Entwicklung von Benutzungsschnittstellen erfordert einen
ganzheitlichen Ansatz, der den Prozess von Analyse, Entwurf und Implementierung in einen gemeinsamen Zusammenhang stellt und dabei auch unterschiedli-

che Sichten der Modellierung berücksichtigt. Das ist die Zielstellung des *CA-MELEON-Referenzframeworks* (CRF, Calvary et al. 2002; Calvary et al. 2003, vgl. Abbildung 4-10).

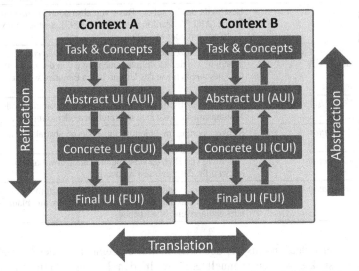

Abbildung 4-10: CAMELEON-Referenzframework (Meixner, Paternò & Vanderdonckt 2011: 5)

Ziel ist die Schaffung eines Referenzkonzepts für die modellgetriebene Entwicklung von Benutzungsschnittstellen – insbesondere bei unterschiedlichen Zielplattformen und Benutzungskontexten. Das CRF deckt Entwurfs- und Laufzeitphase ab und unterstützt ein einheitliches Verständnis kontextsensitiver Benutzungsschnittstellen. Es unterscheidet vier Ebenen der Abstraktion und drei Modellrelationen. Die Erklärungen der Begriffe gibt Tabelle 4-9.

Das CRF definiert als Referenzkonzept keine eigenen Modellierungssprachen zur Deklaration der Benutzungsschnittstelle. Für diesen Zweck wird die *USer Interface eXtensible Markup Language* (UsiXML, UsiXML Community 2012) entwickelt, die ein Metamodell für das CRF beschreibt. Verschiedene Aspekte der Benutzungsschnittstelle werden durch Teilmodelle beschrieben, die in ihrer Gesamtheit das UI-Modell bilden. Dazu zählen bspw. das Benutzermodell, das Kontextmodell oder das Taskmodell. UsiXML deckt bisher als einziger Ansatz alle Abstraktionsebenen des CRF ab und unterstützt damit MBUID, wie es bspw. die OMG definiert (vgl. Meixner, Paternò & Vanderdonckt 2011: 6). Es lässt offen, wie die einzelnen Modelle zusammenwirken und wie sie in einem benutzerzentrierten Designprozess genutzt werden.

Tabelle 4-9: Begrifflichkeiten des CRF

	Bezeichnung	Beschreibung
Modellebenen	Tasks & Concepts	Abfolge und Hierarchie der Arbeitsaufgaben, die nötig sind, um die Ziele des Benutzers während der Interaktion zu erreichen
	Abstract User Interface (AUI)	Beschreibt das UI auf der Basis von abstrakten Interaktionsobjekten (AIO, Vanderdonckt & Bodart 1993), unabhängig von Zielplattform oder Modalität
	Concrete User Interface (CUI)	Beschreibt das UI mit Concrete Interaction Objects (CIO), abhängig von der Modalität, unabhängig von der Zielplattform, CIO beschreiben wie das UI durch den Benutzer wahrgenommen wird
	Final User Interface (FUI)	Plattformspezifische Definition in einer Programmier- oder Markupsprache, lässt sich interpretieren oder kompilieren
Beziehungen zwischen Modellebenen	Reification	Konkretisierung im Ableitungsprozess von abstrakten High-Level-Modellen hin zu Laufzeitcode
	Abstraction	Ableitung von High-Level-Modellen aus bspw. Laufzeitcode, relevant für das Reverse-Engineering
	Translation	Übersetzt ein Modell für eine spezifische Plattform in Modell gleicher Abstraktion für eine andere Plattform, durchläuft nicht notwendigerweise alle Ebenen

Typischerweise decken Ansätze des MBUID nur einzelne Teile des CRF ab und fehlende Aspekte werden manuell ergänzt. In den letzten Jahren sind neben UsiXML weitere Konzepte mit dem Ziel entwickelt worden, den Modellierungsprozess gemäß dem CRF vollständig abzudecken. Sie verketten geeignete Einzelwerkzeuge. Dazu zählen die Kombination von CTT mit dem Entwicklungswerkzeug MARIA (Paternó, Santoro & Spano 2009) sowie von useML mit DISL und UIML (vgl. Abbildung 4-11). Als Metamodell für Modellierung von Bedienabläufen unterstützt CTT (Paternò 2003) hierarchische Strukturen, zeitliche Beziehungen, verschiedene Tasktypen und Attribute. MARIA überdeckt mehrere Abstraktionsschichten des AUI und CUI. Außerdem unterstützt MARIA ein Datenmodell, um Eingabedaten zu spezifizieren und an Interaktionsobjekte zu binden. Ausgehend vom Bedienmodell oder auch direkt lassen sich abstrakte und nachfolgend konkrete UI-Modelle mit Hilfe des MARIA-Editors entwerfen. Die Ableitung des finalen UI erfolgt mit Hilfe eines plattformspezifischen Modellcompilers.

Die *Useware Markup Language* (useML) wurde 2003 durch Reuther (Reuther 2003) für den Entwurf von Maschinenbediensystemen entwickelt. UseML basiert auf dem XML-Format und deckt den Bereich der Bedienmodellierung ab (vgl. Abschnitt 4.3). In den letzten Jahren wurde das Konzept erweitert (vgl. Meixner, Seissler & Breiner 2011). Die elementaren Benutzeraktionen werden durch fünf Temporaloperatoren ergänzt, um zeitliche Beziehungen, mehrfache Ausführung und Prä-/Postkonditionen definieren zu können.

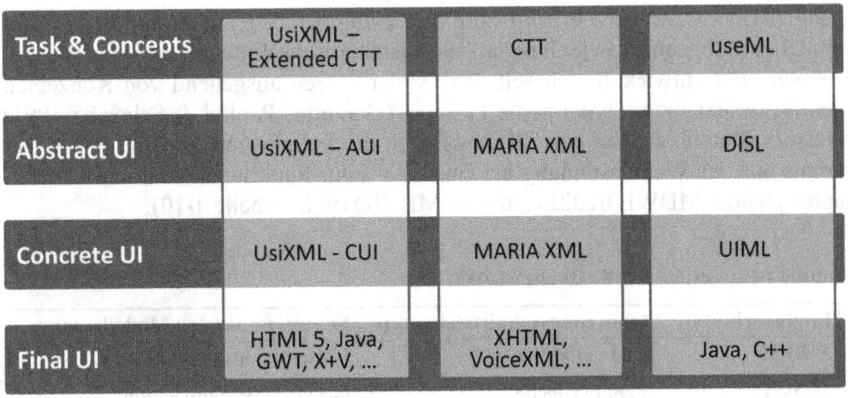

Task & Concepts	UsiXML – Extended CTT	CTT	useML
Abstract UI	UsiXML – AUI	MARIA XML	DISL
Concrete UI	UsiXML - CUI	MARIA XML	UIML
Final UI	HTML 5, Java, GWT, X+V, …	XHTML, VoiceXML, …	Java, C++

Abbildung 4-11: Konzepte auf der Basis des CRF (vgl. Meixner, Paternò & Vanderdonckt 2011: 7)

Als Werkzeug für die Notation des Taskmodells steht Udit (Meixner, Seissler & Nahler 2009) zur Verfügung. UseML wird kombiniert mit der *Dialog and Interface Specification Language* (DISL, Schäfer, Bleul & Müller 2007; Schäfer 2007), die der modalitäts- und plattformunabhängigen Modellierung von UIs dient. DISL unterstützt u.a. Skalierbarkeit, Reaktivität und gute Benutzbarkeit (Meixner, Paternò & Vanderdonckt 2011: 6). Struktur, Präsentation und Verhalten des UIs werden getrennt behandelt. Es unterstützt lediglich acht generische Widgets, die modalitäts- und plattformunabhängig sind. Die *User Interface Markup Language* (UIML, Helms et al. 2008; Helms et al. 2009; Meixner & Schäfer 2009) ist eine XML-konforme, abstrakte Metasprache für beliebige UIs. Sie kann sowohl die abstrakte Präsentation beschreiben wie das UI-Verhalten. Eine Weiterführung des CRF-Konzepts unter Verwendung der UML entwickeln Honold, Kluge et al. (Honold, Schüssel & Weber 2011; Kluge et al. 2011). Meixner et al. (Meixner, Paternò & Vanderdonckt 2011: 7–10) benennen für die weitere Entwicklung des MBUID als Herausforderungen die Standardisierung, einen ganzheitlichen modellgetriebenen Entwicklungsprozess, Werkzeuge sowie Fallstudien bzw. die produktive Verwendung (vgl. auch Vanderdonckt 2008; Calvary & Pinna 2008). Derzeit arbeitet eine Gruppe unter Koordination des W3C an der weiteren Systematisierung (W3C 2013b).

4.5.4 Model-driven Web Engineering

Für die Webentwicklung wurde 1998 *Web Engineering* als Ansatz vorgeschlagen (Wolffgang 2012: 42). Eine besondere Rolle spielt dabei der Charakter des Webs als Hypermedium, die Bedeutung und Flexibilität der Präsentation, die Integration verschiedener Benutzerrollen sowie die Orientierung auf Dokumente (Wolffgang 2012: 43). *Model-Driven Web Engineering* (MDWE) überträgt die Idee der modellgetriebenen Entwicklung auf die systematische Entwicklung von Webangeboten und entwickelt sich seit den 1990er Jahren ausgehend von Konzepten des Hypertext bzw. Hypermedia Designs (Garzotto, Paolini & Schwabe 1991) und des Datenbank-Designs (Isakowitz, Stohr & Balasubramanian 1995). Der Fokus auf der Webanwendung als Ganzes – inkl. Funktionalitäten und Daten – unterscheidet MDWE traditionell vom MBUID (vgl. Tabelle 4-10).

Tabelle 4-10: Vergleich MBUID und MDWE

Engineeringtyp	Benutzungsschnittstellentyp	Schwerpunkt der Modellierung
MBUID	lokale Oberfläche	Präsentationskomponenten, Useware
MDWE	Weboberfläche	Gesamte Webanwendung

Analog zur technologischen Entwicklung der Hypermedien sind MBUID und MDWE zunehmend weniger als getrennte Forschungsfelder zu sehen, da einerseits moderne Ansätze und Werkzeuge des MBUID ebenso Webtechnologien unterstützen und andererseits bei interaktiven Webanwendungen der Charakter als Hypermedium in den Hintergrund tritt. Ebenso stellt die zunehmende Komplexität webbasierter Anwendungen die Modellierung in einem Guss vor große Herausforderungen.

Tabelle 4-11 stellt die Entwicklung des MDWE an Beispielen dar. Frühe Konzepte wie das *Hypertext Design Model* (HDM, Garzotto, Paolini & Schwabe 1991) setzen den Schwerpunkt auf die Modellierung von Hypermedien nach dem Dexter-Referenzmodell (Halasz & Schwartz 1990). Im Forschungsfeld der Datenbanksysteme werden datenzentrierte Konzepte wie z. B. *Relationship Management Methodology* (RMM, Isakowitz, Stohr & Balasubramanian 1995) entwickelt, die auf dem *Entity-Relationship-Modell* (ER-Modell, Chen 1976) aufsetzen. Mit HDM-Lite erfolgt erstmalig die Integration webspezifischer Anforderungen der Hypermedien. Frühe objektorientierte Ansätze verwenden die OMT (Rumbaugh et al. 1991). Ab der Jahrtausendwende setzt sich allgemein UML als Modellierungssprache durch (Conallen 1999; Koch 2001) und softwaretechnische Aspekte wie Vorgehensmodelle, Wiederverwendbarkeit, Softwarearchitektur u.a. finden stärkere Beachtung. Um der methodischen Vielfalt mit ihren zahlreichen Überschneidungen zu begegnen, untersuchen ab ca. 2005 verschiedene Publikationen die Interoperabilität von MDWE-Konzepten mit Hilfe von Metamodellen und Modelltransformationen (vgl. Meliá & Gomez 2006; Vallecillo et al. 2007; Moreno & Vallecillo 2008). Benutzerorientierte Ansätze mit dem Fokus auf der Benutzermodellierung(WSDM, Troyer & Leune 1998), der Information – wie sie durch den Benutzer wahrgenommen wird – (W3DT, Bichler & Nusser 1996; Scharl 1999) oder der Benutzung (Constantine & Lockwood 2002) sind bisher nicht systematisch untersucht.

Tabelle 4-11: Chronologischer Überblick der Konzepte des MDWE

Bezeichnung/Quelle	Jahr	Erläuterung – Vergleichbare Ansätze
Hypertext Design Model (HDM, Garzotto, Paolini & Schwabe 1991; Garzotto, Paolini & Schwabe 1993)	1991	Top-Down-Ansatz für Hypermedien nach dem Dexter-Referenzmodell (Halasz & Schwartz 1990) und deren Präsentation – HDM-Lite (Fraternali & Paolini 1998), W2000 (Baresi et al. 2006)
Relationship Management Methodology (RMM, Isakowitz, Stohr & Balasubramanian 1995)	1995	Verbindet HDM mit ER-Modell für die Modellierung der Datenebene – Araneus (Merialdo, Atzeni & Mecca 2003)
Object-Oriented Hypermedia Design Method (OOHDM, Schwabe & Rossi 1995; Rossi & Schwabe 2006)	1995	Unterscheidet Ebene der Daten, Hypermedien (Navigation) und Präsentation, verwendet OMT für die Beschreibung der Struktur und des Verhaltens der Daten – Semantic Hypermedia Design Method (SHDM, Lima & Schwabe 2003), ASHDM (Assis, Schwabe & Nunes 2006)
Web Site Design Method (WSDM, Troyer & Leune 1998)	1997	Benutzerzentrierter Entwurf mit Fokus auf der Informationsmodellierung – World Wide Web Design Technique (W3DT, Bichler & Nusser 1996), eW3DT (Scharl 1999)
WebComposition (Gellersen, Wicke & Gaedke 1997)	1997	Komponentenorientierte Entwicklung mit kurzen Zyklen und Wiederverwertung, evolutionäres Vorgehensmodell – WebComposition Markup Language (WCML, Gaedke & Graf 2000), Web Service Linking System (WSLS, Gaedke, Nussbaumer & Meinecke 2004), WebComposition Architecture Model (WAM, Meinecke, Gaedke & Nussbaumer 2005)
Web Application Extension for UML (WAE, Conallen 1999; Conallen 2002)	1999	Softwaretechnik-getriebener Ansatz auf UML-Basis, Verwendung der UML-Mechanismen (Stereotypen, annotierte Werte) für webspezifische Erweiterungen, unterstützt RUP
Web Modeling Language (WebML, Ceri et al. 2003)	1999	Prozessorientierter Entwurf datenintensiver Webanwendungen, Spiralmodell – Webile (Di Ruscio, Muccini & Pierantonio 2004), MIDAS (Marcos et al. 2002)
UML-Based Web Engineering (UWE, Koch 2001, Koch et al. 2008)	2000	Objektorientierte Modellierung von Webanwendungen mit UML, evolutionäres Vorgehensmodell – Object-Oriented Web Solutions (OOWS, 2001, Pastor et al. 2006), Object-Oriented Hypermedia Method (OO-H, 2003, Gómez & Cachero 2003)
Hera (Frasincar, Houben & Barna 2010)	2002	Erweiterung von RMM mit semantischer Webtechnologie – Hera-S (van der Sluijs, Kees et al. 2006)
Usage-centered Design (Constantine & Lockwood 2002)	2002	Entwurf von Webanwendungen mittels benutzungszentriertem Design – INAMOSYS (Jeschke, Pfeiffer & Vieritz 2009; Vieritz, Schilberg & Jeschke 2010)
Netsilon (El Kaim, Studer & Muller 2003; Muller et al. 2005)	2003	MDA-basierte Modellierung – Web Software Architecture (WebSA, 2004, Beigbeder & Castro 2004; Meliá & Gomez 2006)

Durch die zunehmende Diversität der Bediengeräte ist die Multiplattformentwicklung ein wichtiger aktueller Forschungsschwerpunkt. Das Interesse der
Forschung richtet sich weiterhin auf die Nutzung von Bedienmodellen multimodaler Interaktion (Stiedl 2009; Feuerstack 2010; DFKI 2014; Feuerstack, dos
Santos Anjo, Mauro & Pizzolato 2011; Feuerstack 2012) und Modellen menschlicher Kommunikationsprozesse (Kavaldjian et al. 2008) für den UI-Entwurf.
Durchgängige etablierte Modellierungswerkzeuge für den produktiven Einsatz
fehlen bisher. Oft werden in Entwicklungswerkzeugen Teilaspekte wie deklarative UI-Beschreibungssprachen (z. B. XAML, XUL) unterstützt. Die rasche
Weiterentwicklung der Bedientechnologien ohne absehbare Konsolidierung stellt
hier Forschung und Entwicklung permanent vor große Herausforderungen.

4.6   Integration der Barrierefreiheit in MBUID und MDWE

4.6.1   Konzepte des Engineerings barrierefreier Weboberflächen

Auf der Basis der vorliegenden Methoden des MBUID und MDWE wurden in
den vergangenen Jahren Konzepte für die Integration der Barrierefreiheit in den
Engineering-Prozess entwickelt, von denen sich insbesondere die Ansätze der
modellgetriebenen Integration mit der MDA (Moreno 2010), das INAMOSYS-
Konzept für die Integration von Webanwendungen und Bediensystemen der
Produktautomatisierung (Vieritz et al. 2011b; Yazdi et al. 2011) und der aspektorientierte Ansatz (Martin 2013) durch Systematik auszeichnen.

4.6.1.1   *Automatisierte Annotation für Screenreader-Navigation*

Ziel des Konzepts von Plessers et al. (Plessers et al. 2005) sowie des Dante-
Ansatzes (Yesilada et al. 2004) ist eine bessere Navigation im Web für Screenreader-Benutzer. Basierend auf der Metapher einer Reise werden semantische
Annotationen für das HTML-Markup erzeugt, die Rollen und Struktur von Navigationsobjekten beschreiben. Dafür wurde die Ontologie *Web Authoring for
Accessibility* (WAfA, Harper & Yesilada 2007) entwickelt. Plessers et al. verbinden WAfA mit der WSDM (siehe auch Woods 2007: 30–48), um durch die
Verwendung des Seitenstruktur- sowie Präsentationsmodells der WSDM den
Annotationsprozess zu automatisieren. Es wird geschätzt, dass bis zu 85 % des
WAfA-Markups automatisch aus den Modellen generiert können (Plessers et al.
2005: 361). Eine Anwendungsmöglichkeit ist die semantische Organisation von
Seitenfragmenten, um für Screenreader-Nutzer die visuell vermittelte Seitenstruktur zugänglich zu gestalten (vgl. Yesilada et al. 2007).

4.6.1.2 Barrierefreie Komposition

Centeno et al. (Centeno et al. 2005) erweitern den WebComposition-Ansatz (Gaedke & Graf 2000; Gaedke, Nussbaumer & Meinecke 2004), um die Generation zugänglicher Webinhalte bereits in der Entwurfs- bzw. Modellierungsphase zu unterstützen. Der WebComposition-Ansatz reduziert durch Komponenten-orientierten Entwurf die Komplexität. Ergänzend werden Regeln aufgestellt, die ein Entwicklungswerkzeug erfüllen muss, um WCAG-konforme Webinhalte zu erzeugen. Sie werden als XPath- bzw. XQuery-Ausdrücke (W3C 1999c; W3C 2007) beschrieben und stellen sicher, dass das Resultat der Komposition barrierefreier Fragmente wiederum eine barrierefreie Webseite ist.

4.6.1.3 Adaption für zusätzliche Anforderungen

Casteleyn et al. (Casteleyn et al. 2006) entwickeln ein Konzept, das Barrierefreiheit als Erweiterung einer bestehenden Anwendung entwickelt und implementiert, ohne ein vollständiges Re-Design der Webanwendung zu erfordern. Zusätzliche Anforderungen werden separat behandelt und komponentenbasiert integriert. Im abstrakten Entwurf dient ein Aspekt-orientierter Ansatz der Integration zusätzlicher Anforderungen. Das Konzept integriert generische Adaptionskomponenten (*Generic Adaption Component*, Fiala & Houben 2005) in den HERA-Ansatz (Houben et al. 2008).

4.6.1.4 Best Practices und Personas

Zimmermann und Vanderheiden (Zimmermann & Vanderheiden 2007) beschreiben einen allgemeinen benutzerzentrierten Ansatz auf der Basis von Anwendungsfällen und Personas für die Einbindung der Barrierefreiheit im Softwareentwicklungsprozess. Das Konzept verbindet moderne Ansätze des Requirement Engineering mit den allgemeinen Anforderungen der barrierefreien Bedienung. Der Schwerpunkt liegt auf der frühen Analyse und Anforderungsspezifikation in Form von Anwendungsfalldiagrammen und Szenarien und der Ableitung von Testfällen. Entwurf und Entwicklung der Software werden nicht behandelt.

4.6.1.5 Modellgetriebene Integration der Barrierefreiheit mit der MDA

Moreno entwickelt das domänenspezifische Framework *Accessibility for Web Applications* (AWA, Moreno, Martínez & Ruiz 2008; Moreno 2010) für die modellgetriebene Entwicklung barrierefreier Webanwendungen auf der Basis des MDWE und der MDA. Das Framework beschreibt einen spezifischen Prozess, der die Integration der Anforderungen in bereits bestehende Methoden unterstützt. Das Konzept unterstützt die Anforderungen der Barrierefreiheit in Form der WCAG und weist darauf hin, dass Barrierefreiheit insgesamt weitergehende Anforderungen stellt (Moreno, Martínez & Ruiz 2008: 9). Abbildung 4-12 zeigt die prinzipiellen Schritte der Anwendung des AWA-Ansatzes.

Zuerst wird einmalig der Webentwicklungsansatz des Softwareprojekts erweitert, indem das AWA-Metamodell mit den WCAG-Anforderungen – UML-konform auf der Basis des *Meta Object Facility* (MOF, OMG 2011) und der *Object Constraint Language* (OCL, OMG 2014a) – in das bestehende Metamodell der Entwicklungsmethode integriert wird. In der Entwurfsphase werden anschließend die einfachen Methodenschritte *method primitives* entsprechend ergänzt. Zuletzt werden die Transformationsregeln des Modellcompilers mit Hilfe der *AWA-Code_Pattern* erweitert. Das Resultat dieses ersten Schrittes ist die Integration der Barrierefreiheitsanforderung in die bestehende Entwicklungsmethodik.

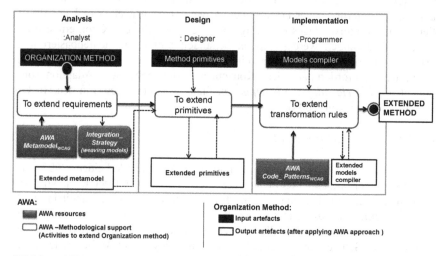

Abbildung 4-12: AWA-Ansatz in der Webentwicklung (Moreno et al. 2013: Fig. 2)

Im anschließenden zweiten Schritt werden manuell die Anforderungen der Barrierefreiheit umgesetzt, die nicht durch die Methodenerweiterung integriert werden können. Typischerweise betrifft dies Anforderungen der anwendungsspezifischen Präsentation. In einer Fallstudie (Moreno et al. 2013: 191–198) wird der OOWS-Ansatz (Pastor et al. 2006: 277–302) mit dem AWA-Konzept erweitert.

4.6.1.6   INAMOSYS – Integration der barrierefreien Bedienung in
Webanwendungen und Bediensystemen der Produktautomatisierung

Der Schwerpunkt des INAMOSYS-Konzepts liegt auf der Zusammenführung der Anforderungen, des Entwurfs und der Realisierung einer barrierefreien Bedienung in den Domänen der Webanwendungen und der Benutzungsschnittstellen von Systemen der Produktautomatisierung. In den Domänen ergeben sich aus unterschiedlichen Ursachen heraus vergleichbare Bedienbarrieren (vgl. Abschnitt 3.2). Dies können erstens individuelle Anforderungen sein, wie sie sich bei motorischen, sensorischen oder kognitiven Einschränkungen des Benutzers ergeben. Zweitens ziehen Störungen durch Umgebungseinflüsse wie z. B. Lärm oder helles Sonnenlicht Restriktionen in den Bedienmodalitäten nach sich und drittens ergeben sich durch limitierte Bedientechnologie wie z. B. kleine Bildschirme oder kostengünstige LCD-Displays starke Einschränkungen der Interaktionsmöglichkeiten. Der INAMOSYS-Prozess definiert Phasen und Artefakte des benutzungszentrierten Entwurfs und der Realisierung in beiden Domänen (vgl. Abbildung 4-13).

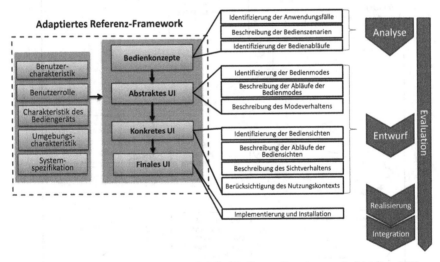

Abbildung 4-13: INAMOSYS-Konzept des Entwurfs von Benutzungsschnittstellen (Göhner & Jeschke 2011: Abb. 4)

Das CRF (vgl. Abschnitt 4.5) dient als Rahmenkonzept für den modellgetriebenen Entwurf der Benutzungsschnittstelle auf Basis der Bedienaufgaben. Da die technologische Grenze zwischen den Bedienoberflächen von Webanwendungen einerseits und Systemen der Produktautomatisierung andererseits an Schärfe verliert, bietet sich die Entwicklung domänenübergreifender Konzepte der Integration einer barrierefreien Bedienung in den Produktentwicklungsprozess an. So lassen sich einerseits die umfangreichen Erfahrungen in der Entwicklung barrierefreier Webangebote und andererseits die Expertise des modellgetriebenen Entwurfs von Bediensystemen nutzen (bspw. Reuther 2003). Im Rahmen dieser Forschungsarbeit wird das INAMOSYS-Konzept für die Domäne der Webanwendungen genutzt, detailliert und weiterentwickelt.

4.6.1.7   Aspekte-orientierte Entwicklung barrierefreier Webanwendungen

Martin entwickelt einen Aspekt-orientierten Ansatz (Martín et al. 2010; Martin 2013) auf der Basis von OOHDM (Rossi & Schwabe 2006: 321–322, vgl. Abschnitt 4.5, vgl. Abbildung 4-14).

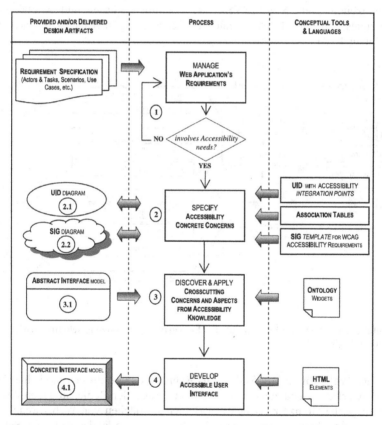

Abbildung 4-14: Aspekt-orientierter Ansatz nach Martin (Martín et al. 2010: Fig. 5)

Der Überblick in zeigt in der mittleren Spalte die Hauptaktivitäten des Gesamtprozesses, auf der rechten Seite die verwendeten Werkzeuge und Sprachen für die Konzeption sowie den Bezug zum Hauptprozess. Die linke Seite stellt die Artefakte dar, die als Input oder Output für die Integration der Barrierefreiheit dienen. Die Anforderungen der Barrierefreiheit werden identifiziert (1) und anschließend frühzeitig detailliert (2). Dazu werden zwei Diagramme entwickelt: das *User Interaction Diagram* (UID, Vilain, Schwabe & Souza, Clarisse Sieckenius de 2000) mit *Accessibility Integration Points* (2.1) und das *Softgoal Interdependency Graph*-Template (SIG, Chung et al. 1999: 47–88; Chung & Supakkul 2005), für die Anforderungen der WCAG 1 (2.2). Das UID ist ein Zustandsdiagramm, das die Interaktion zwischen Benutzer und Bedienoberfläche beschreibt. Die Accessibility Integration Points markieren Erweiterungspunkte im UID, an denen ein SIG die Anforderungen der Barrierefreiheit definiert. In Kombination mit einer Ontologie abstrakter UI-Komponenten nach der OOHDM unterstützen die SIG mit Expertenwissen über die Crosscuts der Barrierefreiheit bzgl. der UI-Komponenten (3). Dieses Wissen fließt ein in die Definition des abstrakten Präsentationsmodells (3.1) und anschließend des konkreten Präsentationsmodells (4.1), das die korrespondierenden HTML-Elemente verwendet.

4.6.2 Vergleich und Analyse der Konzepte

Tabelle 4-12 stellt die beschriebenen Ansätze im Überblick dar. Dargestellt sind der Ansatz des MDWE bzw. MBUID, der für die Integration der Barrierefreiheit verwendet wird. Spezifische Ansätze wie WSDM, WebML oder OOHDM (vgl. Tabelle 4-11) bieten Unterstützung für die Integration der Barrierefreiheit, jedoch setzen diese Konzepte auch für die Übertragbarkeit Grenzen. Diese Limitierung lässt sich durch die Nutzung von Referenzkonzepten vermeiden. Weiterhin dargestellt sind die unterstützten Aktivitäten des Softwareprozesses (vgl. Sommerville 2010: 28). Für die Problemstellung dieser Forschungsarbeit (vgl. Abschnitt 1.2) ist insbesondere die Unterstützung des Entwurfs relevant. Abschließend ist der Bezugsrahmen der Barrierefreiheit dargestellt. Die WCAG 2 (W3C 2008b) bieten einen systematischen Bezugsrahmen, der aktuellen Anforderungen der Webtechnologien entspricht und validierbar ist. Die bereits vorliegenden Arbeiten erweitern typischerweise bestehende Methoden für verschiedene Anforderungen der Barrierefreiheit. Die Auswahl der MDWE-Methode erfolgt dabei meist heuristisch – nur das INAMOSYS-Konzept und der Ansatz dieser Forschungsarbeit verwenden dafür das Referenzframework CRF (vgl. Abschnitt 4.5).

Tabelle 4-12: Konzepte für die Integration der Barrierefreiheit im MDWE/MBUID

Bezeichnung/ Quelle	Beschreibung	MBUID/ MDWE-Prozess	Softwareent- wicklungspro- zesses	Barriere- freiheit
Plessers et al. 2005, DAN-TE (Yesilada et al. 2004)	Zusätzliche Annotationen für die Bedienung	WSDM	Entwurf, Weiter-entwicklung	Screenrea-dernutzer
Centeno et al. 2005	Komponenten-basierte barrierefreie Integration	WebComposi-tion, WSLS	Entwurf	WCAG 1
Casteleyn et al. 2006	Komponenten-basierte Adaption zusätzlicher Funktionalitäten	Hera-S	Weiterentwick-lung	Allgemein
Zimmermann & Vanderheiden 2007	Benutzerzentrierte Analyse und Evaluation der Barrierefreiheit	-	Analyse, Validie-rung	Allgemein
Ceri et al. 2007	Modellierung zugänglicher Inhalte in datenintensiven Anwendungen	WebML	Entwurf	Allgemein
Moreno 2010	Modellgetriebener Entwicklungsprozess für barrierefreie Webanwen-dungen	OOWS (sowie MDA)	Analyse, Entwurf	WCAG 1/2
INAMOSYS (Yazdi et al. 2011)	Domänenübergreifender benutzungszentrierter und modellgetriebener Ansatz	CRF	Analyse, Entwurf	WCAG 2
Martin 2013	Aspekt-orientierter Ansatz	OOHDM	Analyse, Ent-wurf, Implemen-tation	WCAG 1
Eigener Ansatz (vgl. Abschnitt 3.5)	Benutzungszentrierter und modellgetriebener Ansatz	CRF, Stan-dardarchitektur	Analyse, Ent-wurf, Evaluation	WCAG 2

Neben dem Ansatz dieser Forschungsarbeit zeichnen sich die Konzepte von Plessers, Moreno und Martin sowie das INAMOSYS-Konzept durch eine elabo-rierte Ausarbeitung inkl. detaillierter Systematik aus. In den anderen Fällen wur-de die Barrierefreiheit nachträglich ergänzt, ohne dass weitergehende Publikatio-nen bzw. eine detaillierte Darstellung der Integration vorliegen. Der Ansatz die-ser Forschungsarbeit unterscheidet sich von den vorhandenen Konzepten durch:

- Ganzheitliche Untersuchung des Softwareentwicklungsprozesses als Einheit aus Softwarearchitektur und modellgetriebenem Entwurf
- Referenzkonzepte für Softwarearchitektur und Modellierungsprozess
- Fokus auf interaktiven Webanwendungen
- Begleitende Validierung der Barrierefreiheit

Eine detaillierte Darstellung des Konzepts dieser Forschungsarbeit gibt das sechste Kapitel.

4.7 Zusammenfassung

Dieses Kapitel stellt den Stand der Technik und Forschung mit dem Schwerpunkt der benutzungszentrierten und modellgetriebenen Entwicklung barrierefreier Webanwendungen dar. In Abschnitt 4.2 wird ein Überblick zur Integration der Barrierefreiheit in den WAI-ARIA sowie dem HTML5-Standard gegeben. Im Vergleich zu HTML 4 zeigt sich eine deutlich verbesserte Unterstützung der barrierefreien Bedienung insbesondere von interaktiven und multimedialen Webanwendungen, die auch Bestandteil der Browserentwicklung ist. Anschließend wird der Stand der Forschung in Bezug auf die Integration der Barrierefreiheit in die Softwarearchitektur (vgl. Abschnitt 4.4) sowie den modellgetriebenen Softwareentwicklungsprozess (vgl. Abschnitt 4.5) von Webanwendungen bzw. lokalen Bedienoberflächen dargestellt. Mit der Standardarchitektur für interaktive Bedienoberflächen (vgl. Abbildung 4-3) und Weboberflächen (vgl. Abbildung 4-5) liegen Referenzkonzepte für die Softwarearchitektur von Webanwendungen vor, die sich durch die Einbindung von Anwendungsfällen für den benutzungszentrierten Entwurf eignen. Die dargestellten Entwurfsmuster MVC, MVP und MVVM bieten sich als leichtgewichtige Ansätze bei kleineren Anwendungen an. Analog zur Standardarchitektur bietet das CRF (vgl. Abbildung 4-10) einen Referenzrahmen für die modellgetriebene Entwicklung interaktiver Bedienoberflächen. Die Aufteilung der Bedienoberfläche in verschiedene Ebenen der Abstraktion und Modelle unterstützt die strukturierte Entwicklung. Die fachliche Trennung der Perspektiven vereinfacht die Modellierung und unterstützt die Wiederverwendung.

Es zeigt sich, dass die barrierefreie Bedienung als Anforderung in Entwicklung und Softwarearchitektur typischerweise nicht benannt wird und sich eine systematische Unterstützung bisher nicht abzeichnet. Die vorliegenden Ansätze für die modellgetriebene Entwicklung barrierefreier Webanwendungen (vgl. Abschnitt 4.6) demonstrieren als Proof-of-Concept das Potenzial des MDWE und MBUID. Viele Ansätze untersuchen allerdings nur konzeptionell die Erweiterung bereits bestehender Konzepte des MDWE und besitzen darüber hinaus keine Nachhaltigkeit. In Bezug auf den Zusammenhang zwischen Barrierefreiheit und der Softwarearchitektur interaktiver Systeme liegen bisher keine dezidierten Untersuchungen vor.

5 Anforderungen des Entwurfs barrierefreier Weboberflächen

5.1 Überblick

In diesem Kapitel werden die Anforderungen der Integration der Barrierefreiheit in den Softwareentwicklungsprozess analysiert und dargestellt. Das Vorgehen orientiert sich an den Aktivitäten der Anforderungserhebung nach Sommerville (vgl. Abbildung 5-1, Sommerville 2010: 101–102).

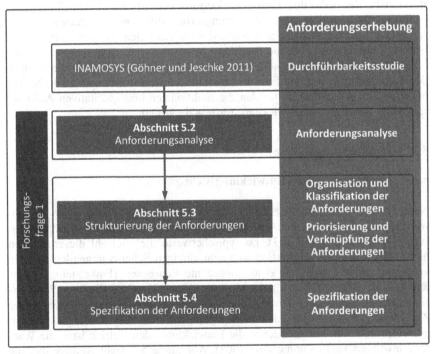

Abbildung 5-1: Anforderungserhebung für den Entwurf barrierefreier Weboberflächen

Die grundlegenden Anforderungen des Entwurfs barrierefreier Benutzungs-schnittstellen sind bereits im INAMOSYS-Projekt (vgl. Abschnitt 4.6) unter-sucht und publiziert worden (Vieritz, Schilberg & Jeschke 2010: 121; Vieritz et al. 2011a: 113). Entwickelt wurde auch eine generische Systemarchitektur für Webanwendungen und Bediensysteme der Produktautomatisierung (Vieritz et al. 2011b: 371, vgl. Abbildung 8-1), die diese Anforderungen integriert. Die Vorarbeiten des INAMOSYS-Projekts bilden die Durchführbarkeitsstudie dieser Forschungsarbeit. Die in diesem Kapitel entwickelten Anforderungen ergänzen die Erkenntnisse.

Der an die Durchführbarkeitsstudie anschließende Schritt ist die Analyse der Anforderungen, die auf der Basis verschiedener Techniken durchgeführt werden kann. Verbreitet ist Verwendung von Viewpoints (Sommerville 2008; Sommerville 2010: 103–104), um die unterschiedlichen Sichten verschiedener Beteiligter der Entwicklung und Benutzung einer Webanwendung zu integrieren. Die Analyse der Anforderungen in Abschnitt 5.2 beginnt mit der Darstellung verschiedener Sichten auf die barrierefreie Bedienung einer Webanwendung zur Lauf- und Entwicklungszeit. Die Anforderung „Barrierefreiheit" wird differenziert und strukturiert. Die verbreitete Unterscheidung in funktionale und nicht-funktionale Anforderungen wird in dieser Forschungsarbeit differenzierter dargestellt. Im Anschluss wird der technische Kontext der barrierefreien Benutzung bzw. Entwicklung beschrieben. Für die detaillierte Analyse der Anforderungen wird der Softwareentwicklungsprozess im Detail dargestellt. Im Anschluss an die Analyse der Anforderungen werden diese in Abschnitt 5.3 strukturiert und per Kriterium priorisiert. In Abschnitt 5.4 werden die funktionalen und qualitativen Anforderungen für den Softwareentwicklungsprozess dargestellt.

5.2   Anforderungsanalyse

5.2.1   Benutzungs- und Entwicklungssicht

Nach Sommerville sind Quellen für die Anforderungserhebung einer Webanwendung die Akteure, die Anwendungsdomain oder ähnliche Anwendungen (vgl. Sommerville 2010: 103). Da typischerweise die Vielzahl dieser Quellen nicht vollständig und konfliktfrei in einem einzigen Schema abgebildet werden kann, empfehlen Finkelstein et al. sogenannte *Viewpoints* (Finkelstein, Kramer & Goedicke 1990: 338, vgl. auch Mullery 1979: 127–135). Ein ViewPoint basiert auf der Perspektive eines Akteurs und unterstützt die Strukturierung der Anforderungen. Relevante Akteure sind jene, die einen Service für das System erbringen bzw. ihn nutzen oder in die Entwicklung, den Betrieb bzw. die Wartung involviert sind (Sommerville 2008). Abbildung 5-2 stellt Akteure dar, die typischerweise mit Webanwendungen direkt interagieren.

Abbildung 5-2: Interakteure einer Webanwendung zur Lauf- und Entwicklungszeit

Die Akteure bezeichnen charakteristische Rollen in der Interaktion mit Webanwendungen. Akteure zur Laufzeit sind Benutzer, Autoren und Administratoren. Benutzer stehen in einfacher direkter Interaktion mit der Webanwendung, d.h. ihre Aktivitäten haben bspw. keine bzw. nur wenig Relevanz für andere Benutzer. Autoren generieren Inhalte, mit denen Benutzer interagieren und Administratoren sind für allgemeine Laufzeitaufgaben wie die Installation, die Wartung oder die Sicherheit der Webanwendung zuständig. Ein und dieselbe Person kann verschiedene Rollen wahrnehmen; z. B. ist ein Autor selbst auch Benutzer. Akteure zur Entwicklungszeit sind Softwarearchitekten, Designer sowie Entwickler. Der Softwarearchitekt bezeichnet in dieser Forschungsarbeit Akteure, die abstrakte Artefakte einer Webanwendung produzieren. Abstrakte Artefakte erfordern eine Implementation, um lauffähig zu sein. Designer von Webanwendungen sind für das Layout der Weboberfläche zuständig, also für die visuelle, auditive sowie haptische Gestaltung der Repräsentation von Informationen. Entwickler implementieren Webanwendungen.

Die Interaktion der verschiedenen Akteure mit der Webanwendung findet unter sehr unterschiedlichen Randbedingungen statt. Ein Benutzer bspw. interagiert über die Weboberfläche und ein Administrator verwendet dafür häufig eine Eingabeaufforderung und Texteditoren. Der Entwickler dagegen nutzt vorrangig Programmierwerkzeuge. Für jeden Akteur kann die Anforderung aufgestellt werden, dass die Interaktion mit der Webanwendung jeweils barrierefrei gestaltet ist, d.h. ein Administrator kann bspw. die Anwendung ohne Einschränkung nur mit der Tastatur installieren bzw. ein blinder Programmierer kann barrierefreie Programmierwerkzeuge nutzen. Darüber hinaus gestalten die Akteure als Autoren oder Entwickler auch selbst die Webanwendung und sind in diesem Rahmen zuständig für die barrierefreie Bedienbarkeit; z. B. generiert ein Autor barrierefreie Inhalte oder ein Administrator bietet für den technischen Support neben dem Telefon auch einen Emailsupport für Gehörlose an. Im Rahmen dieser Forschungsarbeit liegt der Schwerpunkt auf der barrierefreien Bedienbarkeit für den Benutzer und der Integration in frühe Aktivitäten der Webentwicklung, wie sie für Softwarearchitekten typisch sind.

Moderne Webanwendungen zeichnen sich durch diverse zusammenhängende Benutzeraufgaben, komplexe Navigation, umfangreiche Dateneingaben und potenzielle Beziehungen zwischen Datenobjekten aus. Anwendungsspektrum und Komplexität gleichen klassischen Softwaresystemen und ihre Entwicklung erfordert ein planmäßiges Vorgehen unter Einbezug von Softwarearchitektur und Vorgehensmodell (vgl. Abschnitt 1.2). Empfehlungen für barrierefreie Webinhalte – bspw. die WCAG – adressieren jedoch diese komplexen Zusammenhänge nicht. Um die bestehenden Lücken zu schließen werden in dieser Forschungsarbeit die beiden Perspektiven in einem Prozess zusammengeführt. Abbildung 5-3 veranschaulicht das Vorgehen in dieser Forschungsarbeit.

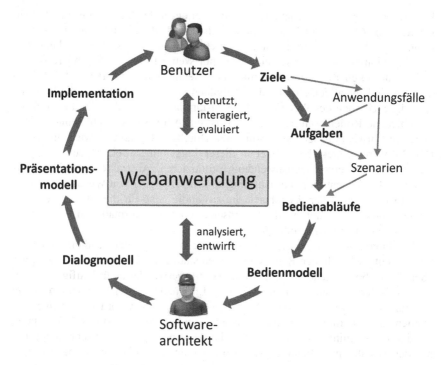

Abbildung 5-3: Benutzung und modellgetriebene Entwicklung einer Webanwendung

Als Ausgangspunkt dienen die Bedienaufgaben, die in Form von Anwendungsfällen und Szenarien beschrieben werden. Barrierefreiheit (vgl. Abschnitt 2.1)
und Universal Design (vgl. Abschnitt 3.3) unterstreichen, dass die Bedienung für
möglichst viele Benutzer gleichartig bzw. äquivalent gestaltet ist, d.h. Bedienziele und -abläufe sind gleich oder äquivalent. Die Bedienabläufe werden anschließend in einem Bedienmodell formalisiert. Diese antizipierende Modellierung aus
Sicht des Benutzers bietet dem Softwarearchitekten die Basis für die Modellierung der Interaktion und der Weboberfläche etc. in Form eines Dialogs- und
eines Präsentationsmodells. Um die barrierefreie Bedienbarkeit zu integrieren,
werden die Bedienaufgaben entsprechend den Prinzipien des Universal Design
bzw. der WCAG im Modell der Weboberfläche umgesetzt.

5.2.2   Strukturierung der Anforderung *Barrierefreiheit*

Anforderungen (requirement) definieren Wünsche und Ziele der Benutzer sowie
Bedingungen und Eigenschaften eines zu entwickelnden Systems (Pohl 2008:
13), die sich aus Verträgen, Spezifikationen und anderen formalen Dokumenten
ergeben:

> (1) A condition or capability needed by a user to solve a problem or achieve an objective.

> (2) A condition or capability that must be met or possessed by a system or system component to
> satisfy a contract, standard, specification, or other formally imposed documents.

> (3) A documented representation of a condition or capability as in (1) or (2). (IEEE 1990: 62)

Für dokumentierte Anforderungen definiert Pohl den Begriff *Anforderungsarte-
fakt* (Pohl 2008: 14) und unterscheidet drei grundlegenden Arten von Anforderungen: *funktionale Anforderungen, Qualitätsanforderungen* und *Rahmenbedingungen*. Funktionale Anforderungen beschreiben die Funktionalität des geplan-
ten Systems und werden traditionell in drei komplementären Perspektiven spezifiziert: der *Funktionsperspektive*, der *Datenperspektiven* und der *Verhaltensper-
spektive*. Qualitätsanforderungen spezifizieren qualitative Merkmale des zu entwickelnden Systems. Sie gelten meist für das ganze System, können jedoch auch
nur für einzelne Bestandteile spezifiziert werden. Aufgrund ihrer systemüber-
greifenden Wirksamkeit sind sie wesentliche Einflussfaktoren für die Architektur
eines Systems (vgl. Bass, Clements & Kazman 2013; Clements, Kazman
& Klein 2002; Starke 2014). Neben den funktionalen und den Qualitätsanforderungen existieren noch die Rahmenbedingungen, die organisatorische und technologische Bedingungen für die Produktentwicklung beschreiben (vgl. Pohl
2008: 18).
   Die verbreitete Trennung funktionaler und nicht-funktionaler Anforderungen
(vgl. Pohl 2008: 15) klassifiziert Barrierefreiheit als eine nicht-funktionale Pro-
duktanforderung. Sie bezieht sich auf das Verhalten des Systems als Ganzes, da
sie die Eigenschaften zahlreicher Funktionalitäten adressiert; bspw. in der Form:

„Blinde Benutzer können das System ohne menschliche Assistenz bedienen und alle vorgesehenen Bedienaufgaben mit max. 100 % mehr Zeit im Vergleich zu sehenden Benutzern erfüllen." Da Barrierefreiheit sowohl Anforderungen an das Kontrastverhältnis der visuellen Darstellung wie auch alternative Dialogwege bzw. zusätzliche Funktionen für die Bedienung umfassen kann, ist die Bezeichnung „nicht-funktional" jedoch irreführend und wenig spezifisch. Die einfache Trennung in „funktional" und „nicht-funktional" ist für eine differenzierte Analyse von Anforderungen, die nicht funktional sind, nicht hinreichend.

Dazu ein Beispiel: Ein blinder Benutzer soll einen Report in einem Informationsintegrationssystem lesen können. Im Allgemeinen wird das als eine funktionale Anforderung betrachtet. Genauer betrachtet, ist es jedoch nicht so eindeutig. Ist die Anforderung erfüllt, wenn der Text vorgelesen wird? Müssen auch alle Bilder „lesbar" sein? Bekommt der Benutzer eine individuell angepasste Version zu lesen, die sich von anderen unterscheidet? Die Anforderung wird präzise, wenn sie bspw. lautet: „Ein blinder Benutzer kann einen Report lesen, der gemäß WCAG 2.0 Level A barrierefrei gestaltet ist". Diese Formulierung umfasst funktionale wie auch nicht-funktionale Anforderungen.

Konsequenterweise schlug Glinz 2005 vor, die Trennung von funktionalen und nicht-funktionalen Anforderungen aufzuheben (Glinz 2005a: 21; Glinz 2005b: 55). Ausgangspunkt seiner Überlegungen sind die verschiedenen Sichtweisen auf eine Anforderung: Repräsentation, Art, Umsetzung und Rolle. Der Blickwinkel kann also operational, quantitativ, qualitativ oder deklarativ sein. Die von ihm entwickelte Taxonomie enthält jedoch weiterhin funktionale Anforderungen; ebenso wie die von Jureta et al. (Jureta, Mylopoulos & Faulkner 2009: 169). Beide Ansätze unterstützen die präzise Beschreibung von Anforderungen, fokussieren jedoch weiterhin auf funktionale Aspekte. Das lässt sich auch nicht durch detailliertere Typologien für nicht-funktionale Anforderungen aufheben (vgl. Mairiza, Zowghi & Nurmuliani 2010: 311).

Der Begriff *Qualitätsanforderung* präzisiert den der nicht-funktionalen Anforderung. Pohl stellt fest, dass nicht-funktionale Anforderungen zu unterteilen sind in unterspezifizierte funktionale Anforderungen und Qualitätsanforderungen (Pohl 2008: 16–17). Unterspezifizierte Anforderungen müssen durch weitere Detaillierung in funktionale Anforderungen und evtl. Qualitätsanforderungen überführt werden, um unterschiedliche Interpretationen durch verschiedene Projektbeteiligte zu unterbinden. Ebenso können Qualitätsanforderungen unterspezifiziert sein und ihre Detaillierung führt zu präzisen Qualitätsanforderungen. Die weitere Strukturierung der Anforderungen erfolgt an Hand der an Akteure gebundenen ViewPoints (Finkelstein, Kramer & Goedicke 1990: 338). Die grundlegende Einteilung wird bereits 1984 durch Garvin eingeführt (Garvin 1984: 25). Er unterscheidet zwischen produktions-, produkt- und benutzerzentrierter Sichtweise (vgl. Abbildung 5-4):

- Die produktionsorientierte Sichtweise stellt den Herstellungsprozess in den Mittelpunkt. Güte und Qualität des Produkts hängen von seiner Spezifikation und Standardisierung ab; sie entsprechen den Rahmenbedingungen Pohls (vgl. Pohl 2008: 18–20).
- Produktorientierte Ansätze setzen auf objektive Kriterien der Qualitätsmessung. Typischerweise nehmen Administratoren und Architekten diese Sicht ein. Für Administratoren ist u.a. die Lauffähigkeit in bestimmten Umgebungen wichtig.
- Die benutzerorientierte Sicht vermisst die Produktqualität anhand der Beurteilung durch den Benutzer. Diese Sicht fokussiert typischerweise auf Ziele, Aufgaben und Zwecke. Funktionale und qualitative Anforderungen werden nicht getrennt.

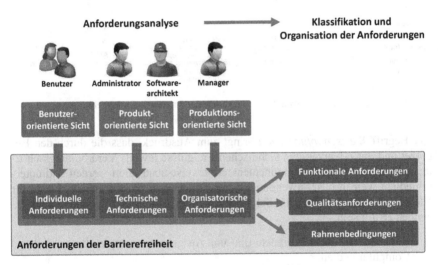

Abbildung 5-4: Erhebung der Anforderungen der Barrierefreiheit

Die benutzerorientierte Sicht entsteht bspw. in Kundengesprächen und liefert *Early Requirements* (vgl. Jureta, Mylopoulos & Faulkner 2009: 169–170) – im Vergleich zu den *Late Requirements* der produktorientierten Sicht. Der Prozess der Anforderungserhebung ist die Überführung früher in späte Anforderungen, d.h. Anforderungen der Benutzer werden in Anforderungen an das Produkt abgebildet. Die Trennung funktionaler und nicht-funktionaler Anforderungen ist dazu nicht zwangsläufig nötig. Im Rahmen dieser Forschungsarbeit werden gemäß Pohl für die präzise Beschreibung funktionale Anforderungen von Qualitätsanforderungen und Rahmenbedingungen unterschieden.

5.2.3   Wertschöpfungskette der barrierefreien Bedienung

Barrierefreie Webtechnologie erfordert das Zusammenspiel verschiedener Techniken, die meist in der Verantwortung unterschiedlicher Organisationen liegen. Dabei bilden die einzelnen Komponenten zur Laufzeit eine *Wertschöpfungskette*, in der die einzelnen Glieder jeweils einen spezifischen Anteil leisten (vgl. Abbildung 5-5).

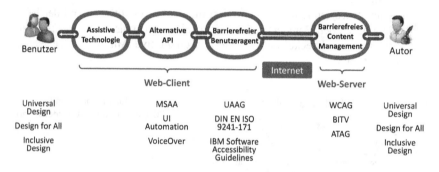

Abbildung 5-5: Wertschöpfungskette der barrierefreien Interaktion mit Webinhalten

Der Begriff *Wertschöpfungskette* bringt zum Ausdruck, dass die durch den Benutzer und die AT erzeugten technischen Ereignisse jeweils Verarbeitungsschritte auslösen, die in den Komponenten schrittweise abstrahiert werden und unterschiedlich weit in das Anwendungssystem eindringen. Damit eine Webseite für alle Nutzer barrierefrei zugänglich ist, müssen grundsätzlich folgende Voraussetzungen erfüllt sein:

–   Benutzer kann über geeignete Ein- und Ausgabetechnologien bzw. AT den Computer bedienen
–   Alternative Schnittstellen des Betriebssystems unterstützen AT
–   Barrierefrei bedienbarer Benutzeragent
–   Auslieferung barrierefreier Inhalte durch den Web-Server
–   Barrierefreie Erzeugung von Webinhalten

Die mit dem Anwender in unmittelbarer Interaktion stehende Komponente ist die *Assistive Technologie* (AT). Als AT wird jedes technische Hilfsmittel bezeichnet, das speziell der Unterstützung – bzw. der Rehabilitation – von Benutzern mit Einschränkungen dient. Assistive Technologie kann Körperfunktionalitäten wiederherstellen oder verbessern – bspw. Hörgeräte – oder fehlende körperliche Funktionalität kompensieren – bspw. Screenreader oder Spracherkennung. Damit der Benutzer AT verwenden kann, muss das Betriebssystem die Hardware entsprechend ansteuern und mit den notwendigen Informationen versorgen. Dafür stellen moderne Betriebssysteme alternative Schnittstellen (API) bereit (vgl. Tabelle 5-1).

Tabelle 5-1: Alternative Ein- und Ausgabeschnittstellen für Betriebssysteme

API	Plattform	Anbieter	Jahr	Verfügbarkeit
Microsoft Active Accessibility (MSAA)	Windows	Microsoft	1997	Windows 95, 98, NT 4.0, ME, XP, Vista, 7, 8, Windows Server 2003/2008
Assistive Technology Service Provider Interface (AT-SPI)	UNIX/Linux-Systeme, offener Standard	GNOME-Projekt	2002	Verschiedene Anwendungen
UI Automation (UIA)	Windows	Microsoft	2005	Windows XP, Vista, 7, 8, Windows Server 2003/2008, Mono
VoiceOver	Mac OS, iOS, iPod	Apple	2005	Mac OS 10.4 sukzessive, iOS (iPhone 3GS sukzessive, iPad), diverse iPods
IAccessible2	Windows, offener Standard	IBM	2006	In Entwicklung: Mozilla-Anwendungen, Opera u.a.
Android Accessibility APIs	Android	Google	2009	Einführung der Accessibility API in Android 1.6 mit kontinuierlichen Erweiterungen

Benutzeragenten empfangen und repräsentieren Informationen in der webbasierten Interaktion (vgl. W3C 2014g: User Agent). In der Wertschöpfungskette der barrierefreien Interaktion mit Webinhalten sind die Aufgaben des Benutzeragenten die Interpretation von Webinhalten – bspw. durch den Aufbau des *Document Object Models* (DOM) sowie die Verwaltung und Kommunikation der Benutzeraktivitäten mit dem Web-Server. Benutzeragenten sind Webbrowser für die Darstellung von Webinhalten sowie Email-Clients, Medien-Player, Plugins etc. Des Weiteren erscheint der Web-Server für den Benutzer transparent und interagiert nicht direkt mit ihm – mit Ausnahme von Fehlermeldungen. Ihm wird daher in der Wertschöpfungskette keine eigenständige Rolle zugeordnet. Für die Akteure und Komponenten stehen verschiedene Empfehlungen und Schnittstellen für die Barrierefreiheit zur Verfügung (vgl. Abbildung 5-5 sowie Abschnitt 3.3).

Die vierte Komponente in der Wertschöpfungskette der barrierefreien Interaktion zur Laufzeit ist die Erzeugung der Webinhalte durch einen Autor. Liegen die Inhalte bereits vor bzw. werden sie vorab durch einen Softwareentwicklungsprozess generiert, dann wird ihre Erzeugung aus der Entwicklungsperspektive im folgenden Abschnitt betrachtet. Zur Laufzeit werden Webinhalte mit Hilfe von Autorenwerkzeugen erstellt und der direkte Kontakt mit HTML, CSS und anderen Techniken ist nicht mehr notwendig. Für kleinere Webangebote stehen Webeditoren bzw. Autoren-Systeme zur Verfügung – z. B. Dreamweaver (Adobe 2014b) oder Expression Blend (Microsoft 2014a). Für umfangreiche Webangebote mit verteilter Autorenschaft etc. kommen *Content-Management-Systeme* (CMS, vgl. Tabelle 5-2 und Abschnitt 10.2) zum Einsatz.

Tabelle 5-2: Barrierefreiheit in den am häufigsten genutzten CMS inkl. Papoo

CMS	Marktanteil (W3Techs 2014)	Quelle, Version (Feb 2014)	Einsatz-schwerpunkt	Barrierefreiheit
Word-press	21,5 %	http://wordpress.org 3.8.1	Blogs	- Dokumentation - Alt. Text - YAML
Joomla	8,8 %	http://www.joomla.org 3.2.2	Umfangreichere Webangebote ohne komplexen Redaktions-workflow	- Keine Dokumenta-tion - YAML
Drupal	5,4 %	http://drupal.org 7.26	Angebote des Social Web	- Dokumentation - Alt. Text - YAML
Blogger	3,2 %	http://www.blogger.com	Blogs	- Keine systematische Unterstützung
Magento	2,6 %	http://magento.com 1.8.1	Online-Shops	- keine systematische Unterstützung
TYPO3	1,6 %	http://typo3.org 6.1.7	Umfangreiche Enterprise-Angebote mit anspruchs-vollem Redakti-onsworkflow	- Integrierte Erstel-lung barrierefreier Seiten nach WCAG - YAML
Papoo	-	http://www.papoo.de 4.1.2	Barrierefreie Webangebote	- Barrierefreie Instal-lation und Admi-nistration - Umfangreiche Unterstützung für die Produktion barrierefreier Inhal-te z. B. Bilder und Formulare, Sitemap

Liegt in einer Komponente der Wertschöpfungskette eine Barriere vor, wirkt sich das auf die gesamte Kette aus und der Informationsaustausch zwischen Benutzer und Webangebot bzw. Webautor kann nicht ungehindert stattfinden. Der Fokus dieser Forschungsarbeit (vgl. Abbildung 5-6) liegt auf Webanwendungen und dem Universal Design (vgl. Abschnitt 3.3).

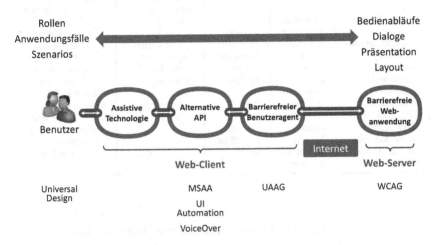

Abbildung 5-6: Wertschöpfungskette einer barrierefreien Webanwendung

Neben den allgemeinen qualitativen bzw. technischen Anforderungen der barrierefreien Bedienung bilden Anwendungsfälle mit Benutzerrollen und Szenarien die Fachlichkeit der Webanwendung ab, durch die die Funktionalitäten der Webanwendung abgebildet werden. Die dazwischen liegenden technischen Komponenten AT, API und Benutzeragent sind unabhängig von der konkreten Fachlichkeit und dadurch auch unabhängig von einer spezifischen Webanwendung. Die Kombination fachlicher sowie qualitativer bzw. technologischer Anforderungen unterstützt die Spezifikation der Webanwendung. Tabelle 5-3 stellt die Anforderungen der Barrierefreiheit in der Wertschöpfungskette im Überblick dar. Die Spezifikation der Komponenten AT, API und Benutzeragent ist nicht an eine spezifische Webanwendung gebunden, da sie keine fachlichen Anforderungen stellt. Die Verantwortung für ihre barrierefreie Entwicklung liegt bei den jeweiligen Anbietern der AT, des Betriebssystems, des Browsers etc. Einen weitergehenden Überblick zu diesen Komponenten gibt Anhang 10.2. Die WCAG 2 (vgl. Abschnitt 3.3) fassen diese Anforderungen zusammen und beschreiben sie unabhängig von einer konkreten Technik. Sie werden im nächsten Abschnitt verwendet, um die Anforderungen auf die Aktivitäten des Softwareentwicklungsprozesses abzubilden.

Tabelle 5-3: Anforderungen der Barrierefreiheit einer Webanwendung

Benutzer (vgl. Universal Design, Tabelle 3-4)	AT	API	Benutzeragent (vgl. UAAG, Tabelle 10-2)	Webanwendung (vgl. WCAG, Tabelle 3-5)
- Anwendungsfälle - Breite Benutzbarkeit - Flexible Benutzbarkeit - Einfache, intuitive Bedienung - Sensorisch wahrnehmbare Informationen - Fehlertoleranz - Geringer körperlicher Aufwand - Größe und Platz für Zugang und Benutzung	- System unterstützt AT - Zugriff auf API - Interaktion durch AT kontrollierbar - Textbasierte Information verfügbar - Zugang zu alternativen Inhalten	- System unterstützt API - Benutzeragent über API kontrollierbar und konfigurierbar - Benutzeragent unterstützt Zugriff auf DOM	- Webanwendung unterstützt Benutzeragent - Standardkonformes Markup - Konfigurierbares Layout, Lautstärke, Geschwindigkeit etc. - Tastaturunterstützung	- Textalternativen - Alternativen für zeitbasierte Medien - Flexibles Layout - Tastaturbedienung - Ausreichend Zeit - Unterstützung beim Navigieren, Suchen und Orientieren - Verständliche, vorhersehbare Inhalte und Funktionalitäten - Fehlervermeidung und -korrektur - Technische Kompatibilität

5.2.4 Entwicklungsprozess einer barrierefreien Weboberfläche

Der Softwareentwicklungsprozess einer barrierefreien Webanwendung unterstützt die schrittweise Transformation der Anwendungsfälle in lauffähige Webinhalte – unter besonderer Berücksichtigung der barrierefreien Bedienbarkeit. Er orientiert sich an den zentralen Aktivitäten eines Softwareentwicklungsprozesses (vgl. Sommerville 2010: 28) und ergänzt ihn um die Aktivität *Layout* des Designers (vgl. Abbildung 5-7), die in der Entwicklung von Webanwendungen einen zusätzlichen wertschöpfenden Beitrag leistet.

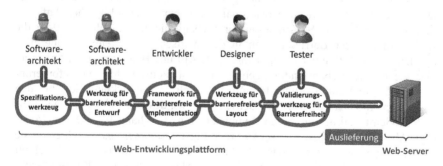

Abbildung 5-7: Entwicklungsprozess barrierefreier Webanwendungen

Im Folgenden werden die einzelnen Aktivitäten im Überblick dargestellt. Für die Anforderungsanalyse erhalten die Aktivitäten jeweils einen Bezeichner, der sich aus dem Buchstaben A (Aktivität) und einer fortlaufenden Nummer zusammensetzt.

5.2.4.1   A1 – Spezifikation der Webanwendung

Ziel der Spezifikation ist die Analyse sowie Beschreibung der funktionalen Anforderungen, der Qualitätsanforderungen und der Randbedingungen sowie deren Strukturierung (vgl. Sommerville 2010: 100–102). Sie ist eine der grundlegenden Aktivitäten des Softwareentwicklungsprozesses. Für die Analyse der Anforderungen eignet sich die Entwicklung von *Anwendungsfällen* (Use Case, Jacobson et al. 1992; Kulak & Guiney 2004), die Anwenderrollen mit der Beschreibung und Strukturierung von Szenarien kombinieren. Die Verwendung von Anwendungsfällen für das Engineering barrierefreier Anwendungen stellen Zimmermann und Vanderheiden dar (Zimmermann & Vanderheiden 2007: 117–128, vgl. Abschnitt 4.6). Anwendungsfälle abstrahieren die technischen Details der Webanwendung und können in UML-Diagrammen für alle Beteiligten leichtverständlich visualisiert werden. In Anwendungsfalldiagrammen werden Anwender in externen Benutzerrollen abgebildet (vgl. Abbildung 5-8).

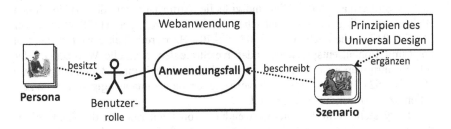

Abbildung 5-8: Persona, Szenario und Anwendungsfall

Die Interaktion zwischen Benutzer und Webanwendung findet auf der Basis von Aufgaben bzw. Arbeitszielen statt, die durch Anwendungsfälle definiert werden. *Aufgaben* definieren die globalen Ziele und den Zweck menschlichen Handelns. *Szenarien* werden verwendet, um Bedienaufgaben im Zusammenhang mit dem Benutzer, dem System und Kontext zu beschreiben. Ein Szenario ist die Beschreibung der Benutzung eines Produkts durch eine Person, die ein bestimmtes Ziel erreichen will (Cooper 2004). Typischerweise beschreiben Szenarios narrativ die Bedienung in einer spezifischen Situation. Die Beschreibung identifiziert spezifische Aspekte der Benutzung. In dieser frühen Phase des Softwareentwicklungsprozesses bieten die Prinzipien des Universal Design (vgl. Abschnitt 3.3)

Unterstützung in der Ableitung von Anforderungen für die barrierefreie Bedienung. Vergleichbar zu Benutzerprofilen vermitteln sie jedoch kein konkretes Verständnis der Anforderungen eines Benutzers. Anwender mit sensorischen, motorischen oder kognitiven Einschränkungen nutzen oft Strategien und Produkte abseits der durch den Designer intendierten Vorannahmen; bspw. wenn sie benötigte Funktionalitäten anbieten, wie sie sonst nur in Highend-Produkten zu finden sind. Aus Unkenntnis getroffene Vorannahmen durch Softwarearchitekten, Entwickler oder Designer bergen deshalb das Risiko, diese individuellen Strategien zu ignorieren. Henry (Henry 2007: 43) benennt als Beispiel die Annahme eines Designers, dass ein blinder Benutzer keinen Anlass hätte, einen Fotokopierer zu verwenden. Tatsächlich könnte er aber durchaus Kopien für andere anfertigen oder sie als Vorlagen für eine Texterkennung verwenden. Deshalb werden *Persona* (Cooper 2004) für die ergänzende anschauliche und konkrete Vermittlung individueller Anforderungen der Benutzer verwendet. Persona beschreiben fiktive, individuelle und konkrete Ausprägungen möglicher Nutzer des zu entwerfenden Systems.

„Personas are fictitious, specific, concrete representations of target users."
(Pruitt & Adlin 2006)

Sie können in narrativer Form verfasst sein (Goodwin 2002) und vermitteln allen Beteiligten Ziele, Motivation, Verhalten und Einstellung der Benutzer (Chang, Lim & Stolterman 2008). Für individuelle Anforderungen der barrierefreien Bedienbarkeit liegt ein systematisches Persona-Konzept des AEGIS-Projekt vor (Aegis 2012; siehe auch Henry 2007: 59–70). Barrierefreiheit erweitert Persona um Limitationen, entsprechende adaptive Strategien, spezielle Werkzeuge oder AT, Erfahrungen im Umgang damit und die Häufigkeit ihrer Benutzung (Henry 2007: 61–62). Persona sind wiederverwendbar, da sie unabhängig von Benutzerrollen bzw. Anwendungsfällen sind.

Henry stellt weiterhin die Verwendung von Szenarien für die Analyse der Anforderungen der Barrierefreiheit (vgl. Henry 2007: 71–81) dar. Die Integration der Barrierefreiheit geschieht durch die detaillierte Beschreibung der Interaktion unter einschränkenden Bedingungen. Der Benutzer agiert mit adaptiven Strategien und nutzt AT. Szenarien-Entwickler beobachten dazu Benutzer mit Einschränkungen beim Gebrauch einer früheren Version des Produkts oder mit vergleichbaren Produkten. Dabei kann sich bspw. erweisen, dass das Setup der Software durch Dritte durchgeführt werden muss.

5.2.4.2 A2 – Entwurf einer barrierefreien Webanwendung

Ziel der Entwurfsaktivität ist die Konzeption einer Webanwendung, die die dokumentierte Spezifikation erfüllt. Dabei kommt insbesondere im Engineering Modellen eine grundlegende Bedeutung zu (vgl. Ludewig & Lichter 2007: 3). In

Modellen wird der Kontext der Webanwendung, ihre Struktur und Interaktion sowie ihr Verhalten gegenüber dem Anwender beschrieben (vgl. Abschnitt 4.5). Ein modernes Paradigma ist der objektorientierte Entwurf (Rumbaugh et al. 1991) unter Verwendung der UML als Metamodell und Notationssprache. Für den Entwurf von Bedien- und Weboberflächen wird in Abschnitt 4.4 die Standardarchitektur nach Siedersleben dargestellt. Sie modularisiert die Präsentationsschicht interaktiver Systeme nach technischen und fachlichen Aspekten. Für die Zugänglichkeit der Weboberfläche sind barrierefreie Dialoge, Inhalte inkl. Inhalten für die Übersicht, Orientierung und Navigation in den Entwurf zu integrieren. Insbesondere in dieser Phase ist die Unterstützung durch Empfehlungen unzureichend, da Ansätze wie das Universal Design keine Hinweise für die technische Umsetzung geben und produktnahe Empfehlungen wie die WCAG keine Anforderungen für die Softwarearchitektur und den Entwurf beschreiben. Entsprechend existiert auch keine systematische Unterstützung auf Werkzeugbasis und in der einschlägigen Literatur über Softwarearchitektur bzw. Vorgehensmodelle spielt der Aspekt der Barrierefreiheit bisher keine Rolle (vgl. Siedersleben 2004; Bass, Clements & Kazman 2013: 175–184). Da AT grundlegend auf die semantische Beschreibung der Weboberfläche angewiesen ist, bietet es sich für den barrierefreien Entwurf der Webanwendung an, die Darstellung der Weboberfläche umfassend durch Modelle zu beschreiben. Aufgabe des Entwurfs einer barrierefrei bedienbaren Weboberfläche ist es dann, die in der Spezifikation entwickelte Benutzerperspektive in Form von Anwendungsfällen, Szenarien und Bedienabläufen durch ein geeignetes Vorgehen in das Präsentationsmodell der Weboberfläche zu transformieren.

5.2.4.3   A3 – *Frameworks für die Implementation von Webanwendungen*

Webanwendungen werden typischerweise unter Verwendung von Webframeworks produziert. Moderne Frameworks kapseln das HTML-Markup und bieten eigene abstrakte Deklarationssprachen (auch *Markup Language* - ML oder *View Declaration Language* - VDL) für die Struktur der Weboberfläche. Gegenüber HTML bieten VDLs meist eine höhere Abstraktion in der Beschreibung (High-Level-Description), die zudem auch interaktive Bedienelemente wie Slider, Color- oder Datepicker besser unterstützen. Dadurch eignen sie sich besser für den modellgetriebenen Entwurf, da die HighLevel-Description die semantische Distanz zwischen abstraktem Präsentationsmodell und UI-Deklaration verringert. Im Idealfall ist ein konkretes Präsentationsmodell nicht erforderlich, da die VDL das abstrakte Präsentationsmodell direkt in eine UI-Struktur abbilden kann, die dann direkt weiterbearbeitet wird. Neben der Deklaration der Oberflächenstruktur bilden Frameworks weitere Aspekte wie die Konvertierung von Daten, die Validierung von Benutzereingaben sowie die Lokalisierung der Oberflächenbeschreibung ab. Die *Konvertierung* der Daten vermittelt zwischen den jeweiligen

Darstellungen im Frontend und im Backend. Das können bspw. Zeitstempel oder Farbwerte sein. Aufgabe der *Validierung* ist die Prüfung von Benutzereingaben auf Korrektheit.

In der modernen Webentwicklung spielt JavaScript eine zentrale Rolle in der Client-seitigen Gestaltung und Verarbeitung der HCI. Anwendungen wie Facebook, YouTube etc. sind ohne JavaScript nur eingeschränkt verwendbar. JavaScript bietet die Möglichkeit, die DOM-Hierarchie der Webseite zu manipulieren, ohne dabei den Server zu kontaktieren. Dadurch lassen sich die Interaktionsmöglichkeiten von HTML deutlich erweitern und das Interaktionsverhalten von Webanwendungen ähnelt dem lokaler Applikationen. Die Verwendung von JavaScript kann so prinzipiell die Barrierefreiheit einer Webapplikation deutlich verbessern. Assistive Technologie unterstützt jedoch oft JavaScript nicht wie erwartet bzw. die JavaScript-Funktionalitäten sind an spezifische Modalitäten gebunden. Typische Barrieren beim Einsatz von JavaScript sind (vgl. WebAIM 2014a):

- Erschwerte oder verhinderte Navigation mit dem Keyboard und anderer AT
- Erzeugung und Darstellung von Inhalten nicht möglich ohne JavaScript
- Generierte Inhalte mit AT nicht bedienbar
- Verwirrung des Benutzers durch dynamische erzeugte Inhalte inkl. der Änderung oder Deaktivierung von Standardfunktionalitäten

Die Annahme, dass die Verwendung von JavaScript aus Sicht der barrierefreien Bedienung generell abzulehnen ist und durch AT nicht unterstützt wird, ist jedoch überholt. Screenreader wie bspw. JAWS unterstützen umfassend JavaScript. In einer Umfrage durch WebAIM unter 1465 Benutzern von Screenreadern (davon 61,4 % aus Nordamerika) im Januar 2014 gaben 97,6 % an, dass JavaScript im Browser aktiviert ist (WebAIM 2014b: JavaScript). Eine vergleichbare Befragung unter 665 Teilnehmern im Januar 2009 ergab 74,9 % (weitere 14,7 % wussten es nicht) (WebAIM 2009: JavaScript). Die Ergebnisse belegen eine hohe Akzeptanz für JavaScript in Nordamerika und Europa unter den Benutzern von Screenreadern. Die barrierefreie Verwendung von JavaScript erfordert deshalb besondere Beachtung und die Implementation sollte die Bedienung mit Maus und Tastatur unterstützen sowie jeder Inhalt auch für AT zugänglich sein. Für den barrierefreien Einsatz von JavaScript wird deshalb empfohlen, dass die Inhalte und Funktionalitäten der Anwendung prinzipiell auch ohne JavaScript verfügbar sind – z. B. bei deaktiviertem JavaScript in Firmennetzwerken – und JavaScript zur Verbesserung der Bedienbarkeit dient (Hellbusch & Probiesch 2011: 181; Schulte-Coerne et al. 2012). Das Implementierungskonzept dafür wird als *unaufdringliches JavaScript* (*Unobtrusive JavaScript*, Langridge 2002) bezeichnet. Bei aktiviertem JavaScript können dann Ajax-Aufrufe genutzt und das DOM manipuliert werden, um Klickpfade zu reduzieren oder mehrere HTTP-Requests gleichzeitig zu bearbeiten und so die Bedienbarkeit zu verbessern.

Tabelle 5-4 stellt eine Auswahl häufig eingesetzter Entwicklungswerkzeuge für Webanwendungen und RIAs dar. Die funktionelle Spannbreite reicht dabei von reinen Templates-Engines über Application Frameworks hin zu komponentenbasierten Frameworks. Eine detaillierte Darstellung der Werkzeuge gibt Abschnitt 10.3.

Tabelle 5-4: Plattformen zur Implementierung von Webanwendungen und RIAs

Name	Beschreibung
Adobe Flash und Flex (ASF 2014b)	Die Flash-Technologie unterstützt die Erstellung multimedialer Inhalte, die auf Vektorgrafiken basieren. Als Skriptsprache kommt das JavaScript ähnliche ActionScript zum Einsatz. Das zum Abspielen notwendige Flash-Plugin ist auf fast allen Clients vorhanden.
Eclipse Remote Application Platform (RAP, EF 2014)	Modulares Framework für Business-Anwendungen und Multiplattformentwicklung auf Java-Basis
GWT Web Toolkit (GWT, GWT Community 2014)	Java-basiertes Framework für RIAs auf Basis von HTML und JavaScript, transparente Trennung von Client- und Server-Code, ehemaliges Google Web Toolkit
Java Server Pages (JSP, Oracle 2014b)	Web-Programmiersprache auf der Basis von JHTML, ursprünglich von SUN entwickelt
Java Server Faces (JSF, Oracle 2012)	JSF ist eine von SUN entwickelte Java-basierte, offene Plattform für GUI-Komponenten-Frameworks für die Webentwicklung
Java FX (Oracle 2014a)	Java-Erweiterung für die RIA-Entwicklung, die Client- und Servercode integriert, Java FX ist Bestandteil der Java-Laufzeitumgebung
Silverlight (Microsoft 2014b)	MS Silverlight ist eine proprietäre Browsererweiterung zur Entwicklung von Rich Internet Applications. Silverlight ist ambitionierter gestaltet als viele vergleichbare UI Markup-Sprachen, da ebenso Programmlogik und Style unterstützt werden.
Struts (ASF 2014e)	Java-basiertes Application Framework für die Präsentations- und Steuerungsschicht von Apache.org
Tapestry (ASF 2014f)	GUI-Komponenten-Framework für Webanwendungen auf der Basis von Java und Templates von Apache.org

Von den vorgestellten Werkzeugen wurden 2011 JSF, GWT und Spring MVC am häufigsten für die Entwicklung von Webanwendungen eingesetzt (Sohn & Taboada 2011: 28). Inzwischen scheint die Resonanz zu JSF etwas nachzulassen. Die breite Verwendung von GWT bleibt dagegen erhalten. Das Spring Framework wird bereits seit Längerem im Backend-Bereich verwendet. Das Java X-Framework findet nach der 2011 erfolgten Umstellung von Java FX-Script auf

Java zunehmend größere Resonanz. Spring MVC erweitert das Framework um die Anforderungen der UI-Entwicklung, sodass Spring zunehmend auch im Bereich der Präsentation verwendet wird. Die Frontend-Entwicklung in Spring basiert auf JSPs und es gibt nur wenig moderne Erweiterungen (Templates), sodass sich Spring für eine prototypische Realisierung nicht empfiehlt. Tabelle 5-5 zeigt eine Zusammenfassung wichtiger Eigenschaften der vorgestellten Entwicklungsplattformen inkl. der Unterstützung der Barrierefreiheit.

Tabelle 5-5: Eigenschaften von Webentwicklungsframeworks (Stand Mai 2014)

Framework	Anwendungstyp	Plugin	Deklarative UI-Sprache	Unterstützung der Barrierefreiheit
Flex	RIA, local	Flash, AIR	MXML	MSAA
GWT	RIA	–	integriert	WCAG, WAI-ARIA
Java FX	RIA, local	JRE	FXML	–
JSF/MyFaces	Webanwendung	–	Facelets	WCAG, WAI-ARIA
Silverlight	RIA, local	Silverlight	XAML	MSAA, UIA, WCAG
Spring	Webanwendung	–	JSP	manuell (WCAG, WAI-ARIA)

Das Kriterium *Plugin* beschreibt, ob die Zielplattform auf der Basis von HTML, CSS und JavaScript arbeitet oder ein proprietäres Plugin benötigt. Für HTML spricht, dass es ohne Installation sofort im Browser läuft. Nachteil von HTML sind Unterschiede in den Implementationen verschiedener Plattformen – bspw. in der Unterstützung von HTML5 oder CSS – und die Notwendigkeit einer zusätzlichen Client-seitigen Programmiersprache. Für ein Plugin spricht die bessere Kontrolle über die Laufzeitumgebung und die geringere technologische Diversifizierung. Nachteil ist der Installationsaufwand beim Benutzer und meist eine Einschränkung in der Auswahl an Laufzeit-Plattformen. Aus Sicht der Barrierefreiheit sind reine HTML-basierte Lösungen zu bevorzugen, da so plattformübergreifende Konzepte für die Bedienung z. B. die WAI-ARIA unterstützt werden. Auch existiert eine breite Unterstützung seitens der Systemplattformen und die Dokumentation im Web ist deutlich umfangreicher. GWT und JSF sind für eine flexible und offene Implementierung für verschiedene Plattformen inkl. der Integration der Barrierefreiheit die Technologien der Wahl für die modellgetriebene Umsetzung einer barrierefreien Webanwendung, die sich an Webstandards orientiert. Bei Verwendung eines Plugins muss dagegen durch den Anbieter sichergestellt werden, dass die barrierefreie Bedienung durch Integration der Anforderungen und Schnittstellen gewährleistet ist. Die Verwendung einer *deklarativen UI-Sprache* unterstützt die modellgetriebene Entwicklung durch die Möglichkeit der semantischen Beschreibung der Weboberfläche. Das Kriterium

Unterstützung der Barrierefreiheit beschreibt die Unterstützung der Barrierefreiheit durch das Framework. Die Integration der WCAG und der WAI-ARIA bietet derzeit eine breite Unterstützung verschiedener Plattformen und Betriebssysteme.

Der Vergleich der verschiedenen Frameworks zeigt, dass insbesondere JSF und GWT eine flexible Unterstützung der Barrierefreiheit bieten, da sie allgemein verfügbare Techniken verwenden. Das Spring-Framework basiert auf Webstandards und bietet deshalb auch prinzipiell die gleiche Unterstützung. Es gibt jedoch keine dezidierte Unterstützung für die Integration und sein Schwerpunkt liegt auf der Implementation des Anwendungskerns (vgl. Abbildung 4-3 und Abbildung 4-5). Der Silverlight-Technologie fehlt die Unterstützung offener Webstandards und sie erfordert ein Plugin, das bspw. für UNIX/Linux-Systeme nicht verfügbar ist. Damit ist eine flexible Nutzung nicht gegeben. Die Flex- und Java FX-Plattform erfordern ebenfalls ein Plugin. Die nur veraltete bzw. keine Unterstützung der alternativen Schnittstellen (API) bieten.

5.2.4.4   A4 – Barrierefreies Layout

In dieser Forschungsarbeit bezeichnet *Layout* die Gestaltung unmittelbar physikalischer Eigenschaften der Weboberfläche. Dazu zählen die visuelle Gestaltung mit Seitenbereichen, Schrift, Farben, Bildern u.a. sowie die auditive Gestaltung mit Klängen, Musik oder Geräuschen. Systematische Empfehlungen für ein barrierefreies Layout gibt es bisher nicht. Die WCAG beschreiben nur in einigen Richtlinien Anforderungen an Blitzen, Kontraste, Lautstärke etc. Grundsatz des Layouts ist eine flexible Gestaltung, die die Kontrolle durch den Benutzer unterstützt: Der Anwender kann die visuelle und auditive Darstellung von Webinhalten selbst kontrollieren. Das wird u.a. durch eine strikte Trennung von Inhalt und Darstellung erreicht, indem das Aussehen der Weboberfläche mit Stylesheets beschrieben wird. Im Rahmen dieser Forschungsarbeit stehen die Anforderungen des Layouts nicht im Fokus. Sie sind dem eigenständigen Arbeitsfeld des Webdesigners zugeordnet, das über das Engineering von Webanwendungen hinausreicht. Eine umfassende Darstellung eines barrierefreien Layouts geben Hellbusch und Probiesch (vgl. Hellbusch & Probiesch 2011).

5.2.4.5   A5 – Evaluation der Barrierefreiheit

Barrierefreie Bedienbarkeit ist eine komplexe Anforderung an die Gestaltung einer Weboberfläche, deren erfolgreiche Umsetzung durch Evaluation vereinfacht und unterstützt wird. *Evaluation* bezeichnet einen „Prozess, in dem nach zuvor festgelegten Zielen und explizit auf den Sachverhalt bezogenen und begründeten Kriterien ein Evaluationsgegenstand bewertet wird." (Balzer 2005: 16). Die Evaluation des Webangebots auf Standardkonformität – z. B. nach

WCAG 2.0, BITV 2.0, ISO/IEC24756 oder ISO 9241-171 – stand in der letzten Dekade im Mittelpunkt des Interesses; u.a. da sie durch Behörden verpflichtend vorgegeben wurde. Für die Validierung bieten die WCAG eine etablierte Grundlage, da sie sowohl das Ziel „Konformität mit den WCAG" als auch die Kriterien seiner Erfüllung klar definieren. Insbesondere in den WCAG 2.0 wurde die Validierbarkeit der Kriterien besonders berücksichtigt. Das W3C bietet dazu auch weitergehende Unterstützung (vgl. Abou-Zahra 2008: 79–106). Eine automatisierte Evaluation durch Validatoren (Petrie & Bevan 2009: 17) ist in begrenztem Umfang möglich. Schon früh hat sich auch gezeigt, dass die Konformität mit Richtlinien als Kriterium allein nicht ausreichend ist:

> Some designers needing to meet U.S. Section 508 standards chose to provide alternative "modes of operation and information retrieval". However, in some cases where the standard was technically met by providing an alternative, the products were awkward to use or were totally unusable by some people with disabilities. These cases illustrate the importance of going beyond just meeting a minimum accessibility standard without sufficient evaluation. (Henry 2002)

Deshalb werden Testmethoden benötigt, die unterschiedlichen Anforderungen genügen müssen (vgl. Henry 2007: 95–108; Abou-Zahra 2008: 79–106). Tabelle 5-6 fasst die Vor- und Nachteile der verschiedenen Evaluationstechniken zusammen. Eine detaillierte Darstellung der Methoden gibt Anhang 10.3. Im Laufe des Entwicklungsprozesses bieten sich je nach Stand der Implementation verschiedene Evaluationsmethoden an, um zeitnah Rückmeldung zu geben und Fehler in der Umsetzung identifizieren. Die *Unified Web Evaluation Methodology* (UWEM, WAB Cluster Community 2007) bietet einen systematischen Ansatz auf der Basis der veralteten WCAG 1.0. Das W3C erarbeitet derzeit eine Empfehlung, wie die methodische Evaluation der WCAG-Konformität umgesetzt werden kann – die *Website Accessibility Conformance Evaluation Methodology* (WCAG-EM, W3C 2014i).

Tabelle 5-6: Methoden zur Evaluation der Barrierefreiheit (vgl. Lang 2003)

Methode	Artefakt	Aufwand	Vorteile	Nachteile
Evaluation der Standard-Konformität	Weboberfläche	mittel	- Klare Vorgaben - Zertifizierung möglich	- Ohne Expertenwissen in Analyse und Entwurf nicht anwendbar
Automatische Validierung	Weboberfläche	gering	- Direkte Unterstützung für Entwickler - Kein Expertenwissen nötig - Detaillierte Microevaluation möglich	- Tests nicht vollständig - Keine Evaluation der Strukturen - Ergebnisse nicht einfach anwendbar - Sprachenunterstützung oft nur gering - Standardkonformität nicht automatisiert bewertbar
Heuristische Evaluation	Weboberfläche	mittel	- Schnelle Tests für viele Produkte - Schnelle Identifikation typischer Barrieren (Nielsen & Mack 1994) - Kosteneffektiv	- Erfordert Expertenwissen - Ungeeignet für umfangreiche Angebote - Barrieren, die Benutzer am Abschluss der Bedienaufgaben hindern, können übersehen werden.
Design Walkthroughs	Konzepte, Prototypen	mittel - hoch	- Frühe Anwendung - Frühe Identifikation potenzieller Probleme	- Reicht allein nicht aus
Screening-Techniken	Prototypen, Konzepte, fertiges Produkt	gering	- Anwendung jederzeit	- Reicht allein nicht aus - Ergebnisse möglicherweise unsicher - Ungeeignet für kognitive Barrieren
Benutzertest (Petrie & Bevan 2009)	Weboberfläche	hoch	- Zuverlässige, detaillierte Evaluationsmethode (vor allem bei unterschiedlichen Benutzertypen)	- Ergebnisse u.U. nur für eine bestimmte Benutzergruppe und deren verwendete AT valide - Aufwändige Evaluationstechniken (bspw. logistisch) erfordern Expertenwissen

5.3 Strukturierung der Anforderungen

Die durch die Darstellung der Aktivitäten des Softwareentwicklungsprozesses gewonnenen Erkenntnisse erfordern für die Ableitung der Spezifikation eine weitergehende Strukturierung. Tabelle 5-7 fasst die Beiträge der Aktivitäten für die Barrierefreiheit zusammen.

Tabelle 5-7: Beiträge der Aktivitäten für die barrierefreie Bedienbarkeit

Aktivität				
Spezifikation - Anwendungs- fälle und Szena- rien - Funktionale und qualitative Anforderungen sowie Rahmen- bedingungen der Barriere- freiheit	**Entwurf** - Softwarearchitek- tur inkl. Integrati- on der Barriere- freiheit - Transformation der Spezifikation in die semantische Beschreibung der Weboberfläche und ihres Verhal- tens	**Implementation** - Unterstützung durch ein Web- framework - Realisierung gemäß Anforde- rungen der WCAG	**Layout** - Barriere- freies Web- design - Flexibles, konfigurier- bares Lay- out	**Validierung** - Validierung der Anforderungen - Evaluation der WCAG- Konformität

Um die Anforderungen für die Entwurfsaktivitäten im Detail darstellen und strukturieren zu können, wird die in Abschnitt 4.4 eingeführte Softwarearchitektur für interaktive Bedienoberflächen (vgl. Abbildung 4-3) und ihre Erweiterung für Weboberflächen (vgl. Abbildung 4-5) herangezogen. Die grundlegenden Funktionalitäten der Präsentation und Dialogführung werden in dieser Architektur in den Komponenten des Dialogkerns und der Dialogpräsentation abgebildet. Ergänzend kommen Anforderungen an das Layout hinzu. Entsprechend lassen sich die mehr als 60 Richtlinien der WCAG 2 (W3C 2008b) zuordnen und strukturieren. Es ergibt sich eine neue entwurfsnahe Strukturierung der Richtlinien gemäß der Softwarearchitektur (vgl. Tabelle 5-8). Die abgeleiteten Prinzipien spiegeln den Zusammenhang zwischen Anforderungen und modularisierter Softwarearchitektur wider.

Tabelle 5-8: Prinzipien für den barrierefreien Entwurf gemäß WCAG 2

Prinzipien barrierefreier Bedienung für den Dialogkern
- Alternative Dialogwege auf Basis anderer Medien (vorrangig für nicht text-basierte Medien)
- Dialogwege unterstützen die Orientierung, den Überblick und die Navigation
- Unterstützung einer fehlerfreien Bedienung

Prinzipien barrierefreier Bedienung für die Dialogpräsentation
- Strukturierung der UI-Elemente ist konform zur Dialogstruktur
- UI-Elemente besitzen Attribute für Rolle, Zustand und Verhalten
- Dialogdarstellung unterstützt die Steuerung der Interaktion durch den Benutzer
- Priorität von Text-Medien
- Standardkonformität

Prinzipien barrierefreier Bedienung für das Layout
- Flexibles und konfigurierbares Layout

Anforderungen können miteinander konkurrieren bzw. sich gegenseitig ausschließen. Die notwendige Priorisierung der Anforderungen wird typischerweise in Zusammenarbeit mit den Stakeholdern bestimmt. Zusätzlich können spezifische Anforderungen für die Funktionalität grundlegend notwendig sein – auch wenn sie für die Sicht des Anwenders transparent sind. In dieser Forschungsarbeit wird eine Klassifikation nach (IEEE 830-1998) benutzt, um mit Hilfe eines Kriteriums die Anforderungen als unbedingt notwendig, optional oder nice-to-have zu charakterisieren. Als Kriterium wird die Zielstellung des Softwareentwicklungsprozesses verwendet: Ziel des Softwareentwicklungsprozesses ist der – von den Bedienaufgaben des Benutzers ausgehende – Entwurf einer barrierefrei bedienbaren Weboberfläche. Unbedingt notwendige Anforderungen werden durch das Schlüsselwort „muss" bzw. „müssen" gekennzeichnet und ihre Erfüllung ist für den Erfolg des Softwareentwicklungsprozesses fundamental. Optionale Anforderungen werden durch das Schlüsselwort „soll" bzw. „sollen" markiert. Ihre Erfüllung ist wichtig, jedoch gefährdet das vereinzelte Fehlen nicht die Zielstellung des Softwareentwicklungsprozesses. Nice-to-have-Anforderungen werden durch das Schlüsselwort „kann" gekennzeichnet. Ihre Nichterfüllung gefährdet den Erfolg des Prozesses nicht.

5.4   Spezifikation der Anforderungen

5.4.1   Funktionale Anforderungen

Funktionale Anforderungen definieren, welche Leistungen ein System zur Verfügung stellt (vgl. Sommerville 2010: 85). Das System ist in dieser Forschungsarbeit ein Softwareentwicklungsprozess. Die funktionalen Anforderungen an den Softwareentwicklungsprozess bzw. die Softwarearchitektur werden nachfolgend beschrieben. Die Dokumentation der Anforderung umfasst einen Indikator FAx, eine Bezeichnung, die adressierte Aktivität des Softwareentwicklungsprozesses Ax sowie eine kurze textliche Beschreibung der Anforderung.

FA1 – Spezifikation durch Anwendungsfälle (A1)

Der Softwareentwicklungsprozess *muss* die in der Spezifikation entwickelte Benutzerperspektive in Form von Anwendungsfällen, Szenarien und Bedienabläufen unterstützen. Die barrierefreie Bedienbarkeit ist Bestandteil der Benutzerperspektive.

FA2 – Deklaration der Weboberfläche (A2)

Der Softwareentwicklungsprozess *muss* die semantische Beschreibung der Weboberfläche, ihrer Eigenschaften und ihres Verhaltens unterstützen. Die Beschreibung *muss* für AT zugänglich sein.

FA3 – Transformation der Interaktionsperspektive (A1, A2)

Der Softwareentwicklungsprozess *muss* die Transformation der Benutzerperspektive aus Anwendungsfällen, Szenarien, Bedienabläufen in die Definition der Weboberfläche unterstützen. Die barrierefreie Bedienbarkeit ist Bestandteil der Benutzerperspektive.

FA4 – Modellgetriebene Entwicklung (A2)

Der Softwareentwicklungsprozess *soll* einen modellgetriebenen Entwurf der Weboberfläche unterstützen. Die Beschreibung der Weboberfläche *soll* durch Modelle erfolgen.

FA5 – Webframework für die Implementation (A3)

Der Softwareentwicklungsprozess *soll* die Verwendung eines Webframeworks für die Implementation unterstützen. Das Webframework *soll* flexible und allgemein verfügbare Schnittstellen und Techniken der barrierefreien Bedienung unterstützen.

FA6 – Begleitende Evaluation der Barrierefreiheit (A5)

Der Softwareentwicklungsprozess *soll* die Evaluation der Artefakte unterstützen.

5.4.2   Qualitative Anforderungen

Qualitative Anforderungen definieren die Qualitätsmerkmale des Systems. Eine qualitative Anforderung kann sich auf den Softwareentwicklungsprozess insgesamt beziehen oder auf einen Teil. Die qualitativen Anforderungen an den Softwareentwicklungsprozess bzw. die Softwarearchitektur werden nachfolgend beschrieben. Die Dokumentation der Anforderung umfasst einen Indikator QA*x*, eine Bezeichnung, die adressierte Aktivität des Softwareentwicklungsprozesses A*x* sowie eine kurze textliche Beschreibung der Anforderung. Bezieht sich die qualitative Anforderung nur auf eine bestimmte funktionale oder qualitative Anforderung, dann wird die Anforderung mit ihrem Indikator benannt.

QA1 – WCAG 2 als Referenz (A2, A3, A4, A5)

Als Referenzrahmen für die Barrierefreiheit *müssen* die WCAG 2 (W3C 2008b) integriert werden.

QA2 – Interaktive Standardarchitektur (A2, A3 – FA1, FA2, FA5)

Der Softwareentwicklungsprozess *soll* die Standardarchitektur für interaktive Webanwendungen nach Siedersleben (vgl. Abbildung 4-3) bzw. nach Lucke (vgl. Abbildung 4-5) unterstützen.

QA3 – Modellgetriebene Entwicklung mit CRF (A2 – FA4)

Referenzrahmen für den modellgetriebenen Entwurf *soll* das Cameleon-Referenzframework (CRF, vgl. Abbildung 4-10) sein.

QA4 – Verwendung der UML (A1, A2, A3, A5 – FA4)

Als Metamodell der Modellierung *soll* die UML (vgl. OMG 2013b) verwendet werden. Die Modelle *sollen* als UML-Diagramme dargestellt werden.

QA5 – Barrierefreies Entwurfswerkzeug (A1, A2, A3, A5 – FA4)

Der Softwarearchitekt *kann* das Entwurfswerkzeug des Softwareentwicklungsprozesses barrierefrei verwenden.

5.5   Zusammenfassung

In diesem Kapitel werden die Anforderungen für die Entwicklung einer barrierefreien Weboberfläche analysiert und spezifiziert. In Abschnitt 5.2 werden ausgehend vom Zusammenhang zwischen der Bedienung und Entwicklung einer Webanwendung der Charakter der Barrierefreiheit als Anforderung untersucht und strukturiert. Die Rollen zur Laufzeit- und Entwicklungssicht verdeutlichen den Fokus auf dem Softwarearchitekten, der für den Entwurf einer Webanwendung zuständig ist. Die Wertschöpfungskette der barrierefreien Bedienung stellt den Zusammenhang zwischen dem Benutzer und der Webanwendung her. Anschließend dient die Darstellung der grundlegenden Aktivitäten für die Entwicklung einer Webanwendung der Anforderungsanalyse. Spezifikation, Entwurf, Implementation, Layout und Evaluation werden in ihrer Relevanz für die barrierefreie Entwicklung einer Webanwendung beschrieben. Die Beschreibung und Analyse aktueller Webframeworks stellt den Stand der Unterstützt einer barrierefreien Implementation dar. In Abschnitt 5.3 erfolgt die Priorisierung der Anforderungen, die abschließend in Abschnitt 5.4 als funktionale und qualitative Anforderungen an den Softwareentwicklungsprozess dokumentiert werden.

6 Modellierung barrierefreier Weboberflächen

6.1 Überblick

Im fünften Kapitel werden die Anforderungen der barrierefreien Bedienung zur Laufzeit und im Softwareentwicklungsprozess untersucht und die Anforderungen an den Softwareentwicklungsprozess spezifiziert. In diesem Kapitel wird ein Softwareentwicklungsprozess für den benutzungszentrierten und modellgetriebenen Entwurf einer barrierefreien Weboberfläche dargestellt. Analog zum Aufbau der Arbeit entspricht die Struktur des Kapitels (vgl. Abbildung 6-1) den grundlegenden Aktivitäten eines Softwareprozesses nach Sommerville (vgl. Sommerville 2010: 28).

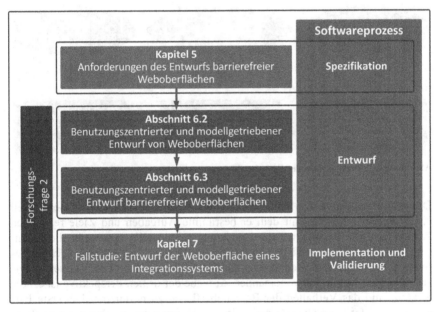

Abbildung 6-1: Struktur des Kapitels

In Abschnitt 6.2 wird zunächst das Konzept des benutzungszentrierten und modellgetriebenen Entwurfs einer Weboberfläche im Überblick dargestellt und die Relation zur Standardarchitektur beschrieben. Im Anschluss erfolgt in Abschnitt 6.3 die detaillierte Darstellung der Teilmodelle des Konzepts. Dementsprechend wird zuerst in Abschnitt 6.3.1 das Bedienmodell eingeführt. Das Dialogmodell in Abschnitt 6.3.2 transformiert die Benutzerperspektive des Bedienmodells in die

Interaktionsperspektive der Weboberfläche, die den Ausgangspunkt für die Erstellung des in Abschnitt 6.3.3 dargestellten Präsentationsmodells bildet. Abschnitt 6.4 behandelt die begleitende Evaluation der Barrierefreiheit und in Abschnitt 6.5 werden zugängliche Alternativen zu UML als Notationssprache untersucht.

6.2   Benutzungszentrierter und modellgetriebener Entwurf

6.2.1   Interaktion als Austausch von Information

Die Interaktion zwischen Benutzer und Benutzungsschnittstelle stellt sich aus drei verschiedenen Perspektiven dar (vgl. Abbildung 6-2).

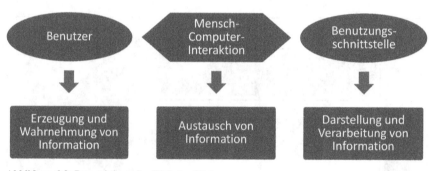

Abbildung 6-2: Perspektiven der Weboberfläche

Die erste Perspektive des Benutzers nimmt die Bedienoberfläche als Bestandteil eines Werkzeugs wahr, mit dem er bestimmte Aufgaben und Ziele realisieren kann. Die dritte Perspektive der Benutzungsschnittstelle beschreibt die Eigenschaften, die Struktur und das Verhalten der Bedienoberfläche als technisches System. Benutzer und Benutzungsschnittstelle sowie ihre Perspektiven unterscheiden sich wesentlich voneinander. Aufgabe der dritten Perspektive ist es, die Struktur und das Verhalten der Bedienoberfläche zu definieren. Die erste Perspektive besitzt diese Qualität nicht, da ein „Definieren" des Benutzerverhaltens prinzipiell nicht möglich ist. Das Verhalten des Benutzers kann nur antizipiert werden, in der Annahme, dass er sich in der Interaktion tatsächlich so verhält. Neben diesen beiden Perspektiven existiert die zweite Sicht auf die Interaktion selbst – den Austausch von Informationen zwischen Benutzer und Bedienoberfläche. Sie beschreibt die Menge und Struktur der Informationen sowie ihre temporale Ordnung, die zwischen Benutzer und Benutzungsschnittstelle ausgetauscht werden. Damit erfüllt sie auf der einen Seite den Informationsbedarf des Benutzers für die Umsetzung seiner Arbeitsaufgaben und auf der anderen Seite definiert sie ein Interaktionsverhalten der Bedienoberfläche. Diese Sicht vermittelt zwischen den beiden anderen.

Entsprechend den drei Perspektiven auf die Benutzungsschnittstelle (vgl. Abbildung 6-2) gibt es drei essenzielle Modelle zur Beschreibung einer Bedienoberfläche (vgl. Meixner, Paternò & Vanderdonckt 2011: 4; Luyten 2004: 18), das *Bedienmodell* (task model) der Benutzerperspektive, das *Dialogmodell* (dialog model) der Interaktionssicht und das *Präsentationsmodell* (presentation model) der Bedienoberfläche (vgl. Abbildung 6-3).

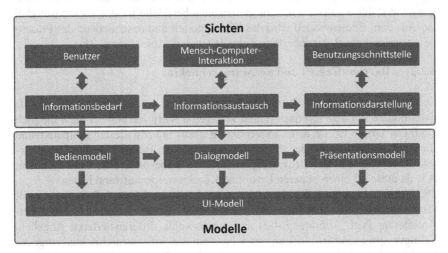

Abbildung 6-3: Essenzielle Modelle der HCI

Das Bedienmodell beschreibt die Aufgaben, die der Benutzer in Interaktion mit dem System durchführen kann (Meixner, Paternò & Vanderdonckt 2011: 4, vgl. Abschnitt 4.3). Diese Bedienaufgaben (Tasks) werden hierarchisch in Teilaufgaben bis auf die Ebene elementarer Aktionen gegliedert. Bedienaufgaben stehen zueinander in zeitlichen Beziehungen und besitzen Constraints, die ihre Ausführung kontrollieren.

Das Dialogmodell beschreibt die Aktionen bzw. Tasks, die der Benutzer in einer Abfolge von Systemzuständen durchführen kann sowie die Transitionen zwischen den Zuständen, die durch definierte Aktionen ausgelöst werden. Das Dialogmodell ist kein unabhängiges Modell (vgl. Meixner, Paternò & Vanderdonckt 2011: 5) und wird vom Bedienmodell abgeleitet, indem die Temporalbeziehungen der Bedienabläufe ausgewertet werden.

Das Präsentationsmodell (vgl. Abschnitt 4.5) beschreibt die hierarchische Komposition von akustischen, haptischen und visuellen Bedienelementen, die dem Benutzer zur Verfügung stehen. Dabei wird zwischen modalitätsunabhängiger, abstrakter Präsentation und konkreter Präsentationsmodellierung unterschieden – bspw. im CRF. In den drei Modellen bilden sich drei verschiedene Sichten der HCI ab (vgl. Abbildung 6-3).

Essenziell bedeutet, dass diese drei Modelle alle grundlegenden Eigenschaften der Bedienoberfläche beschreiben, die nach außen nicht transparent sind. Außerdem definieren sie einen elementaren Prozess der Ableitung dieser Beschreibungen, d.h. ausgehend von der Beschreibung der Bedienaufgaben und -ziele sowie der Arbeitsabläufe des Benutzers wird im Bedienmodell die notwendige Interaktion im Dialogmodell abgeleitet und modelliert, die dann der Ausgangspunkt für eine Beschreibung der Bedienoberfläche im Präsentationsmodell ist. Aus dem Bedienmodell wird das Dialogmodell und anschließend das Präsentationsmodell der Bedienoberfläche abgeleitet (vgl. Abbildung 6-21).

6.2.2   Barrierefreiheit und Softwarearchitektur

Softwarearchitekturen für Weboberflächen erfordern eine besondere Sorgfalt, da evolutionäre Ansätze mit nach hinten verlagerter Verfeinerung oft nicht möglich sind. Der Grund ist das dann notwendige Refactoring. Zu diesem Zeitpunkt sind die Benutzer bereits mit dem System vertraut und ein Refactoring zöge unerwartete Änderungen in der Bedienung nach sich – insbesondere für Anwender mit AT, da diese oft einen höheren Lern- und Konfigurationsaufwand haben.

Die Untersuchung zu Softwarearchitektur und Barrierefreiheit bei Hoffman et al. (Hoffman, Grivel & Battle 2005: 467–483) basiert auf einer 3-Schicht-Architektur (vgl. Abbildung 4-2) und macht keine differenzierteren Angaben. Erfolgversprechend ist ein Vorgehen, bei dem die Softwarearchitektur vorgegeben ist und die Anforderungen einer barrierefreien Bedienung dazu genutzt werden, die funktionalen Aspekte der Software-Komponenten genauer zu spezifizieren. Bestehende Architektur-Artefakte können wiederverwendet werden und Entwickler müssen sich bspw. nicht mit einer neuen Architektur auseinandersetzen. In Abschnitt 4.4 wurde bereits die Standardarchitektur für interaktive Bedienoberflächen (vgl. Abbildung 4-3) und die Erweiterung QWCA für Weboberflächen nach Lucke (Lucke 2009, vgl. Abbildung 4-5) eingeführt. Modellgetriebene Analyse und Entwurf der Weboberfläche und QWCA als Softwarearchitektur sind komplementäre Aspekte des Softwareentwicklungsprozesses, d.h. sie ergänzen sich gegenseitig (vgl. Abbildung 6-4). Die Beschreibung der Anwendungsfälle liefert die funktionalen Anforderungen an die Anwendung, die durch Methoden im Anwendungskern abgebildet werden. Die GUI-Engine kann dann diese Funktionalitäten aufrufen. Die Verwendung der Anwendungsfälle zur Definition der Schnittstelle zwischen GUI-Engine und Anwendungskern unterstützt die Modularisierung. Die Entwicklung des Anwendungskerns und der Weboberfläche verlaufen parallel. Der modellgetriebene Entwurf der Weboberfläche kann frühzeitig im Projekt integriert werden. Das Dialogmodell liefert insbesondere die Anforderungen an die Dialoggestaltung im Dialogkern und das Präsentationsmodell beschreibt die Struktur der Präsentation im UI. Das Layout der Weboberfläche erfolgt separat, sowohl in der Modellierung als auch in der Finalisierung der GUI.

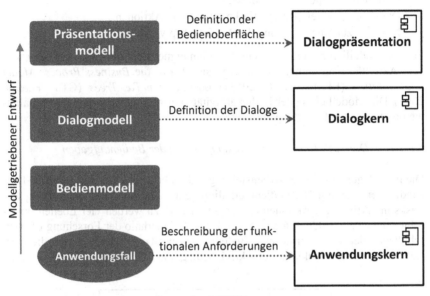

Abbildung 6-4: Modellgetriebener Entwurf und QWCA

6.3   Die essenziellen Modelle barrierefreier Weboberflächen

6.3.1   Das Bedienmodell

Die logische Beschreibung der Benutzeraktivitäten unterstützt den aufgabenangemessenen Entwurf und die Entwicklung interaktiver Systeme wie Webanwendungen. Die DIN EN ISO 9241-110 fordert bspw., dass Dialogwege zwischen Fenstern und innerhalb derselben sowie die dort dargestellten Informationen die Arbeitsschritte zur Erledigung der Arbeitsaufgabe genau abbilden und daher aufgabenangemessen sind. Bedienmodelle bieten dazu eine Beschreibung der Beziehungen zwischen einzelnen Arbeitsaufgaben und ihre Dekomposition in Teilaufgaben an. Sie beschreiben Aktivitäten, Aktionen und Bedienabläufe, mit denen die Anwendung den Benutzer bei der Umsetzung seiner Ziele und Aufgaben unterstützt. Die Modellierung wird durch ein domänenspezifisches Metamodell unterstützt, das folgende Teilaspekte umfasst:

- Abbildung von Anwendungsfällen und Szenarien in Aktivitäten und Aktionen
- Aktionstypen und Aktionsobjekte
- Operatoren zur temporalen Verknüpfung von Aktionen
- Notation zur Visualisierung des Modells bspw. mit der UML

Für die Modellierung und grafische Notation eignet sich die UML und insbesondere Aktivitätsdiagramme; Alternativen sind bspw. die *Business Process Model and Notation* (BPMN, OMG 2013a) oder *ConcurTaskTrees* (CTT, Paternò 2003). Die Modellierung der Bedienaktivitäten erfolgt unabhängig von Modalitäten und konkreten Ein-/Ausgabegeräten.

6.3.1.1   Die Task-Hierarchie – Dekomposition der Bedienaufgaben

Die grundlegende Idee der Arbeitsteilung – die Zerlegung von Aufgaben in Teilhandlungen – wird in der Bedienmodellierung als hierarchische Unterteilung von Tasks in Aktivitäten, Aktionen etc. abgebildet. Dazu werden vier Ebenen unterschieden (vgl. Abbildung 6-5). Da die Begriffe innerhalb der Forschung oft verschobene oder sogar vertauschte Bedeutungen besitzen, orientiert sich die Darstellung an der Nomenklatur der Aktivitätsdiagramme in der UML.

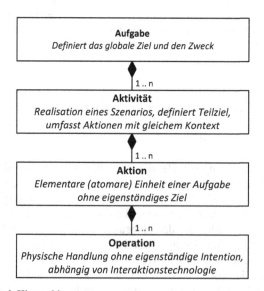

Abbildung 6-5: Task-Hierarchie

Die oberste Ebene der *Aufgaben* (*task*) definiert den allgemeinen Zweck und das Ziel der Handlungen. Sie bildet die Anwendungsfälle ab, die sich aus einem oder mehreren Szenarien zusammensetzen. Die zweite Ebene der *Aktivitäten* (*activity*) ist mit den Szenarios assoziiert und umfasst Benutzeraktionen im gleichen Bedienkontext. Eine Aktivität ist eine zielgerichtete Form menschlichen Handelns. Die Aktivität ist Teil einer Aufgabe und dient ihrer Verrichtung. Sie liefert ein Ergebnis im Sinne der Aufgabe.

> An activity is a form of doing directed to an object, and activities are distinguished from each other according to their objects. Transforming the object into an outcome motivates the existence of an activity. An object can be a material thing, but it can also be less tangible. (Engeström, Miettinen & Punamäki 1999)

Die dritte Ebene beschreibt elementare *Aktionen* (*action*) des Benutzers ohne eigenständige Zielstellungen bzw. Kontext. Eine Aktion ist eine diskrete, atomare Benutzeraktivität. Diskret bedeutet, dass eine Aktion entweder ganz stattfindet oder nicht. Ein Button wird entweder aktiviert oder nicht. Atomar bedeutet, dass eine Aktion nicht weiter zerlegt wird (obwohl dies vielleicht möglich wäre). Eine Aktion ist die psychologisch kleinste Einheit bewussten Handelns, die in Bezug auf ein Ziel ausgerichtet ist. Aktionen können durch wiederholtes Handeln routiniert bzw. intuitiv ablaufen, sodass eine permanente Bewusstmachung entfällt. Aktionen bestehen aus einem Aktionstyp, der die Art der Aktion klassifiziert, und einem Aktionsobjekt bzw. -item, das durch die Aktion manipuliert wird. Entsprechend erfolgt die Benennung nach dem Schema „Aktionstyp+Aktionsobjekt". Aktionen beschreiben die Handlungen des Benutzers und nicht die des Systems.

Die unterste vierte Ebene der *Operationen* (*operation*) beschreibt die physischen Aktivitäten des Benutzers. Operationen besitzen keine Zielstellung und werden meist unbewusst ausgeführt. Eine Operation ist eine nicht selbständige Teilhandlung, die bei isolierter Betrachtung kein bewusstes Ziel erkennen lässt (Reuther 2003: 54). Operationen sind typischerweise stark durch das Werkzeug determiniert und limitiert. Die Routiniertheit bzw. Automatisierung menschlichen Handelns nimmt zu den Operationen hin zu, ist jedoch keineswegs auf diese allein beschränkt. Prinzipiell können bei entsprechender Routine auch ganze Anwendungsfälle intuitiv und unbewusst ablaufen.

Die Bedienmodellierung formalisiert die in der Spezifikation erstellten Anwendungsfälle und Szenarien (vgl. Abschnitt 5.2) in Aufgaben und Aktivitäten. Die Szenarien der Anwendungsfälle bilden die Aktivitäten der Aufgaben. Aufgaben umfassen eine oder mehrere Aktivitäten. Durch Beschreibung der Bedienabläufe und der elementaren Aktionen wird das Modell detailliert. Ein *Bedienablauf* (*workflow*) ist eine festgelegte Folge von Aktionen eines Benutzers in der Umsetzung seiner Arbeitsaufgaben. Er beschreibt die temporale Struktur der Aktionen des Benutzers innerhalb einer Aktivität. Abbildung 6-6 zeigt die verschiedenen Ebenen des Bedienmodells.

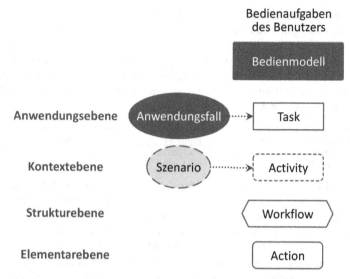

Abbildung 6-6: Ebenen im Bedienmodell

Die oberste Ebene ist die Anwendungsebene, die die verschiedenen Bedienaufgaben in Zusammenhang setzt und bspw. in einem Anwendungsfalldiagramm visualisiert wird. Auf der Kontextebene beschreiben Aktivitäten vergleichbar zu Szenarien den Kontext, in dem die Bedienabläufe eingebettet sind. Teilziele dienen der Orientierung des Benutzers. Die Strukturebene beschreibt die Abfolge einzelner Aktionen des Benutzers in Arbeitsabläufen. Die Aktionen auf der Elementarebene bilden die atomaren Handlungseinheiten des Benutzers. Abbildung 6-7 stellt schematisch den Prozess der Bedienmodellierung dar. Die durch die Analyse beschriebenen Anwendungsfälle und Szenarien werden im Bedienmodell abgebildet. Bedienabläufe werden als Verknüpfung von Aktionen zu Aktivitäten und von Aktivitäten zu Tasks modelliert. Die Task-Hierarchie gibt eine Grenze für die Detailliertheit der Benutzeraktionen vor, die (gerade) noch unabhängig von spezifischen Ein- und Ausgabemodalitäten ist. Die Grenze wird durch die Trennung von elementarer Aktion (Eingabe eines Zahlenwerts) und physischer Operation (Auswahl des Zahlenwerts aus einer Auswahlliste, per Drehregler oder freie Eingabe in ein Eingabefeld) bestimmt.

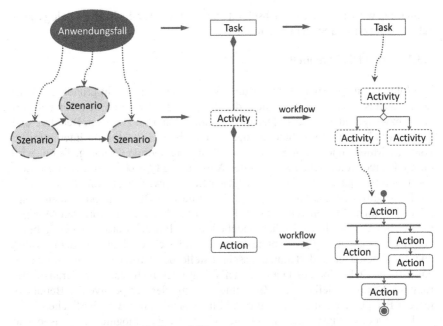

Abbildung 6-7: Vorgehen der Bedienmodellierung

Zur Unterstützung der barrierefreien Bedienung erfolgt die Modellierung der Bedienabläufe unabhängig von den instrumentellen bzw. physischen Operationen und die Ebene der physischen Operationen ist nicht Bestandteil des Bedienmodells. Die physikalische Ausprägung wird erst nachfolgend im Präsentationsmodell bzw. Layout definiert. Dadurch abstrahiert der Entwurfsprozess konkrete Ein-/Ausgabegeräte und unterstützt das Konzept des Universal Design (vgl. Abschnitt 3.3).

Die hierarchische Dekomposition von Aufgaben wird durch alle modernen Ansätze der Bedienmodellierung umgesetzt. Für die Modellierung von Bedienabläufen mit Diagrammen kommen unterschiedliche domänenspezifische Verfahren zum Einsatz – bspw. UML-Aktivitätsdiagramme im Web- und Softwareengineering bzw. BPMN beim Business Modeling. Die CTT-Notation (vgl. Abschnitt 4.3) ist leistungsfähig, jedoch verhindert das Primat der Hierarchie der Aktionen eine intuitive Vermittlung des Bedienablaufs, sodass die CTT zwar in der HCI-Community eine gewisse Resonanz findet, jedoch darüber hinaus nicht verwendet wird. Da die Domäne dieser Forschungsarbeit die Webentwicklung ist, stellt die UML ein probates Mittel der Modellierung dar. Nach der detaillierten Beschreibung der Benutzersicht auf die Interaktion in Form der Bedienmodellierung wird im nächsten Abschnitt die „gemischte" Sicht des Dialogs zwischen Benutzer und System beschrieben.

6.3.2 Das Dialogmodell

Die Interaktion zwischen Benutzer und Webanwendung besteht grundlegend aus dem Austausch von Informationen, die dargestellt oder durch den Benutzer erzeugt bzw. verändert werden. Der Informationsaustausch zwischen Benutzer und Webanwendung wird im Dialogmodell beschrieben. Es beschreibt Interaktionen, Dialoge, Modes und deren Struktur sowie ihre temporale Ordnung. Dabei wird durch den technologischen Kontext der Anwendung typischerweise ein bestimmtes Interaktionsparadigma bereits vorgegeben – bspw. Eingabekommandos, eine GUI als grafische 2D-Oberfläche, eine immersive 3D-Welt oder auch Augmented Reality, Modellweltschnittstellen und das Konzept der direkten Manipulation. Im Vergleich zu Bedienmodellen bzw. Präsentationsmodellen gibt es vergleichsweise wenig Forschungsliteratur, die sich explizit mit dem Dialog zwischen Benutzer und Benutzungsschnittstelle beschäftigt und eine allgemein einheitliche Definition des Dialogmodells liegt noch nicht vor. Die Herausforderung des Dialogmodells ist die Zusammenführung der Perspektive des Benutzers mit der Perspektive auf die Struktur und Funktionalität der Weboberfläche.

Im Modellierungsprozess ist es die Aufgabe des Dialogmodells, ausgehend von der Modellierung der Bedienaktivitäten den Informationsaustausch zwischen Benutzer und Webanwendung zu beschreiben. Der Informationsaustausch erfolgt in Form von Interaktionen, deren temporale Struktur die Dialoge bildet (vgl. Abbildung 6-8).

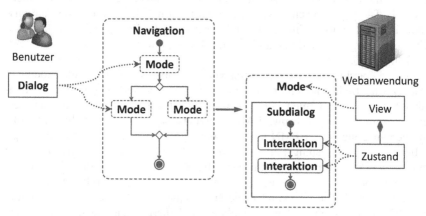

Abbildung 6-8: Elemente des Dialogmodells

Informationserzeugung und -verarbeitung geschehen im Wechselspiel zwischen Mensch und der Benutzungsschnittstelle als Teil des technischen Systems. Die *Interaktion* (vgl. Interactor bei Trætteberg 2002: 84–86) und der *Mode* (vgl. Thimbleby 2010: 165) bezeichnen zwei zentrale Aspekte im Dialogmodell. Eine Interaktion ist der elementare Informationsaustausch zwischen Benutzer und Weboberfläche. Interaktionen finden in einem bestimmten Kontext – dem Mode – statt, der immer nur eine bestimmte Menge von Interaktionen unterstützt. Durch das Laden einer Webseite können neue Interaktionsmöglichkeiten angeboten werden und der Mode ändert sich. Die temporale Struktur der Modes beschreibt damit die Navigation in der Webanwendung.

6.3.2.1   Interaktion

Interaktionen sind die elementaren Objekte zur Beschreibung des Informationsaustauschs zwischen Benutzer und System. Die Information ist in Typ und Umfang begrenzt und gibt damit bestimmte Eigenschaften der Interaktion vor; bspw. die Eingabe eines Zahlenwerts oder die Ausgabe einer Grafik. Interaktionen sind nicht zu verwechseln mit Bedienelementen, beschreiben jedoch abstrakte Eigenschaften derselben.

Eine Interaktion beschreibt auf der einen Seite den Informationsfluss zwischen Benutzer und UI sowie auf der anderen Seite den Informationsfluss zwischen UI und Anwendung. Das grundlegende Konzept stellt die Abbildung 6-9 dar. Dem von Trætteberg verwendeten Begriff des *Interaktors* wird hier die *Interaktion* vorgezogen, da diese Wortwahl die klare Abgrenzung von abstrakten UI-Elementen unterstützt und den Fokus eindeutiger auf die Informationsfluss zwischen Benutzer und System setzt.

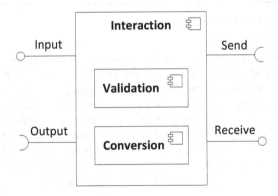

Abbildung 6-9: Struktur einer Interaktion

Eine Interaktion tauscht über die Input-/Output-Kanäle Informationen mit dem Benutzer aus und über die Receive-/Send-Kanäle werden Daten mit dem Anwendungskern ausgetauscht. Zusätzlich kann eine Interaktion zusätzliche Aufgaben übernehmen: die Validierung von Benutzereingaben sowie die Konvertierung von Daten. Abbildung 6-10 zeigt den allgemeinen Ablauf einer Interaktion.

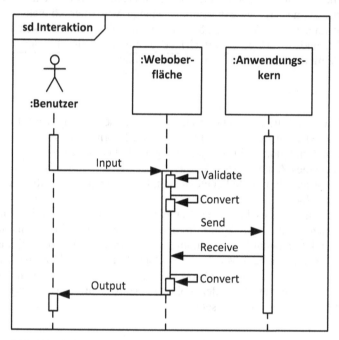

Abbildung 6-10: Ablauf einer Interaktion

Die Weboberfläche erhält vom Benutzer einen Input in Form von Daten bzw. Befehlen, prüft und konvertiert die Eingabe und sendet eine entsprechende Anfrage an den Anwendungskern. Von diesem empfängt sie die entsprechenden Daten, konvertiert diese für den Benutzer und sendet bzw. präsentiert sie dem Benutzer. Die Implementierung von Interaktionen hängt wesentlich von der Softwarearchitektur ab, da diese Aufgaben auf unterschiedliche Komponenten verteilt sein können. Insbesondere bei komplexen Interaktionen mit Validierung und Konvertierung unterstützt die Modellierung der Interaktionen die barrierefreie Bedienbarkeit durch die Vermeidung von Fehleingaben.

6.3.2.2 Mode

In einer Webanwendung sind nicht alle möglichen Interaktionen zum gleichen Zeitpunkt verfügbar, sondern abhängig vom aktuellen Zustand der Webanwendung und dem Kontext des Dialogs. Ein Mode umfasst deshalb eine bestimmte Menge von Interaktionen, die im dialogischen Zusammenhang stehen (vgl. Abbildung 6-8). Der Mode beschreibt den Kontext einer Interaktion – bspw. die verwendete Sprache oder das Ziel der Aktivität. Für Webanwendungen ist ein Mode typisch, der die Interaktion der Startseite repräsentiert und der dem Benutzer einen Überblick über das inhaltliche bzw. funktionale Angebot gibt sowie als Ausgangspunkt der Bedienaktivitäten dient. Modes vermitteln im Dialogmodell zwischen den Szenarien des Bedienmodells und den Views im Präsentationsmodell. Die Zusammenfassung von Interaktionen in separaten Modes unterstützt die Beschreibung komplexer Benutzungsschnittstellen, die nicht in einer einzelnen Ansicht abgebildet werden können, wie es bspw. typisch für Webapplikationen ist. Der Mode unterscheidet sich von der Modalität. Der Begriff *Modalität* bezieht sich auf das verwendete Medium der Informationsvermittlung im Sinne von visuell, auditiv oder haptisch bzw. Text, Grafik, Bild etc.

Die Funktionalität von Bedienelementen kann in Abhängigkeit vom Mode und Zustand des Systems unterschiedlich sein. Beispielsweise schaltet der Ein-/Ausschalter Geräte im Mode „Off" ein und derselbe Schalter schaltet sie im Mode „On" aus. Ein Mode ist nicht gleichzusetzen mit einem spezifischen Zustand des System bzw. seiner Benutzungsschnittstelle. Vielmehr umfasst ein Mode oft verschiedene Zustände des Systems und korrespondierende Benutzeraktivitäten und Bedienfunktionalitäten. Da das Wechseln des Mode vom Benutzer immer eine gewisse kognitive Anpassung erfordert, ist eine zu den Bedienabläufen passende Struktur der Modes ein wichtiger Faktor für die barrierefreie Bedienbarkeit und eine gute Benutzbarkeit. Systeme mit umfangreichen Anwendungsfällen und Funktionalitäten lassen sich einfacher bedienen, wenn dem Benutzer immer nur die Bedienelemente zur Verfügung stehen, die zur aktuellen Bediensituation adäquat sind. Die Dialoge selbst strukturieren dabei das Zusammenspiel der Interaktionen in einem Mode und bilden die Bedienabläufe als interaktives Zusammenspiel von Benutzer und System ab. Die einzelnen Aspekte der Beschreibung sind die Zustände und Zustandsübergänge, die Logik der Abläufe und die Abfolge der Ein- und Ausgaben. Die Vorgaben dazu stammen vom Bedienmodell. In den WCAG wird deutlich, dass Veränderungen des Kontexts – insbesondere wenn sie unangekündigt erfolgen – Barrieren erzeugen können. Die Richtlinien fordern u.a.

– die Verringerung der physisch notwendigen Bedienoperationen,
– die Verbesserung der Orientierung und der Übersicht sowie
– benutzer- und benutzungskonforme Wechsel des Kontexts.

Die Beschreibung des Bedienkontexts in Form von Modes verbessert die Orientierung und den Bedienaufwand, insbesondere wenn sie aus den Bedienabläufen abgeleitet wird. Modes korrespondieren mit verschiedenen Systemaktivitäten. Dazu zählt u.a. die Wiederherstellung des Ausgangszustands, Initialisierung, Erzeugung des View, Verarbeitung der Ereignisse (Validierung, Konvertierung u.a.), Sicherung der Daten im Modell etc. Innerhalb eines Modes kann die Weboberfläche verschiedene Zustände besitzen.

6.3.2.3   Zustand

Ein Zustand ist die Belegung einer eindeutigen Konfiguration von Daten im System bzw. in der Weboberfläche. Die Kommunikation zwischen Browser und Server basiert auf dem zustandslosen HTTP-Protokoll, d.h. traditionelle Webanwendungen sind dadurch „von Natur aus" zunächst zustandslos. Die Browserhistorie kann dazu genutzt werden, verschiedene Webseiten über ihre URL aufzurufen. Benötigt eine Webanwendung das Management eines Kontexts bzw. Zustands, dann bieten sich dafür Parameter in den HTTP-Requests an. Mit ihnen kann serverseitig der entsprechende Zustand rekonstruiert werden; bspw. wenn nach dem REST-Paradigma (Fielding 2000: 76ff) implementiert wird. Mit dem Umfang der Anwendung steigt jedoch auch der korrespondierende Verwaltungsaufwand, sodass das Ablegen der Kontextinformationen als Sitzungsdaten die effizientere Lösung darstellt. Diese Informationen stehen dann über mehrere Requests hinweg zur Verfügung, ohne jedes Mal neu übertragen werden zu müssen. Das bedeutet jedoch auch, dass die Anwendung zustandsbehaftet ist. Sind die Sitzungsdaten nicht mehr vorhanden, kann mit dem Aufrufen eines URLs der Anwendungszustand nicht mehr eindeutig reproduziert werden. Vorteilhaft ist dagegen die Möglichkeit einer komfortablen Weboberfläche in Kombination mit einer intuitiven Benutzerführung und bspw. den Zustand eines Dialogs über die Grenzen des Requests zu speichern.

6.3.2.4   Dialog

Aus Anwendersicht bilden Modes und Interaktionen das Grundgerüst der Dialoge. Dialoge bilden die temporale Ordnung der Interaktionen ab. Sie beschreiben die Struktur und den Ablauf der Interaktion zwischen Benutzer und Webanwendung (vgl. Abbildung 6-11).

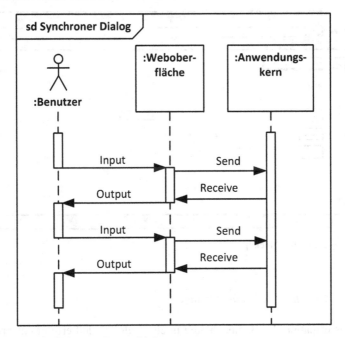

Abbildung 6-11: Einfacher synchroner Dialog

Dabei sind verschiedene, frei kombinierbare Dialogformen denkbar (vgl. Abbildung 6-12):

– Formular-Dialog (Masken-Dialog): Der Benutzer füllt Formulare aus.
– Kommando-Dialog: Der Benutzer interagiert mit dem System über eine vorgegebene Menge von Befehlen.
– Menü-Dialog: Die Funktionalitäten sind in Menüs abgebildet. Daten werden nicht direkt eingegeben.

Dialoge sind prinzipiell zustandsbehaftet, d.h. ihre Verwendung in Webanwendungen erfordert besondere Maßnahmen für das Nachhalten des Dialogzustands. Das Dialoggedächtnis (vgl. Kamm, Reine & Wördehoff 2001: 683–690) umfasst dabei sowohl den Zustand als auch die Daten des Dialogs. Neben den Interaktionen bestehen Dialoge aus weiteren Elementen für die Dialogsteuerung. Dazu zählen Zustände, Transitionen und Datenobjekte. Zustände können weiterhin unterschieden werden in Anfang, Ende, Aktionen, Entscheidungen, Ansicht und Subdialog.

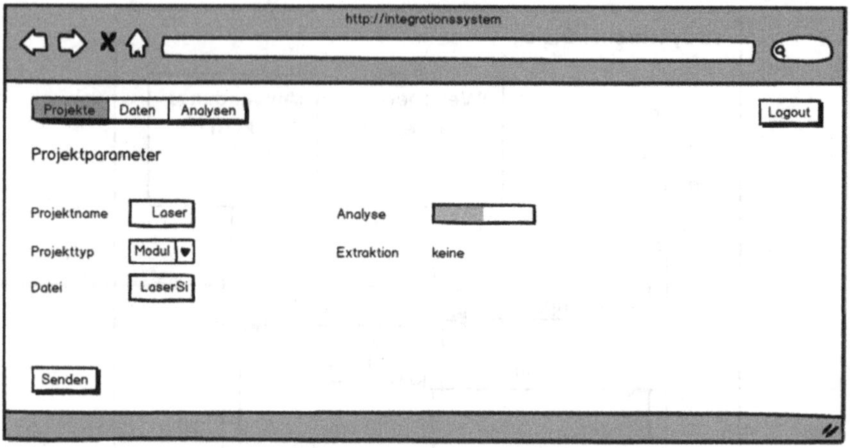

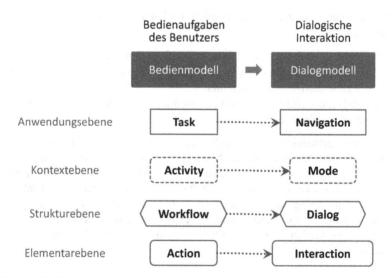

Abbildung 6-12: Dialog-Mockup

6.3.2.5　Abbildung der Bedienabläufe

Die Transformation der Bedienabläufe in ein Dialogmodell erfolgt entsprechend den Ebenen in Abbildung 6-6 (vgl. Abbildung 6-13).

Abbildung 6-13: Ebenen im Bedien- und Dialogmodell

Auf der Anwendungsebene vermittelt die die Navigation innerhalb einer Webanwendung zwischen den unterstützten Anwendungsfällen bzw. Bedienaufgaben. Die Kontextebene der Szenarien bzw. Aktivitäten stellen die Modes dar, die jeweils die Umgebung für eine strukturierte Menge von Interaktionen darstellen. Die Strukturebene beschreibt die temporale Ordnung der Interaktionen in Form von Dialogen und die Interaktionen selbst bilden die Elementarebene des Informationsaustauschs zwischen Benutzer und Webanwendung. Essenzielle bzw. Primärdialoge bilden die essenziellen Anwendungsfälle ab und können mehrere Modes umfassen. Ergänzende Funktionalitäten wie die Suche, Hilfe bzw. Navigation werden in Sekundärdialogen dargestellt. Sekundärdialoge sind meist optional und von kurzer Dauer. Dialoge werden durch Sequenzdiagramme, Zustandsdiagramme, State Transition Networks (STN) oder auch Aktivitätsdiagramme beschrieben. Sie werden aus dem Bedienmodell generiert bzw. abgeleitet. Dabei sind folgende Ansätze denkbar:

- Extraktion von Aktivitätsketten (vgl. Luyten et al. 2003: 203–217): Aktivitätsketten beschreiben Dialogpfade, die zur Erreichung eines Ziels gehören. Der Dialog repräsentiert eine Menge möglicher Aktionen und die Aktivitätskette wird durch ein STN beschrieben. Die Notation kann bspw. mit UML-Zustandsdiagrammen erfolgen.

- Spieglung von Benutzeraktionen im Bedienmodell: Die im Taskmodell definierten Aktionstypen werden mit den Aktionsobjekten ergänzt und in die korrespondierenden Systemaktionen gespiegelt. In weiteren Schritten werden diese Systemaktivitäten separiert; das kann u.a. mit Hilfe von Swimlanes in Aktivitätsdiagrammen erfolgen. Abschließend vervollständigen UML-Zustandsdiagramme die Beschreibung des Verhaltens.

- Zustandsdiagramme in UML-Notation beschreiben das UI-Verhalten in einem bestimmten Benutzungsmode. Zu einem Mode können verschiedene Zustände der Bedienschnittstelle zählen.

Allgemein sind Aktivitäts- und Zustandsdiagramme der UML ein flexibles und mächtiges Werkzeug. Aktivitätsdiagramme eignen sich insbesondere für die Verbindung zum Bedienmodell und die Darstellung der Dialoge bzw. Navigation. Zustandsdiagramme eignen sich für die Beschreibung der Systemzustände der Webanwendung. Die Ähnlichkeit beider Diagrammtypen unterstützt die Abbildung der Abläufe in Zustände. Die barrierefreie Bedienung wird u.a. unterstützt, indem die Dialogform keine Modalität vorgibt.

Das Dialogmodell als Ganzes (vgl. Abbildung 6-14) beschreibt neben den einzelnen Bediensituationen in Form der Modes, den Dialogabläufen zwischen Benutzer und System und dem elementaren Informationsaustausch in Form der Interaktionen noch den Wechsel bzw. Zusammenhang der Bediensituationen bzw. -modes.

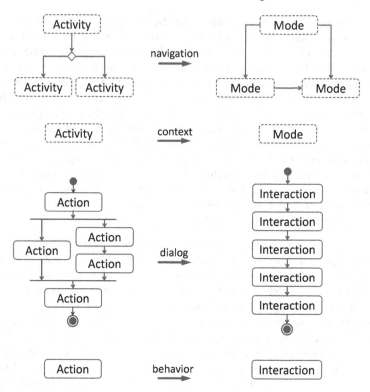

Abbildung 6-14: Vorgehen der Dialogmodellierung

Aktivitäten im Bedienmodell sind Teilaufgaben in Anwendungsfällen, die sich in einem eigenen Szenario beschreiben lassen. Dabei beschreibt der Mode den Bedienkontext des UI in einem Szenario. Werden mehrere gleichrangige Aktivitäten in einen Mode abgebildet (Abbildung 6-15, linke Seite), erschwert dies die Orientierung für den Benutzer, da der Mode unterschiedliche Ziele, Bedeutungen etc. der Bedientätigkeit umfasst. Wird bspw. ein Liveticker für Nachrichten mit einem Chat im gleichen Mode kombiniert, dann muss der Benutzer gleichzeitig die Nachrichten im Liveticker und neue Chatmeldungen erfassen und parallel dazu seine eigenen Chatbeiträge schreiben. Die Bediensituation ist für einen Sehenden einfach zu bewältigen, da er den Eingabefokus im Chat-Editor lassen kann und die Nachrichten parallel dazu im Fenster sieht und mitlesen kann. Für einen Benutzer mit Braillezeile oder Screenreader ist die kognitive und motorische Belastung größer, da er zum Erfassen der Nachrichten und Chatbeiträge jeweils den Fokus neu setzen muss bzw. beständige Hinweise auf neue Einträge im Liveticker und Chat erhält, wenn er einen eigenen Beitrag schreibt.

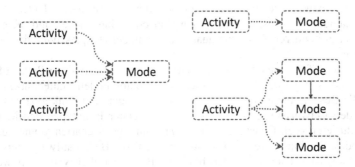

Abbildung 6-15: Barrierefördernde (links) und -freie (rechts) Zuordnung von Aktivitäten zu Modes

Die Abbildung einer Aktivität auf einen oder mehrere Modes (vgl. Abbildung 6-15, rechte Seite) erleichtert dagegen die Übersicht, da z. B. der Titel einer Webseite den Benutzer eindeutig darüber informiert, welcher Aktivität der aktuelle Bedienkontext dient. Davon abzugrenzen ist die Unterstützung von Bedienkontexten für Hilfsfunktionalitäten z. B. der Navigation, der Suche oder der Hilfe. Hilfsfunktionalitäten sind gegenüber der Hauptaktivität nachgeordnet und beanspruchen keinen eigenständigen Bedienkontext. Solange der Benutzer sie nicht ansteuert, sind sie nicht präsent und erfordern keine Aufmerksamkeit. Deshalb können unterstützende Funktionalitäten als Submode dem Bedienkontext der Hauptaktivität zugeordnet werden (vgl. Abbildung 6-16).

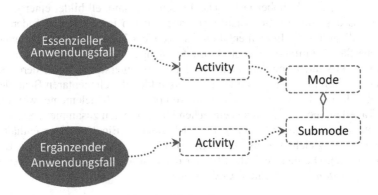

Abbildung 6-16: Zuordnung von Modes und Submodes

Typischerweise bilden die Submodes Aktivitäten aus ergänzenden Anwendungsfällen ab, die die Kernfunktionalitäten der essenziellen Anwendungsfälle um
allgemeine bzw. unterstützende Funktionalitäten erweitern. Unterstützende
Funktionalitäten, wie bspw. eine Navigation oder eine Suche, sind oft anwen-
dungsübergreifend verfügbar und unabhängig von der Hauptaktivität des konkreten Modes.

Der Entwurf von Benutzungsschnittstellen gestaltet sich in der Praxis oft sehr
kreativ und wenig formalisiert. Bedien- und Dialogmodelle unterstützen dabei
durch die Beschreibung grundlegender Anforderungen und Funktionalitäten. Sie
helfen, den Entwurfsprozess bis zur Erstellung erster Prototypen und Mockups
zu strukturieren (vgl. Constantine 2003: 7). Ähnliche Szenarien können in gleiche Modes abgebildet werden und so der kognitive Bedienaufwand bereits im
frühen Entwurf verringert werden bzw. die Barrierefreiheit verbessert werden.
Danach wird für jeden Anwendungsfall der zentrale Dialog bzw. der zentrale
Narrativ analysiert und beschrieben. Dazu werden die notwendigen Inhalte der
Schnittstelle bestimmt und entsprechende abstrakte Elemente definiert und dem
Kontext hinzugefügt. Für diesen vervollständigten Kontext wird anschließend
ein prototypisches Layout entworfen (vgl. Abbildung 6-12), das durch Design
Walkthroughs (vgl. Anhang 10.3) evaluiert werden kann. Durch die Erstellung
des Dialogmodells wird das grundlegende dynamische Verhalten der Weban-
wendung bzw. ihrer Weboberfläche definiert. Ziel des nächstens Schritts ist die
Erweiterung der strukturellen Eigenschaften der Weboberfläche und der Darstellung der Information.

6.3.3   Das Präsentationsmodell

Ziel des Präsentationsmodells ist die semantische, strukturelle und funktionale
Beschreibung der Weboberfläche. Das Präsentationsmodell bildet einerseits den
Abschluss des von den Bedienaufgaben abgeleiteten Entwurfs und andererseits
die Grundlage für die Implementation der Weboberfläche. Die Beschreibung der
Weboberfläche umfasst eine strukturierte Menge von UI-Elementen, die be-
stimmte Aktivitäten und Aktionen des Benutzers unterstützt, sowie deren Kon-
text (vgl. Abbildung 6-17). Die *UI-Elemente* bilden die elementaren Bauteile der
Weboberfläche. UI-Komponenten sind komplexe Bedienelemente wie Listen
oder Tabellen, die wiederum aus einfachen UI-Elementen zusammengesetzt sind.
UI-Komponenten sind *Container* für UI-Elemente. Ein Container enthält UI-
Elemente des gleichen Typs (z. B. Liste) oder verschiedenen Typs (z. B. ein
Color-Picker). Die hierarchische Struktur der UI-Elemente und -Komponenten –
die *Komposition* – bildet eine *Ansicht* (*view*).

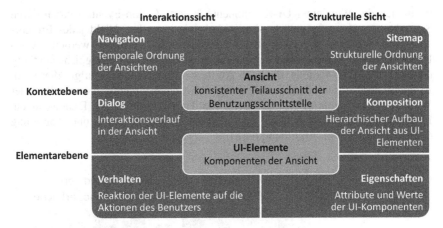

Abbildung 6-17: Elemente des Präsentationsmodells einer Weboberfläche

Eine Ansicht stellt einen Teil der gesamten Weboberfläche dar, der zu einem bestimmten Zeitpunkt eine zusammengehörige Menge von Benutzeraktionen unterstützt. In HTML wurde ursprünglich jede einzelne Ansicht in einem HTML-Dokument definiert. Inzwischen können Ansichten mit Frames und iFrames aus verschiedenen Dokumenten zusammengesetzt werden oder als Single-Page-Anwendung (SPA) in einem einzigen Dokument definiert sein, das Inhalte zur Laufzeit dynamisch nachlädt. Durch die serverseitige Erzeugung des HTML-Markups zur Laufzeit können Ansichten ebenfalls aus Teilstücken zusammengesetzt werden. Die strukturelle Ordnung aller Ansichten einer Weboberfläche (vgl. Abbildung 6-17 rechts) beschreibt die *Sitemap* bspw. als hierarchische Struktur.

Diese strukturelle Sicht des Präsentationsmodells wird ergänzt durch die Interaktionssicht (vgl. Abbildung 6-17 links), die die temporale Abfolge von Ansichten, die Dialogverläufe in den Ansichten und die Ereignisbehandlung in den UI-Komponenten beschreibt. Die Interaktionssicht entspricht dem Dialogmodell, das den Wechsel der Modes (Navigation), die Dialoge und das Verhalten der UI-Elemente beschreibt. Die *Navigation* ermöglicht den Wechsel von Ansichten einer Anwendung über entsprechende Steuerkomponenten in der Ansichtsdeklaration. Aufgabe der Steuerkomponente ist das Absenden des aktuellen Zustands der Ansicht an den Server, damit sie dort verarbeitet werden kann. Typischerweise werden dazu Kommandobuttons oder Links verwendet. Das *Verhalten* der Weboberfläche wird durch Ereignisse und die Reaktion darauf beschrieben. *Ereignisse* (*events*) sind ein essenzieller Bestandteil der UI-Beschreibung und dienen zur Behandlung der Eingaben des Benutzers. Dazu zählen u.a. Value-Change-Events und Action-Events. Value-Change-Events werden ausgelöst, wenn sich der Wert einer UI-Komponente ändert. Action-Events werden durch Steuerkomponenten ausgelöst, wenn sie aktiviert werden. Nicht jedes Ereignis wird von der Benutzungsschnittstelle beantwortet. Vielmehr werden Event-Listener genutzt, um relevante Ereignisse zu behandeln. Die Ereignisbehandlung definiert dazu die Methode, die beim Auftreten des Ereignisses aufgerufen wird. Aufgabe der Präsentationsmodellierung ist es, das Interaktionsverhalten der Weboberfläche strukturell abzubilden. Die Transformation des Dialog- in ein Präsentationsmodell wird durch die Ebenen aus Abbildung 6-6 und Abbildung 6-13 strukturiert (vgl. Abbildung 6-18).

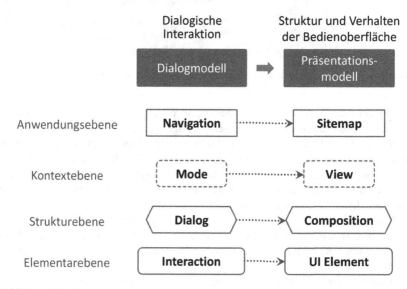

Abbildung 6-18: Ebenen im Dialog- und Präsentationsmodell

Das strukturelle Pendant zur Navigation bildet auf der Anwendungsebene die Sitemap, die die Gesamtheit aller Ansichten einer Weboberfläche beschreibt. Ansichten bilden den Kontext, innerhalb dessen jeweils eine bestimmte Ausprägung der Weboberfläche dargestellt ist. Die UI-Elemente bilden als elementare Bausteine einer Webseite die Elementarebene. Ihre Komposition in UI-Komponenten, Containern und Views beschreibt die Strukturebene. In Abbildung 6-19 ist der Prozess der Präsentationsmodellierung schematisch dargestellt. Dazu zählt, die Navigation in die Struktur der Ansichten (Sitemap) und die Modes in Views abzubilden. Des Weiteren werden Dialoge in der Komposition von UI-Komponenten, -Containern und -Elementen abgebildet. Die elementaren Interaktionen werden durch UI-Elemente realisiert.

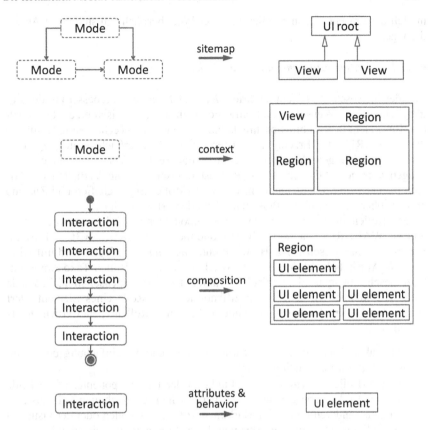

Abbildung 6-19: Vorgehen der Präsentationsmodellierung

Die beschriebenen Aspekte des Präsentationsmodells unterstützen die semantische und abstrakte Beschreibung der Weboberfläche. Die Definition der Weboberfläche wird durch die Beschreibung des Layouts vervollständigt, die Aufgabe des Webdesigners ist (vgl. Abbildung 5-7). Das abstrakte Präsentationsmodell kann in lauffähiges Markup bzw. lauffähigen Code übersetzt werden, sodass ein Browser die Inhalte unter Verwendung des Standardlayouts anzeigen kann. Auch für Benutzer mit AT bzw. mit eigenen Stylesheets wird der Zugang durch die Trennung von Inhalt und Layout erleichtert.

Um abstrakte Präsentationsmodelle erstellen zu können wird ein Metamodell benötigt, das die Domäne der Weboberflächen abdeckt. Diese Unterstützung bieten die WAI-ARIA (W3C 2014a). Die WAI-ARIA umfassen die semantischen Eigenschaften interaktiver Weboberflächen mit dem Ziel, die Bedienung auch für AT zugänglich zu gestalten. Damit erfüllen sie genau die an das Metamodell der Präsentationsmodellierung einer Weboberfläche zu stellenden Anforderungen.

6.3.3.1 Präsentationsmodellierung mit den WAI-ARIA

Ziel der in Abschnitt 4.2 eingeführten WAI-ARIA ist die Verbesserung der Zugänglichkeit von Webseiten und -anwendungen mit dynamisch erzeugten Inhalten. Besonders in Kombination mit JavaScript und Ajax-Techniken unterstützen die WAI-ARIA die Erzeugung barrierefreier Weboberflächen und ergänzen HTML in wichtigen Aspekten, die insbesondere bei Webanwendungen zum Tragen kommen. Mit den WAI-ARIA ist das semantische Verhalten der UI-Komponenten und UI-Elemente in Form von Rolle, Eigenschaften und Zustand beschreibbar, wie es für das Präsentationsmodell erforderlich ist.

Mit Rollen kann der Zweck von UI-Komponenten beschrieben werden. Dazu gibt die WAI-ARIA eine normative Taxonomie in OWL/RDF (W3C 2012b) mit Super- und Subklassen vor z. B. *Menu* und *Menuitem*. Die Rolle wird mit Hilfe des *role*-Attributs beschrieben (vgl. Abschnitt 4.2). Die Rollen-Taxonomie umfasst Beschreibungen, hierarchische Struktur, Kontext, Eigenschaften, Zustände und Verbindungen zu anderen Spezifikationen. Die Rolle eines Elements darf sich während der Nutzung nicht ändern. Folgende Rollentypen werden unterschieden:

–   Abstrakte Rollen dienen der Strukturierung und Vereinfachung der Taxonomie und werden nicht implementiert.
–   Widget-Rollen beschreiben die Funktion der UI-Komponente. Diese Rolle hat für AT Vorrang gegenüber der generischen Auszeichnung z. B. als div-Element, anderen bereits im Markup spezifizierten Rollen oder der visuellen Darstellung. Screenreader erkennen diese Rolle automatisch sobald ein Element den Fokus erhält. Beispiele für selbstständige Widget-Rollen sind *button, checkbox, dialog, progressbar, radio, scrollbar* und *slider*.
–   Rollen zur Dokumentstruktur beschreiben den Aufbau eines Dokuments. Strukturelemente sind in der Regel nicht selbst interaktiv. Neuartige Strukturelemente sind *article, columnheader, definition, directory, document* und *group*. Daneben zählen dazu auch die durch HTML bereits bekannten: *heading, img, list* und *listitem*.
–   Landmark-Rollen beschreiben zusätzlich die Bedeutung von Regionen und Sektion zur Verbesserung der Orientierung im Dokument. Beispiele sind: *application, banner, complementary, contentinfo, form, main, navigation* und *search*.

In der Präsentationsmodellierung wird das Dialogverhalten im strukturellen Seitenaufbau der UI-Komponenten – der Komposition (vgl. Abbildung 6-17) –

abgebildet. Abbildung 6-20 veranschaulicht die Darstellungsnotation der Komposition im UML-Klassendiagramm.

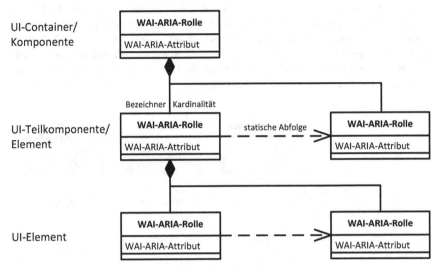

Abbildung 6-20: Notation der Präsentationstemplates

WAI-ARIA-Rollen bezeichnen die Funktionalität einer UI-Komponente bzw. eines UI-Elements. Kompositionsbeziehungen stellen die hierarchische Struktur dar und die statisch serielle Abfolge wird durch die gestrichelten Pfeile bestimmt. Man erhält so ein abstraktes Template der Ansicht, das als Vorlage für die weitere Definition der Seite dient. Ausgehend von der Rolle der UI-Komponenten bietet die Spezifikation ihres Zustandes und ihres Verhaltens die Möglichkeit, AT sowie den Benutzer über Interaktionsmöglichkeiten bzw. Änderungen zu informieren. Dazu kann der Benutzeragent auf den DOM-Baum zugreifen oder auf die gerenderten Inhalte über die Accessibility-API (vgl. Anhang 10.3) des Betriebssystems zugreifen. Eigenschaften können clientseitig zur Laufzeit z. B. per JavaScript angepasst werden. Im Gegensatz dazu ändern sich Rollen zur Laufzeit nicht, d.h. UI-Elemente verändern nicht ihre ursprünglich definierte Funktionalität. Die WAI-ARIA bieten eine umfassende technische Basis benutzerseitig dynamisch erzeugter Inhalte. Zusätzlich unterstützt die Bedienmodellierung (vgl. Abschnitt 6.3) die Definition einer Weboberfläche, die den Benutzererwartungen entspricht.

6.3.4   Zusammenfassung der Modellierungsebenen

Die barrierefreie Bedienung erfordert neben der direkten Zugänglichkeit der
Webinhalte auch die Integration des Interaktionskontexts, um Übersicht, Orientierung und Navigation zu unterstützen. Dafür werden zusätzliche Makroebenen
in der Modellierung integriert, die den Kontext der Interaktion und der Weboberfläche beschreiben – die Kontext- und Anwendungsebene. Abbildung 6-21 stellt
die vier Ebenen im Überblick dar und führt die Darstellungen in Abbildung 6-6,
Abbildung 6-13 und Abbildung 6-18 zusammen.

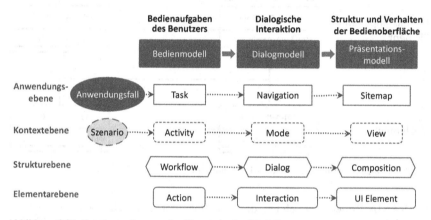

Abbildung 6-21: Zusammenfassung der Ebenen in den Modellen

Die *Elementarebene* beschreibt das konkrete Handeln des Benutzers an der
Schwelle zwischen bewusstem und unbewusstem Handeln. Dazu dienen die
elementaren Benutzeraktion, Interaktionen und UI-Elemente der Weboberfläche.
Die *Strukturebene* bildet die hierarchische bzw. temporale Struktur der Objekte
der Elementarebene ab. Aktionen werden zu Bedienabläufen verknüpft, Interaktionen zu Dialogen und UI-Elemente werden hierarchisch zu UI-Komponenten,
UI-Containern etc. zusammengefasst. Die *Kontextebene* beschreibt den Kontext
der Strukturebene bzw. die einzelnen Objekte der Anwendungsebene. Der Kontext wird ausgehend von einzelnen Szenarien in Form der Aktivitäten, Modes
und Views dargestellt. Die *Anwendungsebene* beschreibt die Anwendung in ihrer
Gesamtheit in Form von Anwendungsfällen, Bedienaufgaben, der Navigation als
Wechsel zwischen den Modes bzw. der Sitemap als Struktur aller Views der
Anwendung. Sie benennt die globalen Ziele des Benutzerhandelns. Die kontext-
bezogenen Makroebenen ergänzen die Mikroebenen der direkten Interaktion und
ihrer Abläufe. Die vier Ebenen unterstützen die Transformation der Modelle

durch die Zuordnung der Modellierungsentitäten in den verschiedenen Modellen bzw. Sichten.

6.4 Evaluation der Modelle auf Barrierefreiheit

Die Validierung von Artefakten ist ein probates Mittel, um die Effektivität und Effizienz des Softwareentwicklungsprozesses zu verbessern. Tests dienen dazu, Softwarefehler bereits frühzeitig erkennen und beseitigen zu können. Spätes Erkennen verursacht dagegen höhere Kosten der Beseitigung, insbesondere wenn Folgefehler entstanden sind. Auch Barrieren in der Bedienbarkeit der Anwendung sind Softwarefehler, die erkannt und beseitigt werden müssen. Evaluationsverfahren spielen deshalb insbesondere für die Integration der Barrierefreiheit eine fundamentale Rolle (vgl. Abschnitt 5.2 und Anhang 10.3). Die Evaluation verläuft dabei nach Möglichkeit begleitend zum Entwicklungsprozess, um über schnelles Feedback die Arbeit zu vereinfachen. Die gängigsten Methoden sind automatisierte Tests durch Validatoren, heuristische Tests durch externe Experten sowie Benutzertest. Automatisierte Tests der WCAG-Konformität durch Validatoren bspw. des W3C bieten die Chance einer hohen Objektivität. Automatisierte Tests allein sind als Evaluationsmethode jedoch nicht hinreichend, da sie nur einen kleinen Teil der WCAG-Kriterien abdecken. Eine vollständige Evaluation der WCAG-Konformität erfordert in jedem Fall manuelle Arbeit und Expertenwissen, bspw. in Form heuristischer Evaluationen durch externe Experten. Dieses aufwändige Verfahren ist für prototypische Implementationen ungeeignet, da es nach jedem Refactoring wiederholt werden muss. Vergleichbares gilt für dezidierte Benutzertests, die im Rahmen dieser Forschungsarbeit als Evaluationsmethode auch deshalb ungeeignet sind, da sie nicht gegen die spezifizierten Anforderungen WCAG 2.0 evaluieren, sondern das konkrete Benutzerverhalten prüfen. Validatoren, heuristische Tests sowie Benutzertests erfordern in jedem Fall eine bereits implementierte Weboberfläche, sodass sie für die entwurfsbegleitende Evaluation nicht geeignet sind, da die Entwurfsartefakte erst noch implementiert werden müssen. Geeignete Evaluationswerkzeuge für den modellgetriebenen Entwurf basieren stattdessen auf den UI-Modellen selbst.

6.4.1 Modellbasiertes Testen der Barrierefreiheit

Modellbasierte Tests (vgl. Baker et al. 2009) werden zumindest teilweise aus den Modellen abgeleitet – bspw. aus einem UML-Diagramm – und haben gegenüber Sourcecode-basierten Verfahren den Vorteil, dass sie bereits auf die Entwurfsmodelle angewendet werden können. Die Tests sind zunächst abstrakt, d.h. nicht lauffähig. Ein modellierter Test muss dementsprechend erst in lauffähigen Code transformiert werden – entweder automatisch durch eine Modelltransformation oder manuell. Testfälle können aus strukturellen Modellen abgeleitet werden. Diese Tests prüfen statische Aspekte der Spezifikation, da strukturelle Modelle keine Information zum Verhalten der Entitäten liefern. Sie können das Vorhandensein und die Sichtbarkeit von Eigenschaften und Methoden prüfen; bspw. durch systematischen Aufruf. Ebenso können Attribute und Funktionalitäten der Weboberfläche getestet werden. Um die Interaktion zwischen Benutzer und Weboberfläche zu testen, werden Verhaltensmodelle benötigt wie sie bspw. im Dialogmodell definiert werden. Die Modellierung der Bedienabläufe verbindet die modellbasierten Tests mit dem Benutzerverhalten. Zur Erstellung modellbasierter Test der barrierefreien Bedienbarkeit werden die WCAG 2 (W3C 2008b) herangezogen. Da die WCAG 2 Produktanforderungen sind und die UI-Modelle abstrakte Artefakte darstellen, ist es zunächst erforderlich, ebenfalls abstrakte Testkriterien aus den WCAG abzuleiten, gegen die die Modelle getestet werden. Tabelle 6-1 stellt das Mapping der Kriterien auf die essenziellen Modelle des UI-Modells und das Modellierungsschema dar (vgl. Abbildung 6-3).

Tabelle 6-1: Eigenschaften modellbasierter Tests der UI-Modelle

UI-Modell	Dia-gramm	Testkriterium	Testtyp
Bedienmodell	act	- Serialität der Bedienabläufe	- Method Coverage - Transition Coverage
Dialogmodell	act	- Serialität der Bedienabläufe - Priorität von Text-Medien - Alternative Dialogwege für nicht-text-basierte UI-Komponenten	- Method Coverage - Transition Coverage
Dialogmodell	stm	- Korrekturempfehlungen	- Action Coverage - Switch Coverage
Dialogmodell	sd	- Serialität der Interaktion - Korrekturempfehlungen	- Nachrichten-Tests - OCL-Tests
Präsentations-modell	class	- Vorhandensein von UI-Strukturen für die Orientierung und den Überblick - UI-Struktur konform zur Dialogstruktur - UI-Elemente besitzen Attribute für Rolle, Zustand und Verhalten - Dialogdarstellung unterstützt die Steuerung der Interaktion durch den Benutzer - Priorität von Text-Medien - Korrekturempfehlungen	

Zunächst kann ein Test aus einem Zustandsmodell (stm) abgeleitet werden. Eine Möglichkeit des Ableitens von Tests ist es, alle modellierten Aktionen der Anwendung einmal auszuführen (Action Coverage); der Test kann bspw. eine zusammenhängende Menge von Aktionen prüfen, die im Zustand „Ruhe" beginnen und enden. Der Testfall beschreibt die Sequenz der Eingaben und die erwartete Folge der Ausgaben. Ein weiteres Testkriterium ist das Switch-Coverage. Dabei wird jede Kombination aus Ein- und Ausgangsaktion für die Zustände der Weboberfläche geprüft; bspw. kann so auf Deadlocks geprüft werden.

Sequenzdiagramme (sd) beschreiben in der UML zusätzlich zu den Zuständen und Aktionen auch die Interaktionen von Entitäten mit ihrer Außenwelt. Sequenzdiagramme lassen sich mit OCL-Bedingungen (OMG 2014a) erweitern, sodass während der Laufzeit spezifische Objektzustände geprüft werden können (Rumpe 2003). Werden Testfälle aus Sequenzdiagrammen generiert, so werden die einzelnen Schritte geprüft. Die Vorgaben des Sequenzdiagramms werden direkt mit den erhaltenen Testwerten verglichen. Basis für die Ableitung der Testfälle im Sequenzdiagramm sind die Nachrichten zwischen den modellierten Objekten. Vom Benutzer zur Anwendung gehende Nachrichten rufen Systemfunktionen auf, die die Testschritte darstellen. Die Reaktionen des Systems gehen als Nachrichten vom System zum Anwender und dienen der Verifikation der Testergebnisse. Analog werden Tests der internen Anwendungsabläufe abgeleitet.

Auch Aktivitätsdiagramme (act) lassen sich für die Testgenerierung nutzen. Die Testfälle sind dann die Pfade durch den Graphen des Diagramms. Es lassen sich verschiedene Überdeckungen testen – z. B. Method Coverage oder Transition Coverage. Die Ähnlichkeit von Aktivitätsdiagrammen zu Petrinetzen unterstützt die Übertragung formaler Methoden zum Prüfen spezifischer Eigenschaften.

Vorteilhaft sind modellbasierte Tests vor allem im Zusammenspiel mit entsprechenden Werkzeugen, die die Durchführung des Tests automatisieren. Für das ressourcenschonende automatisierte Testen gegen die in Tabelle 6-1 beschriebenen Testkriterien bieten sich Testfälle sowie Testsuiten als Werkzeuge an. Insbesondere bei komplexen Algorithmen für die Testfallgenerierung werden so auch Fehler vermieden. Durch die Anwendung modellbasierter Tests und abstrakter Kriterien kann die barrierefreie Bedienbarkeit bereits in den UI-Modellen geprüft werden. Die Anwendung der Modellierung für die begleitende Evaluation der barrierefreien Bedienung wird in den Abschnitt 7.3 weiter vertieft.

6.5 Barrierefreie Modellierung in UML

Die Empfehlungen des W3C für barrierefreie Autorenwerkzeuge ATAG (W3C 2013a) fordern, dass ein Werkzeug für die Erzeugung barrierefreier Webinhalte selbst barrierefrei ist – insbesondere der Editor als zentrale Komponente (vgl. Anhang 10.3). Das ist im Sinne der sozialen Inklusion (vgl. Abschnitt 3.2) konsequent, da so der Zielgruppe die Möglichkeit geschaffen wird, an der Gestaltung des Webs gemäß ihren Interessen mitzuwirken. Diese Anforderung ist analog auf die Entwicklungswerkzeuge für Webanwendungen übertragbar. Der modellgetriebene Ansatz dieser Forschungsarbeit verwendet UML-Modelle als grafische Notation, sodass in diesem Abschnitt die Anforderung untersucht wird, ob die visuelle (nicht-textbasierte) Information der UML-Diagramme zugänglich dargestellt werden kann.

Die grafische Darstellung in UML mit geometrischen Symbolen bietet eine weitverbreitete Visualisierung für strukturelle Beziehungen und Abläufe. Serialisierende AT wie bspw. Screenreader können geometrische Visualisierungen jedoch nicht adäquat übertragen, d.h. ohne weitere Aufbereitung sind UML-Diagramme für Anwender mit Seheinschränkungen nicht zugänglich. Die Gestaltung brauchbarer taktiler Reliefs für blinde Nutzer erfordert Expertenwissen und einen entsprechenden Aufwand in der Erzeugung geeigneter Texturen sowie der Kennzeichnung der Regionen und Punkte. Die Entwicklung bspw. von entsprechendem Lehrmaterial ist weitestgehend Handarbeit. Software kommt bisher nur unterstützend z. B. für die Schrifterkennung (vgl. Loitsch & Weber 2012: 510) zum Einsatz. Blenkhorn und Evans (Blenkhorn & Evans 1994) demonstrieren die zugängliche Darstellung grafischer Notationen in CASE-Werkzeugen mit Hilfe von N^2-Tabellen (Lano 1977; Lano 1979) und merken an, dass eine weitergehende Unterstützung erforderlich ist (Blenkhorn & Evans 1994: 328). Kurze (Kurze 1999) entwickelt einen Ansatz zur Umwandlung visueller Grafiken in eine haptische Darstellung, die intuitiv die gleiche Semantik vermittelt. Die physiologischen Randbedingungen des Tastsinns und die mentale Repräsentation der haptischen Sinneseindrücke bei Blinden werden dabei besonders berücksichtigt (Kurze 1996: 132–133). Im TeDUB-Projekt wurde ein Prototyp für einen UML-Diagrammnavigator für *Accessible UML* entwickelt, der bspw. mit Hilfe eines Joysticks die Node2Node-Navigation in UML-Diagrammen unterstützt (Horstmann et al. 2004). Modelle im XML-konformen Datenaustauschformat *XML Metadata Interchange* (XMI, OMG 2014d) werden dazu interpretiert und transformiert. Das Editieren der Diagramme mit Hilfe der AT wird nicht unterstützt. Auf Basis des Hyperbraille-Displays (Kieninger & Kuhn 1994: 92–99; Metec AG 2007) wurde die Darstellung von UML-Diagrammen untersucht (Loitsch & Weber 2012).

Diesen Ansätzen ist gemeinsam, dass sie mit einem hohen Aufwand an manueller Aufbereitung der Grafiken, zusätzlicher AT, zusätzlichen Dateiformaten etc. verbunden sind. UML bietet jedoch mit der *Human-Usable Textual Notation* (HUTN, OMG 2004) auch ein Format für die kurze, textbasierte Darstellung von UML-Modellen. Die Mächtigkeit von UML und HUTN ist gleich, da beide Modellierungssprachen als Metamodell das MOF (OMG 2014c) verwenden – wie auch das Format XMI. Während XMI jedoch primär für den Austausch von UML-Modellen zwischen verschiedenen Werkzeugen gedacht ist, ist das Ziel von HUTN gute Lesbarkeit für Menschen und der einfache Zugriff auf UML-

Diagramme, um bspw. kleine Änderungen an den Modellen mit wenig Aufwand umzusetzen. Dazu eignet sich XML aufgrund des umfangreichen Overheads nicht. Eine integrierte Unterstützung des HUTN-Formats in UML-Werkzeugen bietet bspw. das Epsilon-Projekt (Epsilon Community 2012).

In einer durch den Verfasser (Vieritz, Schilberg & Jeschke 2012) bereits veröffentlichten heuristischen Analyse der zugänglichen Darstellung von UML-Diagrammen mittels HUTN werden Aktivitätsdiagramme der Bedienmodellierung sowie Klassendiagramme in HUTN transformiert und anschließend evaluiert. Unter Auslassung des Layouts in Form von Rechtecken und abgewinkelten Verbindungslinien etc. bieten die HUTN-Modelle die gleiche Semantik der Aktivitätsdiagramme. Abbildung 6-22 zeigt ein Bedienmodell – in der Notation eines UML-Aktivitätsdiagramms – für eine ergonomisch gestaltete Suche.

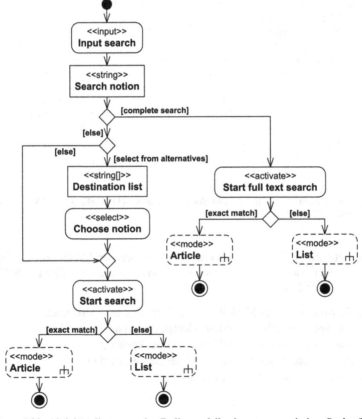

Abbildung 6-22: Aktivitätsdiagramm des Bedienmodells einer ergonomischen Suche (Vieritz, Schilberg & Jeschke 2012: Fig. 1)

Die elementaren Benutzeraktionen (Rechtecke mit abgerundeten Ecken) sind mit Hilfe von Stereotypen klassifiziert. Die Objekte der Interaktion sind in den Rechtecken dargestellt und ebenfalls klassifiziert. Listing 2 zeigt die korrespondierende HUTN-Darstellung der ersten Knoten. Aktivitäten und Aktivitätsobjekte lassen sich vollständig beschreiben. Die textbasierte Notation ist mit Screenreadern und Braillezeilen darstellbar.

```
@Spec {
    metamodel "Task_Model" {
        nsUri: "Task_Model"
    }
}
package {
    Activity "Submode_Search" {
        activity: Activity "Submode_Search"
        Rel1: Workflow "Workflow1" {
            Rel2: input "[Input search]" {
                name: "[Input search]"
            }, Structured Activity Node
                "<<Search>>[Search notion]" {
                name: "<<Search>>[Search notion]"
            }, activate "<<activate>>[start full text search]" {
                name: "<<activate>>[start full text search]"
            }
            ...
        }
    }
}
```

Listing 2: Ausschnitt des Bedienmodells für die ergonomische Suche in HUTN-Notation (Vieritz et al. 2012: Listing 1)

Für die heuristische Evaluation wurde der Screenreader JAWS 10.0 durch Modell-Entwickler eingesetzt. Insbesondere wurde evaluiert (Vieritz, Schilberg & Jeschke 2012: 238),

- ob die Metadaten des Modells per Screenreader auslesbar sind,
- ob der Benutzer sich im Modell orientieren und navigieren kann,
- ob Diagrammelemente identifiziert werden können,
- ob die Bedeutung der Textelemente verstanden wird und
- ob das Modell editiert werden kann.

Allgemein wurde festgestellt, dass HUTN einen geeigneten Zugang zu UML-Diagrammen bietet, ohne besondere technische Anforderungen zu stellen. Das Verständnis der Darstellung gestaltet sich anspruchsvoll, wenn die hierarchische Struktur tiefer verschachtelt ist oder umfangreiche Modelle dargestellt werden. Die Evaluation der HUTN-Modelle ergab insbesondere:

- HUTN-Modelle direkt im Editor bearbeitbar
- einfache, generische Prinzipien der Darstellung
- kurze, gut lesbare Notation
- redundante Information wird vermieden
- Notation erschwert den Überblick bei tiefen Verschachtelungen
- Abschluss von Elementen nicht eindeutig
- zusätzliche Attribute für automatisierte Modellverarbeitung können zusätzlichen Workload erzeugen
- Darstellung erfordert gute Kenntnis der Syntax

Tabelle 6-2 zeigt einen abschließenden Vergleich der dargestellten Konzepte für alternative Zugänge zu UML-Diagrammen. Die verschiedenen Ansätze zeigen, dass die zugängliche Darstellung von UML-Diagrammen technisch prinzipiell realisierbar ist und damit auch Entwicklern mit Seheinschränkungen der modellgetriebene Softwareentwurf mit UML möglich ist.

Tabelle 6-2: Alternative Darstellungsmethoden für UML-Diagramme

Ansatz	Modalität	AT	Editier-aufwand	Darstellung	Manipulation der Modelle
Taktile UML-Grafiken (Müller 2012)	haptische Grafik, Braillezeichen	taktiles Tablet	sehr hoch	haptisch-akustische Vermittlung räumlicher Relationen und zusätzliche Informationen	nein
TeDUB (Horstmann et al. 2004)	haptisch (Joystick)	Joystick	mittel	haptische Interaktion (Joystick) zur Vermittlung hierarchischer Relationen	nein
Hyperbraille (Loitsch & Weber 2012)	haptische Grafik, Braillezeichen	Hyperbraille-Display	mittel	haptisch-textliche Vermittlung räumlicher Strukturen	nein
HUTN (Vieritz, Schilberg & Jeschke 2012)	universell textbasiert	keine	gering	reduzierte textbasierte Beschreibung	direkt über Standardeingabe

6.6   Zusammenfassung

In diesem Kapitel wird ein modellgetriebener Softwareprozess für den Entwurf einer barrierefreien Webanwendung beschrieben. Als Modellierungswerkzeug fungiert die UML. Für die Spezifikation der Benutzeranforderungen dienen Anwendungsfälle und Szenarien (vgl. Abschnitt 6.3.1 sowie Abschnitt 5.2). Die Verwendung der Standardarchitektur für interaktive Weboberflächen (vgl. Abschnitt 4.4) unterstützt die Verwendung von Anwendungsfällen sowie die parallele Entwicklung der Weboberfläche und des Anwendungskerns. Die Bedienabläufe werden im Bedienmodell definiert (vgl. Abschnitt 6.3.1). Die Granularität der Modellierung abstrahiert physische Bedienoperationen, sodass eine geräteunabhängige Darstellung der Abläufe entsteht. Die Interaktion zwischen Benutzer und Weboberfläche beschreibt das Dialogmodell (vgl. Abschnitt 6.3.2). Benutzeraktionen werden als elementare Interaktionen zwischen Anwender und System dargestellt und als Dialoge strukturiert. Dabei bildet der Mode der Weboberfläche jeweils den Kontext der aktuellen Bediensituation ab, der dem Anwender Orientierung und Übersicht vermittelt. Das so definierte Verhalten der Weboberfläche bildet das Präsentationsmodell in Aufbau und Struktur der Weboberfläche ab (vgl. Abschnitt 6.3.3). Um den für die barrierefreie Benutzung wichtigen Bedienkontext in die Modellierung zu integrieren, wird ein Mehrebenenmodell mit Elementar-, Struktur-, Kontext- und Anwendungsebene entwickelt (vgl. Abbildung 6-21). In Abschnitt 6.4 wird die begleitende Evaluation im modellgetriebenen Entwurfsprozess untersucht und dargestellt. Da UML als grafische Notation selbst eine Barriere für Softwarearchitekten darstellen kann, untersucht Abschnitt 6.5 die barrierefreie Verwendung von UML-Diagrammen.

7 Fallstudie: Entwurf eines Integrationssystems

7.1 Überblick

Dieses Kapitel beschreibt die Implementation und Anwendung sowie Evaluation des in dieser Forschungsarbeit entwickelten modellgetriebenen Entwurfsprozesses. Methodisch orientiert sich die Darstellung an den Aktivitäten der Implementation und Validierung eines Softwareentwicklungsprozesses nach Sommerville (vgl. Sommerville 2010: 28). Abbildung 7-1 veranschaulicht das Vorgehen.

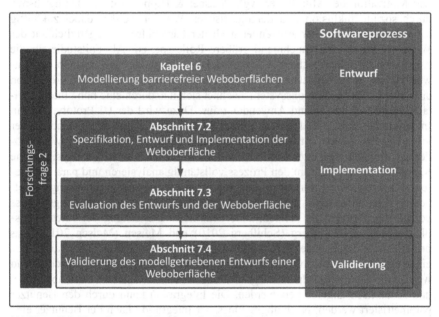

Abbildung 7-1: Einordnung und Struktur der Fallstudie

Abschnitt 7.2 stellt zunächst Spezifikation, Entwurf und Implementation der Weboberfläche dar. Im Unterabschnitt 7.2.1 wird die Spezifikation der Anwendung durchgeführt. Die schnelle Generierung lauffähiger Artefakte ist eine Anforderung an moderne Softwareentwicklungsprozesse, die insbesondere in Verbindung mit einer begleitenden Evaluation hilft, Fehler im Entwurf früh zu erkennen. Abschnitt 7.2.3 untersucht deshalb die Frage, ob die Methode des Rapid Prototypings – unter Verwendung der WCAG für die Evaluation der Barrierefreiheit – umgesetzt werden kann. In Abschnitt 7.2.4 wird der modellgetriebene Entwurf und die Implementation des Prototypen abgeschlossen. Dafür wird der

Entwurfsprozess aus Abschnitt 6.3 genutzt. In Abschnitt 7.3 werden Prototyp und Entwurfsprozess evaluiert. Abschnitt 7.4 schließt die Darstellung des Anwendungsfalls mit der Validierung gegen die im fünften Kapitel abgeleiteten Anforderungen ab.

7.2 Spezifikation, Entwurf und Implementation der Weboberfläche

Webbasierte Benutzungsschnittstellen gewinnen in der Überwachung und Steuerung industrieller Prozesse zunehmend an Bedeutung. Als Mensch-Maschine-Schnittstellen leisten sie einen wichtigen Beitrag für die Produktivität, Effizienz und Motivation der Mitarbeiter (vgl. Peissner & Hipp 2013: 4). Bedingt bspw. durch soziale Inklusion und demografischen Wandel werden dabei zukünftig auch Anforderungen der Anwender nach der barrierefreien Zugänglichkeit der Weboberflächen eine zunehmend größere Rolle spielen. Als Fallstudie für die Anwendung der in Abschnitt 6.3 beschriebenen Methode wird deshalb der Entwurf für die Weboberfläche eines Integrationssystems der virtuellen Produktion untersucht. Das Integrationssystem zeichnet sich u.a. durch eine hohe Interaktivität zwischen Benutzer und Anwendung aus. Dazu wird der UI-Prototyp für ein Integrationssystem auf der Basis finiter Elemente (FE) für den Einsatz in der virtuellen Produktion entworfen. In komplexen Prozessen, wie sie bspw. in modernen Herstellungsketten auftreten, werden verschiedenartige physikalische Simulationen benötigt, um den Prozess vollständig analysieren und parametrisieren zu können. Die Informationsintegration unterstützt die Verknüpfung einzelner Simulationen bzw. physikalischer Prozesse, um den Herstellungsprozess vollständig abbilden zu können. Eine detaillierte Darstellung der Integrationsplattform geben Schilberg (Schilberg 2010) und Meisen (Meisen 2012). Das prinzipielle Vorgehen der Informationsintegration ist wie folgt: Die Raw-Daten einer externen Simulation werden zuerst als Datei hochgeladen. Anschließend werden die Simulationsdaten integriert, indem sie auf ein Metamodell abgebildet und semantisch angereichert werden. Die Integration kann durch den Benutzer parametrisiert werden. Nach abgeschlossener Integration kann der Benutzer eine Extraktion der Integrationsdaten durchführen, deren Ziel es ist, die Daten in das vom Benutzer gewünschte Dateiformat zu überführen, sodass der Benutzer anschließend diese Daten lokal speichern und weiterverwenden kann. Die Extraktion ist wiederum parametrisierbar.

7.2.1 Spezifikation der Webanwendung

Für den Entwurf der Benutzungsschnittstelle wurde das Integrationssystem zunächst mit Hilfe von Anwendungsfällen und Aktivitätsdiagrammen analysiert und spezifiziert. Ergänzend kamen textuelle Beschreibungen und ergänzende Interviews zum Einsatz. Abbildung 7-2 zeigt die vier essenziellen Anwendungsfälle des Integrationssystems: *Datei hochladen, Integration starten, Extraktion starten* und *Datei herunterladen*.

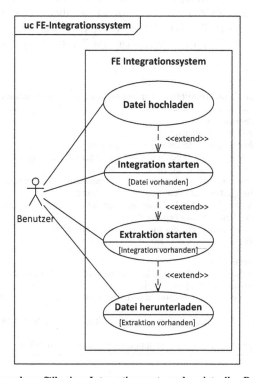

Abbildung 7-2: Anwendungsfälle eines Integrationssystems der virtuellen Produktion

1. *Datei hochladen*: Da die verarbeiteten Daten aus externen Quellen stammen, ist der erste Schritt in der Integrationskette der Upload der Raw-Daten durch den Benutzer.
2. *Integration starten*: Bevor die Raw-Daten weiterverwendet werden können, müssen sie in ein gemeinsames Datenmodell integriert werden. Dabei werden die Daten semantisch zu Informationen angereichert. Die Datenintegration kann parametrisiert werden und die Ergebnisse werden visualisiert.
3. *Extraktion starten*: Integrierte Information bieten die Basis für Extraktionen, die Informationsanalysen und -filterungen umfassen. Analog zur Integration kann auch die Extraktion parametrisiert werden und die Ergebnisse werden ebenso visualisiert.
4. *Datei herunterladen*: Die Ergebnisse der Integration und Extraktion stehen wiederum als Dateidownload zur Verfügung.

Aus den vier essenziellen Anwendungsfällen ergeben sich die funktionalen und qualitativen Anforderungen. Das betrifft die Verarbeitung der Daten, ihre Speicherung und die Visulisierung der Resultate. Zusätzlich soll das Integrationssystem barrierefrei nach WCAG 2.0 Level AAA bedienbar sein, d.h. die WCAG 2.0 (W3C 2008b) dienen als Referenz und Level AAA bezieht sich auf den höchsten Konformitätslevel der Empfehlungen. Tabelle 7-1 stellt die Anforderungen im Überblick dar.

Tabelle 7-1: Funktionale und qualitative Anforderungen an das Integrationssystem

Funktionale Anforderungen
- Der Benutzer kann Daten hochladen.
- Das System kann hochgeladene Daten persistent speichern.
- Der Benutzer kann gespeicherte Daten mit dem System gemäß einem gegebenen Metamodell integrieren und als Informationen semantisch anreichern.
- Die integrierten Informationen lassen sich persistent speichern und downloaden.
- Das Ergebnis der Integration wird dem Benutzer visualisiert.
- Der Benutzer kann aus integrierten Informationen mit dem System durch Analyse und Filterung gemäß Benutzervorgaben Extraktionen anfertigen.
- Die Extraktionen lassen sich persistent speichern und downloaden.
- Das Ergebnis der Extraktion wird dem Benutzer visualisiert.
Qualitative Anforderungen
- Die Interaktion mit der Weboberfläche ist barrierefrei gemäß den WCAG 2.0 Level AAA.
- Der Upload und Download erfolgt als Datei.
- Die Datenintegration ist parametrisierbar, d.h. der Benutzer kann für die Integration spezifische Vorgaben angeben.
- Die Datenextraktion ist parametrisierbar, d.h. der Benutzer kann für die Extraktion spezifische Vorgaben angeben.
- Die Schritte Upload, Integration und Extraktion sind separat durchführbar.

7.2.2   Die essenziellen Anwendungsfälle

7.2.2.1   Datei hochladen

Der Anwendungsfall *Datei hochladen* umfasst drei Szenarien. Das erste dient dazu, eine lokale Datei für den Upload auszusuchen und den Upload zu starten. Diese Funktionalität wird für Webapplikationen durch den Browser zur Verfügung gestellt und wird nicht implementiert. Anschließend prüft das System, ob die gewählte Datei hochgeladen werden darf. Nach dem Upload wird dem Benutzer eine Übersicht des Uploads gezeigt. Ist der Upload nicht erfolgreich, wird dem Benutzer ebenso die Übersicht gezeigt und er erhält Informationen darüber, dass ein Problem aufgetreten ist. Abbildung 7-3 zeigt einen Überblick der Benutzeraktivitäten für diesen Anwendungsfall.

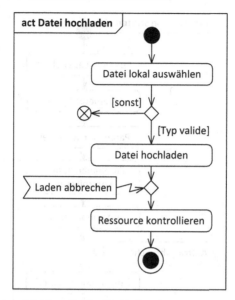

Abbildung 7-3: Benutzeraktivitäten für das Hochladen einer Datei

7.2.2.2   Integration starten

Der Anwendungsfall *Integration starten* umfasst zwei Szenarien. Zuerst kann der Benutzer die zu integrierende Datei auswählen und die Integration parametrisieren. Die Angaben werden validiert und anschließend kann er die Integration starten. Danach wird der Benutzer zur Übersicht geleitet, wo er den Bearbeitungsstatus der gestarteten Integration einsehen kann. Abbildung 7-4 zeigt einen Überblick der Benutzeraktivitäten für diesen Anwendungsfall.

7.2.2.3   Extraktion starten

Der Anwendungsfall *Extraktion starten* ähnelt dem Anwendungsfall *Integration starten* und umfasst ebenso zwei Szenarien. Die Benutzeraktivitäten sind analog zu den in Abbildung 7-4 dargestellten. Zuerst kann der Benutzer die zu extrahierende Datei auswählen und die Extraktion parametrisieren. Die Angaben werden validiert und anschließend kann er die Extraktion starten. Danach wird der Benutzer zur Übersicht geleitet, wo er den Bearbeitungsstatus der gestarteten Extraktion einsehen kann.

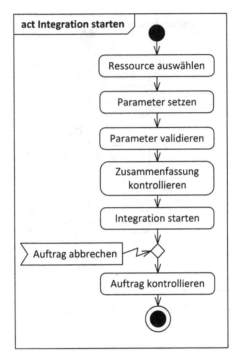

Abbildung 7-4: Benutzeraktivitäten für das Starten einer Integration

7.2.2.4   Datei herunterladen

Nach abgeschlossener Integration und Extraktion kann der Benutzer das Resultat
in Form einer Datei lokal sichern. Der Anwendungsfall *Datei herunterladen*
umfasst zwei Szenarien. Das erste dient dazu, im Dateimanager des Browsers
Ort und Namen der Datei zu bestimmen. Anschließend erfolgt der Download,
der im Verlauf und Überblick dargestellt wird. Abbildung 7-5 zeigt die Benutzeraktivitäten für diesen Anwendungsfall.

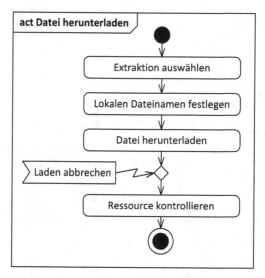

Abbildung 7-5: Benutzeraktivitäten für den Download einer Datei

Tabelle 7-2 stellt die sich ergebenden Szenarien im Überblick dar. Die Unterscheidung der Szenarien dient im nächsten Schritt als Grundlage der Definition der Modes.

Tabelle 7-2: Überblick der Anwendungsszenarien des Integrationssystems

Anwendungsfall	Szenario
Datei hochladen	1. Datei im lokalen Dateimanager aussuchen 2. Uploadverlauf anzeigen 3. Dateiressource visualisieren
Integration starten	4. Integration parametrisieren und starten 5. Integration visualisieren
Extraktion starten	6. Extraktion parametrisieren und starten 7. Extraktion visualisieren
Datei herunterladen	8. Datei im lokalen Dateimanager benennen 9. Downloadverlauf zeigen

Für den Entwurf der Weboberfläche wurde im nächsten Schritt eine Bedienanalyse mit Hilfe von Interviews und Powerpoint-Dokumenten durchgeführt. Ausgehend von den Anwendungsfällen und den Szenarien in Tabelle 7-2 wurde ein allgemeines Navigationsmodell entworfen (vgl. Abbildung 7-6), das die verschiedenen Modes und relevante Bedienziele darstellt.

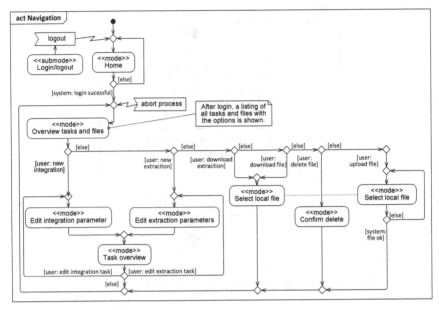

Abbildung 7-6: Modes und Navigation der Weboberfläche

Das Aktivitätsdiagramm zeigt, den allgemeinen Ablauf der Interaktion mit dem Integrationssystem. Dazu muss sich der Benutzer zuerst am System anmelden. Anschließend sieht er einen Überblick über derzeit laufende Integrationen und Extraktionen (die einige Stunden dauern können). Der Benutzer kann seine Aufträge verwalten und neue starten. Außerdem kann er seine Dateien verwalten, neue Daten hochladen und die Ergebnisse abgeschlossener Extraktionen als Datei herunterladen. Mehrere der in Tabelle 7-2 beschriebenen Szenarien haben einen ähnlichen Kontext und können deshalb im gleichen Mode modelliert werden. Diese Zuordnung zeigt die dritte Spalte an. Die allgemeine Startseite stellt kein eigenes Szenario dar, sondern den bei Webangeboten üblichen ersten Zugang zu den Funktionalitäten des Integrationssystems.

Bisher wurden die essenziellen Aufgaben und Ziele des Benutzers in Form von Anwendungsfällen und Szenarien beschrieben sowie ihre Abbildung auf spezifische Modes der Weboberfläche. Zusätzlich wurde ihre temporale Struktur definiert bspw. als Navigationsablauf zwischen den Modes in Abbildung 7-6. Damit sind Anwendungs- und Kontextebene im Bedien- und Dialogmodell bereits definiert.

Tabelle 7-3: Übersicht der Modes in der Weboberfläche

Mode	Beschreibung	Szenario
1. Home	allgemeine Übersicht	
2. Übersicht	personalisierte Übersicht mit Integration und Extraktionen	2, 3, 9
3. Integration	Visualisierung, Eingabe und Änderung der Integrationsparameter	4, 5
4. Extraktion	Visualisierung, Eingabe und Änderung der Extraktionsparameter	6, 7
5. Dateiauswahl	lokaler Dateibrowser des Benutzeragenten	1, 8

Es ergeben sich zwei Möglichkeiten für das weitere Vorgehen. Erstens kann die Bedien- und Dialogmodellierung weiter detailliert werden, um die HCI im Detail zu definieren und anschließend im Präsentationsmodell abzubilden und zweitens können die bereits vorliegenden Modelle der Kontextebene für ein Rapid Prototyping genutzt werden, um den Entwurf frühzeitig gegen die WCAG-Kriterien der Barrierefreiheit zu validieren und Fehler im Entwurf zügig zu identifizieren. Der nächste Abschnitt 7.2.3 untersucht deshalb zunächst die Vorgehensweise des Rapid Prototyping in Bezug auf die Umsetzung der barrierefreien Bedienbarkeit.

7.2.3 Rapid Prototyping der Weboberfläche

Dieser Abschnitt untersucht die Frage, ob Barrierefreiheit gemäß den WCAG bereits im prototypischen Stadium evaluiert werden kann und wenn ja, in welchem Ausmaß. Eine frühzeitige Evaluation ist wünschenswert, um kostenintensive späte Fehlerbeseitigung zu vermeiden. Falls eine vollständige Evaluation nicht möglich ist, stellt sich die Frage, ob Teilaspekte – bspw. eine barrierefreie Orientierung oder Navigation – geprüft werden können. Sie eignen sich dann besonders für die Integration in Prototypen der Benutzungsschnittstelle. Es ergeben sich folgende Fragen:

1. Wie können Aspekte der barrierefreien Bedienung frühzeitig im Softwareentwicklungsprozess evaluiert werden?
2. Welche Aspekte sind evaluierbar?

Diese Problemstellung wird in einer publizierten Arbeit des Verfassers in einer Fallstudie untersucht (vgl. Vieritz, Schilberg & Jeschke 2013: 726–733). Zunächst wird ein Prototyp des Integrationssystems entworfen und implementiert. Ergänzend wird ermittelt, welche WCAG-Kriterien für den Prototypen relevant sind und evaluiert werden können (vgl. Tabelle 7-4). Verschiedene Kriterien lassen sich auf den Prototypen nicht anwenden, da sie sich auf Webinhalte beziehen, die nicht Bestandteil des Prototypen sind. Komplett evaluiert werden können die Kriterien 2.4.3, 2.4.7 sowie 3.2.3. Die Kriterien 1.3.3, 2.1.1, 2.1.2, 2.4.4, 2.4.5, 2.4.6 sowie 2.4.8 können eingeschränkt evaluiert werden. Die entsprechenden Tests erfordern die zusätzliche Implementation von Inhalten und können deshalb erst in späteren Entwicklungsphasen vollendet werden. Gleiches gilt für nicht angeführte Kriterien.

Tabelle 7-4: Relevante Kriterien der WCAG 2.0 und ihre Validierbarkeit

Relevante Kriterien der WCAG 2.0	
Vollständig testbar 2.4.3: Fokusreihenfolge 2.4.7: Fokus sichtbar 3.2.3: Konsistente Navigation	**Teilweise testbar** 1.3.3: Sensorische Eigenschaften 2.1.1: Tastaturbedienbar 2.1.2: Keine Tastaturfalle 2.4.4: Linkzweck 2.4.5: Alternative Navigationswege 2.4.6: Überschriften und Label 2.4.8: Position der Seite

Anschließend werden durch Webentwickler Screening-Tests durchgeführt (Vieritz, Schilberg & Jeschke 2013: 731). Während des Screening-Tests testen die Entwickler die Webanwendung unter Verwendung von AT. Es ergibt sich ein subjektiver Eindruck der Barrierefreiheit, der auf die Existenz von Barrieren hinweist. Screening-Tests eignen sich besonders, um ohne großen Aufwand bereits während der Entwicklung die Barrierefreiheit durch die Entwickler selbst zu evaluieren (vgl. Henry 2007: 101). Die Screenings-Tests zeigen, dass die Hauptaktivitäten eindeutig identifiziert werden und die Anwender nachfolgende Aktivitäten erkennen. Allerdings ist manchmal nicht klar, welches die unmittelbar vorhergehende Aktivität ist. Die Anwender können weiterhin prüfen, ob die Hauptnavigation zugänglich ist und ob die wichtigen Modes der Benutzungsschnittstelle barrierefrei erreichbar sind. Die Fallstudie nutzt Screenreader als AT, sodass vorrangig visuelle Barrieren evaluiert werden. Die Ergebnisse dienen der Beseitigung der identifizierten Barrieren des Prototypen. Zusätzlich wird von den testenden Entwicklern positiv vermerkt, dass das schnelle Feedback durch die Tests hilfreich ist, um die Anforderungen der Barrierefreiheit besser zu verstehen.

Zusammenfassend ergibt sich, dass spezifische WCAG-Kriterien, die sich auf den Überblick, die Navigation und die Orientierung beziehen, durch Prototyping und Screening-Tests evaluiert werden können. Die Mehrheit der WCAG 2.0-Kriterien ist an detaillierte Inhalte gebunden und erfordert umfangreichere Implementation. Ein Screening-Test ersetzt nicht einen umfassenden, systematischen Test der fertigen Weboberfläche. Die Resultate sind anwendbar, um identifizierte Barrieren im Prototypen zu korrigieren.

7.2.4   Entwurf und Modellierung der Weboberfläche

In diesem Abschnitt erfolgt die detaillierte Modellierung der Weboberfläche des Integrationssystems. Ausgehend von der Spezifikation in Abschnitt 7.2.1 werden die essenziellen UI-Modelle definiert. Die Modes des Prototypen sind bereits in Tabelle 7-3 aufgelistet. Im Anschluss wird der Bedienablauf für diese Modes spezifiziert sowie weitergehend auch die Interaktion zwischen Benutzer und Weboberfläche. Webanwendungen haben typischerweise keinen direkten Zugriff auf das lokale Dateisystem des Benutzeragenten. Ein Entwurf und eine Implementierung des Modes für den Dateibrowser entfallen also, da diese Funktionalität vom Client zur Verfügung gestellt wird. Ziel dieses Schritts ist die detaillierte Definition der Bedienabläufe für die Modes sowie das adäquate Dialogverhalten der Weboberfläche.

7.2.4.1   *Mode Home*

Der Mode *Home* bestimmt den Einstieg in das Integrationssystem und ist mit keinem Szenario der Anwendungsfälle assoziiert. Der Benutzer erhält hier ohne Anmeldung einen Überblick zu den Funktionalitäten der Anwendung und kann sich anmelden. Abbildung 7-7 zeigt die elementaren Benutzeraktionen.

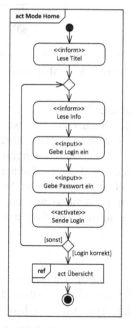

Abbildung 7-7: Benutzeraktionen im Mode *Home*

Für die Modellierung des aktiven Verhaltens eines Benutzers eignen sich Aktivitätsdiagramme und das reaktive Verhalten der Weboberfläche wird in Zustandsdiagrammen dargestellt. Abbildung 7-8 zeigt das Verhalten der Weboberfläche im Mode *Home*.

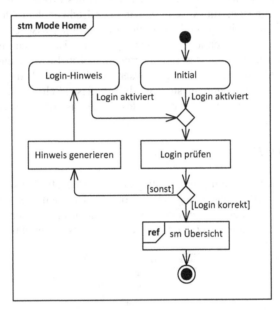

Abbildung 7-8: Verhalten der Weboberfläche im Mode *Home*

Die Interaktion mit dem Benutzer beschränkt sich auf die Eingabe des Logins, der geprüft wird und bei erfolgreicher Prüfung wechselt die Oberfläche in den Mode *Übersicht*. Ausgehend von den im Aktivitätsdiagramm modellierten Aktionen des Benutzers definiert das Zustandsdiagramm die Reaktionen der Weboberfläche. Aktivitätsdiagramm und Zustandsdiagramm beschreiben komplementär die Interaktion zwischen Benutzer und System. Das so beschriebene Verhalten muss barrierefrei implementiert werden, sodass auch bei Benutzung von AT die gleichen Interaktionen mit dem System unterstützt werden.

7.2.4.2   Mode *Übersicht*

Dem angemeldeten Benutzer präsentiert das System eine Übersicht der eigenen Ressourcen in Form von Dateien mit Simulationsdaten, Integrationen und Extraktionen. Den Kontext dazu beschreibt der Mode *Übersicht*. Abbildung 7-9 zeigt das entsprechende Modell der elementaren Benutzeraktionen. Der Benutzer kann hier Integrationen und Extraktionen starten sowie seine Dateien verwalten.

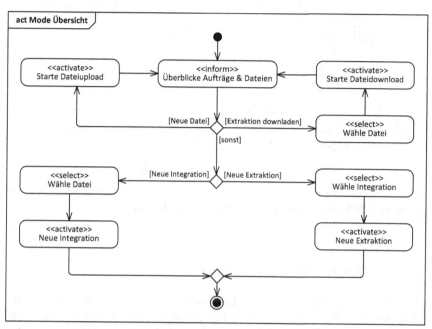

Abbildung 7-9: Benutzeraktionen im Mode *Übersicht*

Das korrespondierende Zustandsmodell zeigt das Zustandsdiagramm in Abbildung 7-10. Das System stellt zuerst die Übersicht der Dateien, Integrationen und Extraktionen des Benutzers und verharrt danach im Ruhezustand, um auf die Benutzereingaben zu warten. Wählt der Benutzer den Dateiupload, dann wird der lokale Dateibrowser geöffnet und die Datei geladen. Anschließend erfolgt eine Prüfung, ob der Dateityp unterstützt wird. Nach erfolgreicher Prüfung werden die Dateiinformationen erzeugt und die Übersicht aktualisiert. Der Benutzer kann in der Übersicht auch Ressourcen selektieren und eine Integration bzw. Extraktion starten. Dazu wechselt das System jeweils in den entsprechenden Mode, um die Integration bzw. Extraktion zu konfigurieren. Abschließend gibt es die Möglichkeit, eine abgeschlossene Extraktion als Datei herunterzuladen. Auch dies erfolgt wieder mit dem lokalen Dateibrowser.

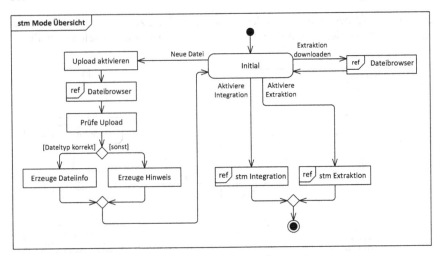

Abbildung 7-10: Verhalten der Weboberfläche im Mode *Übersicht*

7.2.4.3   Mode *Integration und Extraktion*

Der Mode *Integration* beschreibt den Kontext der Detaildarstellung zu einer Integration und der Einstellung der Integrationsparameter, sodass sich eine neue Integration starten lässt. Abbildung 7-11 zeigt die modellierten elementaren Benutzeraktionen des Modes. Der Benutzer erhält eine Visualisierung der Integrationsparameter und falls bereits eine Integration durchgeführt wurde, wird auch das Ergebnis visualisiert. Der Benutzer kann dann vorhandene Parameter verändern und neue setzen. Abschließend startet er die Integration.

Das entsprechende Zustandsdiagramm zeigt Abbildung 7-12. Das System zeigt zuerst die Default-Parameter für die Integration, validiert veränderte Parameter und zeigt gegebenenfalls einen entsprechenden Hinweis an. Falls der Benutzer neue Parameter anlegt, generiert das System die entsprechenden Formularfelder und behandelt sie dann wie bereits vorhandene Parameter. Abschließend startet das System die Integration und wechselt in den Mode *Übersicht*, in dem der aktuelle Stand der Integration dargestellt wird.

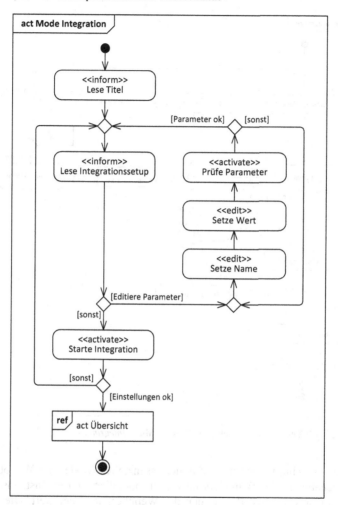

Abbildung 7-11: Benutzeraktionen im Mode *Integration*

Der Mode *Extraktion* definiert den Kontext für die Darstellung von Extraktionen. Extraktionsparameter können editiert und eine neue Extraktion gestartet werden. Der Bedienablauf ist analog zum Mode *Integration* in Abbildung 7-11 gestaltet, damit der Lernaufwand für den Benutzer verringert wird. Ebenso verhält sich das System analog zum Mode *Integration*.

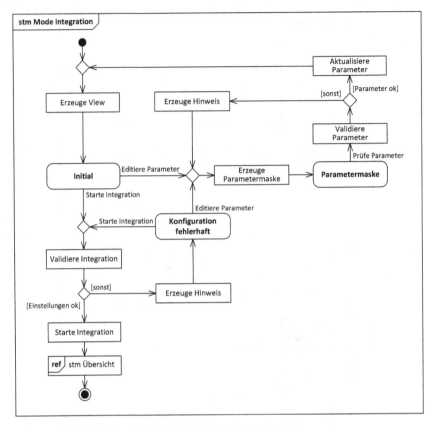

Abbildung 7-12: Verhalten der Weboberfläche im Mode *Integration*

In diesem Abschnitt werden für die vier essenziellen Modes der Weboberfläche die Bedienabläufe des Benutzers im Detail modelliert und in Zustandsdiagrammen die entsprechenden Reaktionen der Weboberfläche definiert. Die Übersetzung der Benutzeraktivitäten in Systemverhalten ist kein rein unidirektionaler Prozess. Die Gestaltung der Interaktion wird durch die Anforderungen der Benutzerseite wie auch die der Weboberfläche des Integrationssystems bestimmt; bspw. ist die direkte Validierung von Parametern in den Modes *Integration* und *Extraktion* allein nur mit HTML-Formularen ohne JavaScript nicht zu bewältigen, da dann eine zusätzliche Aktion *Parameter validieren* des Benutzers notwendig wäre. Die definierten Modes der Weboberfläche (vgl. Tabelle 7-3) beschreiben bereits die Kontextebene des Dialogmodells und den Übergang vom Bedienmodell zum Dialogmodell. Abbildung 7-13 veranschaulicht das Vorgehen an Hand des Pfeils.

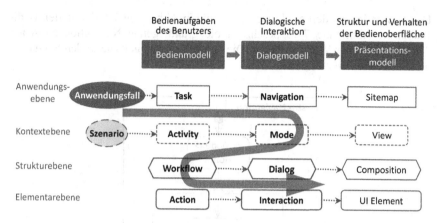

Abbildung 7-13: Prinzipielles Vorgehen in der Bedien- und Dialogmodellierung

Die Erstellung des Dialogmodells erfolgt als mäandrierender Prozess ausgehend von der Anwendungs- und Kontextebene. Durch die Definition von Kontexten in Form von Modes wird anschließend der Bedienablauf effektiv in ein Verhalten der Weboberfläche übersetzt.

7.2.4.4   Sitemap und Navigation

Für die barrierefreie Bedienung ist es erforderlich, dass die vier essenziellen Modes (vgl. Tabelle 7-3) jeweils auf eine Ansicht (View) abgebildet werden, um dem Benutzer die Orientierung zu erleichtern (vgl. Abbildung 6-15). Die vier Modes werden deshalb auf vier gleichnamige Ansichten abgebildet: *Home*, *Übersicht*, *Integration* und *Extraktion*. Die Hierarchie der der Sitemap ist flach, sodass die vier Ansichten unabhängig voneinander modelliert werden können (vgl. Abbildung 7-14).

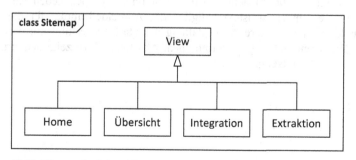

Abbildung 7-14: Sitemap des Integrationssystems

Das Navigationsmodell ergibt sich durch die in Abbildung 7-6 definierten Bedienabläufe. Abbildung 7-15 beschreibt die grundlegende Navigation zwischen den Ansichten der Weboberfläche. Die Navigation spiegelt die in den Szenarien beschriebenen Abläufe wider.

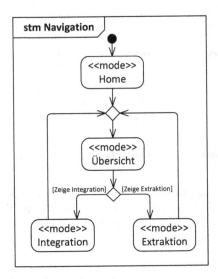

Abbildung 7-15: Navigation des Integrationssystems

7.2.4.5   UI-Elemente und Aufbau der Ansichten

Die Interaktion zwischen Benutzer und Weboberfläche bzw. Integrationssystem wird in Abschnitt 7.2.4 in den Dialogmodellen beschrieben. Ziel der Präsentationsmodellierung ist die Definition der UI-Elemente und deren Komposition im Aufbau der Ansichten, um für die Dialoge eine korrespondierende Weboberfläche zu gestalten. Die Ansicht *Home* enthält im Prototypen neben einer Überschrift und einem Hinweistext lediglich das Anmeldeformular für die Benutzeranmeldung. Die weitere Ausgestaltung der Startseite erfolgt mit der schrittweisen Weiterentwicklung des Prototypen. Abbildung 7-16 zeigt den strukturellen Aufbau der Startseite.

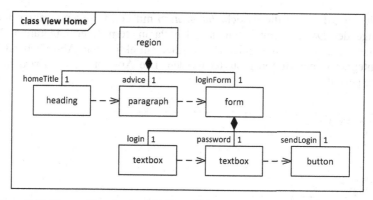

Abbildung 7-16: Komposition der Ansicht *Home*

Die UI-Elemente und der strukturelle Aufbau werden in einem Klassendiagramm durch WAI-ARIA-Elemente definiert, d.h. Klassennamen definieren die WAI-ARIA-Rollen der Elemente und Komponenten. Die Reihenfolge von Komponenten mit gleicher Hierarchiestufe im Ansichtsmodell wird durch waagerechte, gerichtete Assoziationen definiert. Die Angaben der Elemente-Namen und deren Kardinalitäten vervollständigen das abstrakte Modell der Ansichtskomposition. Abbildung 7-17 zeigt den Aufbau der Ansicht *Übersicht* entsprechend der in Abbildung 7-9 sowie Abbildung 7-10 beschriebenen Interaktion. Die Ressourcen werden in Listenform in der Reihenfolge Dateien-Integrationen-Extraktionen dargestellt. Über Links lassen sich Detailinformationen zu Integrationen und Extraktionen abrufen. Weitere Funktionalitäten wie der Upload neuer Dateien oder das Einrichten einer neuen Integration lassen sich über Buttons ansteuern.

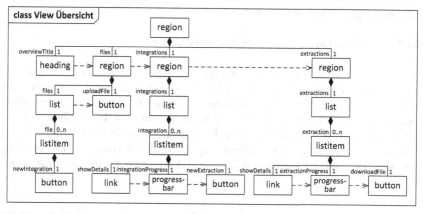

Abbildung 7-17: Komposition der Ansicht *Übersicht*

Abbildung 7-18 zeigt die Ansicht *Integration* mit den UI-Komponenten für die Anzeige der Dateiinformationen und den Parametern einer Integration. Neue Parameter lassen sich über einen Button-Element aktivieren. Abschließend kann die Integration per Button gestartet werden. Die Ansicht für die *Extraktion* ist analog gestaltet.

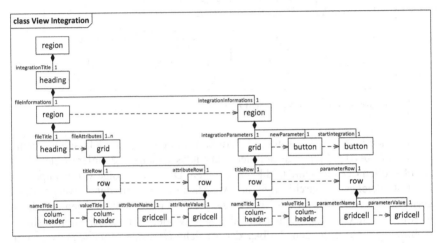

Abbildung 7-18: Komposition der Ansicht *Integration*

Die Klassendiagramme definieren die abstrakten UI-Elemente und deren Struktur in den Ansichten der Weboberfläche. Die weitere Vervollständigung des Präsentationsmodells erfolgt durch das Setzen WAI-ARIA-Attribute, die die Eigenschaften der UI-Elemente definieren. Abschließend werden die Metainformationen ergänzt (vgl. Abschnitt 6.3.3).

7.2.5   Softwarearchitektur der Weboberfläche

Der Schwerpunkt des in Abschnitt 6.3 dargestellten Konzepts liegt auf dem barrierefreien Entwurf einer Weboberfläche, die Teil der Präsentationsschicht einer Webanwendung ist. Das Zusammenspiel zwischen Oberfläche und Anwendung beschreiben Softwarearchitekturen, wie sie in Abschnitt 4.4 eingeführt werden. Für den Entwurf des Prototypen wird die Standardarchitektur nach Siedersleben und Lucke herangezogen (vgl. Abbildung 4-3 und Abbildung 4-5). Abbildung 7-19 stellt die Softwarearchitektur der Web-GUI-Engine des Integrationssystems dar.

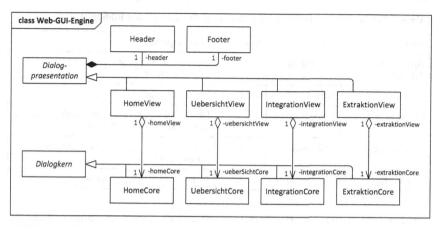

Abbildung 7-19: Architektur der Web-GUI-Engine des Integrationssystems

Der Entwurf fokussiert auf die Komponenten, die die Fachlichkeit der Anwendung umfassen und die für jede Anwendung neu entworfen werden – die Dialogpräsentation und den Dialogkern. Die Komponenten der Dialogpräsentation beschreiben die Ansichten der Weboberfläche. Zu den Modes wird jeweils eine Ansicht definiert (vgl. Tabelle 7-3). Eine Ausnahme bildet die Dateiauswahl, deren Oberfläche durch das Betriebssystem des Clients dargestellt wird. Ergänzende allgemeine Funktionalitäten wie die Hauptnavigation werden über einen Header- und Footer-Bereich in die Webseiten eingebunden. Die Komponenten der Dialogkerne sind für das Dialogmanagement zuständig inkl. der Speicherung der Dialogzustände. Deshalb entfällt eine eigenständige Model-Komponente – bspw. nach MVC-Muster – für den Entwurf.

7.2.6 Implementation des Prototypen

Der Entwurf des Prototypen wird unter Verwendung verschiedener Technologien (vgl. Tabelle 7-5) realisiert. Für die Implementierung kommt hauptsächlich Java-Technologie zum Einsatz.

Tabelle 7-5: Übersicht verwendeter Spezifikationen, Framework und Bibliotheken

Name	Typ	Version	Internetpräsenz
Apache MyFaces Trinidad	Framework	2.0.1	http://myfaces.apache.org/trinidad /download.html
Apache Tomcat	Server	7.0.47	http://tomcat.apache.org/
Oracle JSF	Spezifikation	2.2	http://www.oracle.com/technetwork/java/javae e, /javaserverfaces-139869.html
Oracle JSTL	Bibliothek	1.2.1	http://www.oracle.com/technetwork/java /index-jsp-135995.html
Oracle Mojarra	Framework	2.2.0	https://javaserverfaces.java.net/

Für den detaillierten barrierefreien Entwurf und die Implementation werden die Prinzipien gemäß den WCAG 2 herangezogen (vgl. Tabelle 5-8). Die Benutzereingaben erfolgen u.a. formularbasiert (vgl. Abbildung 7-20). Die Formularfelder werden durch Label-Elemente ergänzt, um die barrierefreie Bedienbarkeit zu unterstützen.

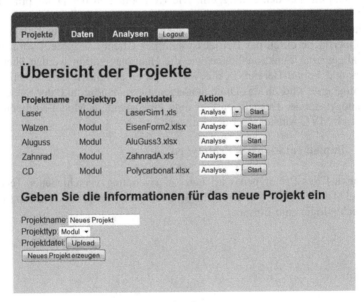

Abbildung 7-20: Formularbasierte Benutzereingabe

Für die Visualisierung werden Tabellenstrukturen genutzt, die durch die Beschreibung der Spalten- und Zeilenstruktur barrierefrei zugänglich sind (vgl. Abbildung 7-21). Die Navigation in der Weboberfläche wird durch eine für die Tastatur zugängliche Hauptnavigation unterstützt. Zusätzlich erleichtern Skip Links den direkten Zugang zu den Hauptaktivitäten der Ansichten. Die Informationsvermittlung erfolgt primär durch eine textbasierte Präsentation. Für die semantische Auszeichnung der Bereiche für die Navigation, Hauptaktivität, Hilfsfunktionen sowie der Bedienelemente kommen ergänzend WAI-ARIA-Elemente zum Einsatz.

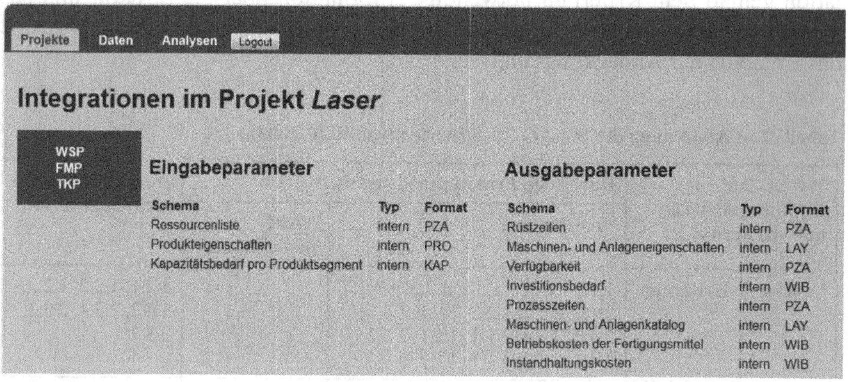

| Projekte | Daten | Analysen | Logout |

Integrationen im Projekt *Laser*

WSP FMP TKP	Eingabeparameter			Ausgabeparameter		
	Schema	Typ	Format	Schema	Typ	Format
	Ressourcenliste	intern	PZA	Rüstzeiten	intern	PZA
	Produkteigenschaften	intern	PRO	Maschinen- und Anlageneigenschaften	intern	LAY
	Kapazitätsbedarf pro Produktsegment	intern	KAP	Verfügbarkeit	intern	PZA
				Investitionsbedarf	intern	WIB
				Prozesszeiten	intern	PZA
				Maschinen- und Anlagenkatalog	intern	LAY
				Betriebskosten der Fertigungsmittel	intern	WIB
				Instandhaltungskosten	intern	WIB

Abbildung 7-21: Tabellenbasierte Ausgabe

Die Barrierefreiheit der Weboberfläche wurde mit Hilfe von Validatoren und heuristischen Tests untersucht (vgl. Anhang 10.3). Der Prototyp erfüllt insgesamt die WCAG 2.0-Kriterien auf Level AAA und entspricht damit der vorgegebenen qualitativen Anforderung der barrierefreien Bedienbarkeit (vgl. Tabelle 7-1).

7.3 Evaluation des barrierefreien Entwurfs

Zielstellung des im sechsten Kapitel eingeführten modellgetriebenen Entwurfs einer Weboberfläche ist die Integration der barrierefreien Bedienung. Die Evaluation des Laufzeitcode auf Konformität mit den WCAG 2 (W3C 2008b) prüft die Barrierefreiheit der Weboberfläche des Prototypen. Für die Analyse des im sechsten Kapitel dargestellten modellgetriebenen Entwurfs ist dieser Test allein nicht hinreichend, da die WCAG 2 Produkteigenschaften definieren und dadurch nicht der Entwicklungsprozess selbst evaluiert wird. Die ergänzende Evaluation des modellgetriebenen Entwurfs untersucht deshalb die Integration der barrierefreien Bedienbarkeit in den Entwurf der Weboberfläche. Zusätzlich wird analysiert, welche weiteren methodischen Möglichkeiten die Modellierung für die Evaluation der Barrierefreiheit bietet.

7.3.1   Abdeckungsanalyse der UI-Modellierung

Die für die Implementation erforderliche Information wird durch die UI-Modelle bereitgestellt. Ziel der Abdeckungsanalyse des UI-Modells ist es zu prüfen, in welchem Umfang die Modellierung die WCAG 2 unterstützt. Dazu wurde für die einzelnen Richtlinien untersucht, ob sie sich in den UI-Modellen abbilden lassen. Ein Kriterium der WCAG 2 gilt dann als unterstützt, wenn die für die Implementation gemäß dem Kriterium notwendige Information über die Struktur und das Verhalten der Weboberfläche Bestandteil des UI-Modells sind. Tabelle 7-6 zeigt das Ergebnis der Abdeckungsanalyse.

Tabelle 7-6: Abdeckung der WCAG-2.0-Kriterien (vgl. W3C 2008b)

WCAG-2.0 Konformitätslevel und -Kriterien		Durch den Prototypen abgedeckt		Durch Prototypen nicht abgedeckt
		Modellierbar	Nicht modellierbar	
Level A	Kriterium	1.1.1*, 1.3.1, 1.3.2, 1.3.3, 1.4.1, 2.1.1, 2.1.2, 2.2.2, 2.4.1, 2.4.2, 2.4.3, 2.4.4, 3.1.1, 3.2.1, 3.2.2, 3.3.1, 3.3.2, 4.1.1, 4.1.2		1.2.1, 1.2.2, 1.2.3, 1.4.2, 2.2.1, 2.3.1, 2.3.2
	Summe	19	0	7
Level AA	Kriterium	1.4.4, 1.4.5, 2.4.5, 2.4.6, 2.4.7, 3.1.2, 3.2.3, 3.2.4, 3.3.3, 3.3.4	1.4.3	1.2.4, 1.2.5
	Summe	10	1	2
Level AAA	Kriterium	1.4.9, 2.1.3, 2.2.3, 2.2.4, 2.2.5, 2.4.8, 2.4.9, 2.4.10, 3.1.3, 3.2.5, 3.1.4, 3.1.5, 3.1.6, 3.3.5, 3.3.6	1.4.6	1.2.6, 1.2.7, 1.2.8, 1.2.9, 1.4.7, 1.4.8
	Summe	15	1	6
Insgesamt		44	2	15

* Prototyp des Integrationssystems deckt das Kriterium nur teilweise ab.

Von den 61 in den WCAG 2.0 beschriebenen Kriterien werden 44 durch die UI-Modellierung unterstützt und durch die prototypische Implementation abgedeckt. Zwei Kriterien (1.4.3 und 1.4.6) werden durch die Modellierung nicht unterstützt. Beide Kriterien betreffen eine physikalische Eigenschaft der Weboberfläche (Kontrast), die nicht zum Scope des UI-Modellls zählt, da das Layout nicht modelliert wird. Fünfzehn Kriterien beschreiben zugängliche Medienalternativen für Video- und Audio-Elemente (z. B. Textbeschreibungen, Untertitel). Da es sich dabei um umfangreiche textbasierte und synchronisierte Informationen handelt, ist eine Modellierung prinzipiell denkbar, jedoch praktisch wenig sinnvoll. Die Erstellung von Untertiteln für ein Video lässt sich durch Modellierung nicht erleichtern. In der Auswahl der Anwendungsfälle und der Funktionalität des Prototypen sind deshalb diese Kriterien nicht relevant. Das UI-Modell stellt für diese Inhalte die Container-Elemente zur Verfügung, die dann während der Implementation bzw. bei Live-Streaming auch Laufzeit mit Inhalten vervollständigt werden. Zusammengefasst lässt sich feststellen, dass die Abdeckungsanalyse die prinzipielle Eignung des modellgetriebenen Entwurfs einer barrierefreien Weboberfläche bestätigt. Der im sechsten Kapitel beschriebene modellgetriebene Entwurf der Weboberfläche unterstützt zirka 70 % der WCAG 2-Kriterien direkt. Ebenso liegen keine Entwurfsfehler vor, die mit den verbleibenden 30 % der Anforderungen in Konflikt stehen, d.h. der modellgetriebene Entwurf erzeugt gemäß den WCAG 2 keine anwendungsbezogenen Barrieren.

7.3.2 Testfallmuster für die barrierefreie Bedienung

Neben der prinzipiellen Eignung des modellgetriebenen Entwurfs ist es von Interesse, ob die UI-Modellierung darüber hinaus methodische Unterstützung für die Realisierung barrierefreier Weboberflächen bietet. Einen Überblick zu Methoden für die Evaluation der Barrierefreiheit geben Tabelle 5-6 sowie Anhang 10.3. Dazu ergänzend wird in dieser Forschungsarbeit das Verfahren der Testfallmuster eingeführt, dass die Möglichkeiten der benutzungszentrierten Entwicklung anwendet, um die Erfüllung der WCAG-Kriterien begleitend zu testen. Eine begleitende systematische Prüfung aller 61 WCAG-Kriterien ist aufwändig – einerseits aufgrund der Anzahl der Kriterien und andererseits wegen ihrer Verschiedenartigkeit. Testfallmuster haben den Vorteil, dass sie auf der Basis der UI-Modelle die relevanten WCAG-Kriterien effizient testen können. Dadurch stellen sie einerseits sicher, dass die Evaluation systematisch vollständig ist und andererseits auch effizient, da vorrangig die relevanten Kriterien geprüft werden. Die geeignete Unterstützung bietet der benutzungszentrierte Ansatz. Auf der Basis der modellierten Bedienabläufe werden zunächst die WCAG-Kriterien bestimmt, die die barrierefreie Ausführung dieser Aufgaben definieren. Im nächsten Schritt werden auf der Basis von Persona (vgl. Abschnitt 5.2) bzw. Benutzerprofilen Testfallmuster entwickelt, die durch die Verwendung von AT diese vorab bestimmten Kriterien abdecken, d.h. die relevanten WCAG-Kriterien werden in wenigen Szenarien zusammengefasst. Die Testfallmuster decken zusammen alle für den Prototyp relevanten WCAG-Kriterien ab. Tabelle 7-7 beschreibt die Testfallmuster der Weboberfläche des Integrationssystems.

Tabelle 7-7: Testfallmuster für das Integrationssystem

Testfallmustername	Beschreibung
Tastaturbedienung	Anwendungsfall allein mit Tastatur realisierbar
Screenreader	Anwendungsfall unabhängig von der visuellen Ausgabe realisierbar, durchgängige Ausgabe der Informationen mit Screenreader
Visuelle Darstellung	Visuelle Präsentation von Informationen und Bedienelementen (Farben, Kontraste etc.)
Navigation	Allgemeine Navigierbarkeit zwischen den Anwendungsfällen, Verwendung der Hilfsfunktionen
Codeanalyse	Konformität von Code und Markup

Die Testfälle für die begleitende Evaluation ergeben sich, indem diese Testfallmuster mit den spezifizierten Anwendungsfällen verschränkt werden. Sie beschreiben die allgemeinen zu prüfenden Eigenschaften und Anforderungen der Barrierefreiheit bezogen auf den einzelnen Anwendungsfall. Konkrete Handlungsanweisungen für den Entwickler bzw. Tester erleichtern die Verwendung der Testfälle. Das Resultat der Evaluation wird in einer Matrix übersichtlich visualisiert (vgl. Tabelle 7-8).

Tabelle 7-8: Beispiel einer Ergebnismatrix für die Evaluation mit Testfallmustern

Testfallmuster	Anwendungsfall			
	Datei hochladen	Integration starten	Extraktion starten	Datei herunterladen
Tastaturbedienung	Ok	Ok	Ok	Ok
Screenreader	Nicht getestet	Nicht getestet	Nicht getestet	Nicht getestet
Visuelle Darstellung	Ok	Ok	Nicht ok	Ok
Navigation	Ok	Nicht ok	Nicht ok	Ok
Codeanalyse	Ok	Ok	Ok	Ok

Die beschriebenen Muster strukturieren und vereinfachen die Prüfung der Anforderungen, sodass sich die Evaluation effektiv und effizient durchführen lässt. Die Muster gestatten eine begleitende Evaluation während der Implementation, die bspw. auch der Entwickler selbst durchführen kann, um ein schnelles Feedback zu erhalten. Da die Testfallmuster auf der Basis der Anwendungsfälle entwickelt werden, sind sie anwendungsspezifisch und müssen jeweils neu entwickelt werden.

7.3.3 Auswertung der Fallstudie

Die Arbeitshypothese des entwickelten Konzepts ist: Der modellgetriebene Entwurf ausgehend von den Bedienaufgaben des Benutzers unterstützt die Integration der barrierefreien Bedienung in den Entwurf der Anwendung. Der benutzungszentrierte Entwurf bietet die Möglichkeit effektiv und effizient die für die Bedienung notwendigen Informationen zu definieren und ihre Implementation zu validieren. Dazu werden Testfallmuster entwickelt und durch Kombination mit den Anwendungsfällen Testfälle generiert, die ein systematisches und effizientes Testen der WCAG 2-Kriterien unterstützen. Diese Testfälle sind bzgl. der Gesamtabdeckung zuverlässiger als bspw. einfache Screening-Tests. Da die Testkriterien gleich bleiben, sind die Testfälle auch für Entwickler nach kurzer Einarbeitungszeit gut zu praktizieren und bieten sich als begleitende systematische Evaluation während der Implementation an. Systematische Tests des finalen Produkts durch Benutzer bzw. Experten vervollständigen die Evaluation der barrierefreien Bedienbarkeit. Damit bietet der benutzungszentrierte Ansatz nicht nur Vorteile für den Einstieg in Analyse und Entwurf, sondern den Entwicklern auch die Sicherheit, die relevanten Anforderungen umsetzen zu können. Der modellgetriebene Entwurf bietet neben den Vorteilen, die sich allgemein aus dem Einsatz angepasster abstrakter Modelle ergeben, den Vorteil des modellbasierten Testens, sodass die Anforderungen der barrierefreien Bedienbarkeit frühzeitig im Entwurf evaluiert werden. Die ersten Tests können dabei bereits auf die Bedienmodelle angewendet werden, sodass der Modellierungsprozess begleitend evaluiert wird.

Mit dem Einsatz moderner Entwicklungsframeworks für Webanwendungen schließt sich zunehmend die Lücke zwischen Modellierung und Implementation, sodass der Aufwand für implementierungsabhängige konkrete Präsentationsmodelle geringer wird. Die für die Webentwicklung typischen Hacks und Workarounds, die bereits bei alltäglichen Kundenwünschen erforderlich sind, konterkarieren allerdings diese Entwicklung, sodass der effiziente Einsatz abstrakter UI-Komponenten ohne „Fummelei" kaum denkbar ist. Dieses Phänomen gilt insbesondere für die barrierefreie Bedienbarkeit, da der Einsatz zusätzlicher Technologien und nicht alltägliche Anforderungen zusätzliche Kleinarbeit erfordern. Aufgrund der weiterhin rasanten Entwicklung webbasierter Bedientechnologien ist hier Skepsis angebracht. Dennoch unterstützt der Trend zum Engineering von Weboberflächen allgemein die Integration der Barrierefreiheit und die Entwicklung systematischer ganzheitlicher Konzepte wird möglich.

7.4 Validierung des Entwurfs

In Abschnitt 5.4 werden Anforderungen für den Entwurf barrierefreier Weboberflächen aufgestellt, die der im sechsten Kapitel dargestellte Entwurfsprozess erfüllen soll. Aufgabe der Validierung gegen die Anforderungen ist es, sicherzustellen, dass die Spezifikation durch den beschriebenen Softwareentwicklungsprozess erfüllt wird. Die in Abschnitt 5.4 aufgestellten funktionalen und qualitativen Anforderungen werden einzeln validiert.

7.4.1 Funktionale Anforderungen

FA1

Die Anforderung wird erfüllt. Sowohl das Bedienmodell (vgl. Abschnitt 6.3.1) als auch die Standardarchitektur (vgl. Abschnitt 4.4) integrieren Anwendungsfälle als Spezifikationsmittel. Das Bedienmodell verwendet Szenarien für die Identifikation und Beschreibung von Benutzeraktivitäten. Für die barrierefreie Entwicklung der Szenarien können die Prinzipien des Universal Design genutzt werden. Die Verwendung von Persona unterstützt die Erweiterung der Szenarien mit individuellen Anforderungen der barrierefreien Bedienbarkeit.

FA2

Die Anforderung wird erfüllt. Das Präsentationsmodell auf der Basis der WAI-ARIA (vgl. Abschnitt 6.3.3) unterstützt die semantische Definition einer interaktiven Weboberfläche inkl. Struktur der Ansicht, Rollen der UI-Komponenten und -elemente, deren Eigenschaften und aktuelle Zustände. Die WAI-ARIA werden durch AT unterstützt, sodass die Weboberfläche für AT zugänglich ist (vgl. Abschnitt 4.2).

FA3

Die Anforderung wird erfüllt. Das Dialogmodell (vgl. Abschnitt 6.3.2) unterstützt die Transformation des Bedienmodells in die Definition der Weboberfläche. Die Anwendung der Kontext- und Strukturebene unterstützt Aspekte der Barrierefreiheit, die Orientierung, Übersicht und Navigation betreffen. Die Beschreibung der Interaktionen inkl. Validierung der Benutzereingaben unterstützt den Anwender in der Fehlervermeidung und -korrektur.

FA4

Die Anforderung wird erfüllt. Die essenziellen Modelle der Weboberfläche – Bedien-, Dialog- und Präsentationsmodell (vgl. Abschnitt 6.2) – werden definiert. Die Definition der Weboberfläche erfolgt durch das Präsentationsmodell auf Basis der WAI-ARIA (vgl. Abschnitt 6.3.3).

FA5

Die Anforderung wird erfüllt. Das Präsentationsmodell unterstützt die Implementation mit dem JSF-Framework (vgl. Abschnitt 7.2.4). Die Verwendung deklarativer UI-Beschreibungssprachen wird durch Entwicklungsframeworks unterstützt, sodass die Definition der Weboberfläche implementiert werden kann. Die konkrete Übersetzung der WAI-ARIA-Elemente hängt vom UI-Modell des Entwicklungsframeworks ab. Da die WAI-ARIA nicht erweitert werden können, ist die Verwendung der UI-Elemente des Frameworks u.U. limitiert (vgl. Abschnitt 4.2).

FA6

Die Anforderung wird erfüllt. Die Unterstützung durch eine begleitende Evaluation der Modelle wird in Abschnitt 6.4 dargestellt. Ebenso werden Testfallmuster generiert, die eine begleitende Evaluation unterstützen (vgl. Abschnitt 7.3). Die Abdeckung der WCAG-Kriterien wird in Abschnitt 7.3 beschrieben.

7.4.2 Qualitative Anforderungen

QA1

Die Anforderung wird erfüllt. Der Prototyp unterstützt alle relevanten sowie den überwiegenden Teil aller WCAG-Kriterien (vgl. Abschnitt 7.3). Die Anforderungen der WCAG 2 werden in die Standardarchitektur sowie die Teilmodelle der Weboberfläche abgebildet.

QA2

Die Anforderung wird teilweise erfüllt. Sowohl der modellgetriebene Entwurf der Weboberfläche als auch die WCAG werden in die Standardarchitektur (vgl. Abschnitt 4.4) abgebildet.

QA3

Die Anforderung wird erfüllt. Das Bedien-, Dialog- und Präsentationsmodell (vgl. Abschnitt 6.3) entsprechen den oberen beiden Abstraktionsebenen Tasks&Concepts und APM im CRF (vgl. Abschnitt 4.5). Für das Dialogmodell gibt das CRF die genaue Zuordnung nicht an. Das für den Prototypen entwickelte Präsentationmodell wird im JSF-Framework als ein konkretes Präsentationsmodell – auf Basis von JSF-Views – der Weboberfläche implementiert, das anschließend durch das Framework automatisch in den finalen HTML-Code übersetzt wird.

QA4

Die Anforderung wird erfüllt. Die Erstellung und Notation der Modelle erfolgt mit der UML (vgl. Abschnitt 6.3).

QA5

Die Anforderung wird teilweise erfüllt. Die prinzipielle Machbarkeit alternativer Darstellungen für UML-Diagramme untersucht Abschnitt 6.5. Die vollständige Erfüllung der Anforderung hängt von den eingesetzten Werkzeugen und deren barrierefreier Gestaltung ab.

Fazit: Der dargestellte benutzungszentrierte und modellgetriebene Entwurfsprozess für Weboberflächen erfüllt die in Abschnitt 5.4 spezifizierten notwendigen Anforderungen vollständig und die optionalen Anforderungen überwiegend.

7.5   Zusammenfassung

In diesem Kapitel wird der benutzungszentrierte und modellgetriebene Entwurf einer barrierefreien Weboberfläche in einer Fallstudie für ein webbasiertes Integrationssystem untersucht und gegen die in Abschnitt 5.4 spezifizierten Anforderungen erfolgreich validiert. In der Fallstudie wird der Prototyp einer barrierefreien interaktiven Weboberfläche entworfen und evaluiert. Abschnitt 7.2.1 stellt zunächst die Spezifikation der Weboberfläche auf Basis der Anwendungsfälle dar. Es werden die Benutzungsszenarien beschrieben sowie die Bedienabläufe skizziert. Anschließend beschreibt Abschnitt 7.2.3, wie der modellgetriebene Entwurf für ein Rapid Prototyping mit Schwerpunkt auf der Evaluation der Barrierefreiheit eingesetzt werden kann. Es zeigt sich, dass durch die Modellierung und Implementation auf der Anwendungs- und Kontextebene eine Teilmenge der WCAG-Kriterien bereits in frühen Prototypen evaluiert werden kann. Entwurf und Implementation der Weboberfläche stellt Abschnitt 7.2.4 dar. Bedien-, Dialog- und Präsentationsmodelle werden definiert und abschließend implementiert. Die beschriebene Anwendungsarchitektur definiert die Kommunikation zwischen Weboberfläche und Anwendungskern auf Basis der Standardarchitektur in Abschnitt 4.4 (vgl. Abbildung 4-5). Der Entwurf der Weboberfläche wird in Abschnitt 7.3 auf die Unterstützung der Barrierefreiheit gemäß den WCAG evaluiert. Dafür werden die WCAG-Kriterien auf ihre Unterstützung durch die Modellierung hin untersucht. Das beschriebene Konzept der Testfallmuster demonstriert, wie die Modelle der Weboberfläche für eine begleitende effiziente Evaluation genutzt werden können. Die erfolgreiche Validierung des modellgetriebenen Entwurfs in Abschnitt 7.4 schließt das Kapitel ab.

8 Übertragbarkeit und Ausblick

8.1 Überblick

In diesem Kapitel wird die Frage untersucht, wie der benutzungszentrierte und modellgetriebene Entwurf einer barrierefreien Weboberfläche auf weitere Anwendungsfelder übertragen werden kann. Abschnitt 8.2 ordnet das Konzept dieser Forschungsarbeit zunächst in den domänenübergreifenden Ansatz des INAMOSYS-Projekts ein und untersucht die Übertragbarkeit auf Bediensysteme der Produktautomatisierung. Die Diversifizierung mobiler Geräte wie Smartphones und Tablets mit webbasierten Anwendungen macht weiterhin die Entwicklung barrierefreier Weboberflächen für diese Geräteklassen interessant. Abschnitt 8.3 stellt dazu das Konzept der Multiplattformentwicklung vor, um den domänenübergreifenden Entwurf einer barrierefreien Bedienoberfläche weiter zu verallgemeinern.

8.2 Einordnung in das INAMOSYS-Projekt

Im INAMOSYS-Projekt (vgl. Abschnitt 4.6) wurden die Domänen der Webanwendungen und der Produktautomatisierung in einem gemeinsamen Ansatz für barrierefreie Benutzungsschnittstellen zusammengeführt. Ziel des Projekts war die Entwicklung eines übergreifenden Konzepts für beide Domänen. Unterschiedliche individuelle, technische bzw. umweltbedingte Faktoren schränken die Interaktionsmöglichkeiten zwischen Benutzer und Benutzungsschnittstelle in beiden Domänen vergleichbar ein (vgl. Tabelle 8-1).

Tabelle 8-1: Webanwendungen und Bediensysteme in der Produktautomatisierung (vgl. Göhner & Jeschke 2011: 5)

Gemeinsamkeiten	
- Alltägliche Verbreitung - Unterschiedliche Benutzerrollen - Zusammenwachsen von eingebetteten Systemen und Informationssystemen - Automatisierung von Arbeitsabläufen - Verwendung von Webtechnologien für Benutzungsschnittstellen	
Unterschiede	
Web	**Produktautomatisierung**
Relativ einheitliche, flexible Plattformen (Notebooks, Tablets, Smartphones u.a.) inkl. AT	Diversifizierung der Hardwareplattformen, keine benutzerseitige AT
Geringer Einfluss der Umgebungsbedingungen	Großer Einfluss der Umgebungsbedingungen
Einsatzgebiete: Dienstleistungen, Verwaltung, Kommunikation	Einsatzgebiete: Kommunikation, Haushalt, Fahrzeuge
Standardisierte Client-Server-Architekturen, Informationssysteme mit hohem Funktionalitätsumfang und Informationsaufkommen	Kostensensible Massenprodukte mit dediziertem Funktionsumfang und Informationsaufkommen, eingeschlossene Systeme, eingeschränkte Informations- und Eingriffsmöglichkeiten
Hoher Anpassungsbedarf während der Laufzeit	Manchmal häufige technische Wartung
Eigenständige benutzerseitige Bedientechnologie	Integrierte Bedientechnologie

Als Grundlage der Übertragung wurde im INAMOSYS-Projekt eine generische Systemarchitektur entwickelt, die die grundlegenden Anforderungen von Webanwendungen und Bediensystemen in der Produktautomatisierung abdeckt (vgl. Abbildung 8-1).

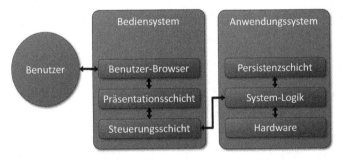

Abbildung 8-1: Systemarchitektur für Webanwendungen und Automatisierte Systeme (Göhner & Jeschke 2011: Abb. 1)

Die INAMOSYS-Architektur verbindet die 3-Schichten-Architektur für interaktive Softwaresysteme – mit Präsentations-, Anwendungs- und Persistenzschicht (vgl. Abbildung 4-2) – und die Standardarchitektur für Automatisierungssysteme (vgl. Lauber & Göhner 1999: 24–38) – mit Bedien-, Automatisierungs- sowie technischem System. Das Bediensystem umfasst die gesamte Useware (vgl. Abschnitt 2.2), die für die Bedienung des Anwendungssystems erforderlich ist. Dazu zählen benutzerseitige Browser o.ä., eine Präsentationskomponente und die Dialogsteuerung. Systemlogik und Persistenz-Komponente bilden bei Webanwendungen das Backend ab und in der Produktautomatisierung beschreiben sie die Automatisierungskomponente für die Steuerung des technischen Systems.

In dieser Forschungsarbeit wird das INAMOSYS-Konzept für Webanwendungen erweitert und in eine Standardarchitektur für lokale bzw. webbasierte Anwendungen eingebunden (vgl. Abbildung 4-3). Abbildung 8-2 stellt den Zusammenhang zwischen der Standardarchitektur und der INAMOSYS-Architektur dar.

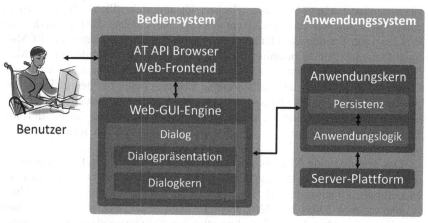

Abbildung 8-2: Adaption der INAMOSYS-Architektur

Die Useware des Bediensystems umfasst das Web-Frontend auf dem Web-Client und die Web-GUI-Engine auf dem Web-Server. Die Useware wird vervollständigt durch die Komponenten der Wertschöpfungskette für barrierefreie Bedienung (vgl. Abschnitt 5.2 und Anhang 10.2). Präsentations- und Steuerungsfunktionalität werden in der Web-GUI-Engine gekapselt, die mit dem Anwendungskern kommuniziert. Der Anwendungskern kapselt als Web-Backend die Anwendungslogik sowie die Datenhaltung. Der in dieser Forschungsarbeit beschriebene Entwurf barrierefreier Weboberflächen setzt benutzerseitig verfügbare AT voraus, d.h. dem Benutzer stehen alternative Wege der visuellen, auditiven bzw.

haptischen Interaktion offen. Um in Bediensystemen der Produktautomatisierung AT verwenden zu können, muss diese mit integriert werden oder Zugänge für externe Bediengeräte sind verfügbar. Integrierte AT kann z. B. eine zusätzliche Audioausgabe sein und für den einfachen externen Zugang sind Funktechnologien verfügbar. Die kostensensitive Umsetzung der Webtechnologie in Useware für die Produktautomatisierung stellt für die Übertragung eine Herausforderung dar, wenn die Webanwendung auf kostengünstiger Hardware realisiert werden muss. Assistive Technologie ist in den Bediensystemen der Produktautomatisierung bisher wenig verbreitet, sodass Bedienkonzepte mit den integrierten Benutzungsschnittstellen realisiert werden müssen. Der Ansatz einer domänenübergreifenden Entwicklung wird im nächsten Abschnitt weiter vertieft.

8.3   Multiplattformentwicklung mit dem CRF

Durch die zunehmende Verbreitung unterschiedlicher Geräteklassen – bspw. Tablets, Smartphones und Notebooks für die mobile Verwendung ergibt sich ein zunehmender Bedarf, Bedienoberflächen für unterschiedliche Plattformen in einem gemeinsamen Prozess zu entwickeln. Die domänenübergreifende Entwicklung von Benutzungsschnittstellen wird allgemein unter dem Begriff Multiplattformentwicklung zusammengefasst. Eine große Herausforderung der Multiplattformentwicklung ist der Kontrast zwischen Commonality und Variabilität. Commonality bedeutet, dass verschiedene Bediensysteme auf den gleichen Anwendungskern zugreifen können und sich eine gemeinsame Struktur sowie ähnliche Funktionalitäten teilen. Variabilität bezeichnet die Vielfalt der Plattformen. Sie erfordert die Integration der spezifischen Eigenschaften technisch unterschiedlicher Plattformen.

Das grundlegende Konzept der Multiplattformentwicklung für Bedienoberflächen beschreibt das CRF (vgl. Calvary et al. 2003: 289–308) auf der Basis von Modelltransformationen (vgl. Abschnitt 4.5) und der Multipfadentwicklung (Limbourg et al. 2005: 200–220). Mehrere Transformationen bilden dabei einen Entwicklungspfad, z. B. die Transformation eines Bedienmodells zum Präsentationsmodell. Entwicklungspfade können verschiedene Richtungen besitzen, Top-Down von HighLevel-Modellen wie dem Bedienmodell ausgehend, Bottom-Up beim Reverse-Engineering oder auch „seitwärts" und verschiedene Pfade können dabei nebeneinander existieren (vgl. Abbildung 4-10). Das prinzipielle Vorgehen der Top-Down-Entwicklung stellt sich am CRF folgendermaßen dar (vgl. Abbildung 8-3): Ein abstraktes Modell definiert zuerst die gemeinsamen Eigenschaften aller Benutzungsschnittstellen, die anschließend in konkreten plattformspezifischen Modellen erweitert werden.

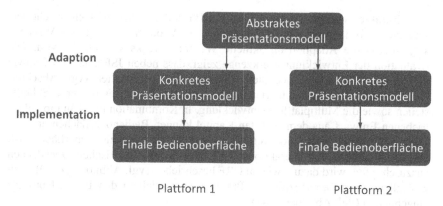

Abbildung 8-3: Präsentationsmodelle in der Multiplattformentwicklung

Die Translation auf einen anderen Pfad kann bereits in den HighLevel-Modellen erfolgen, sodass verschiedene Modelle für die Bedienung bzw. Interaktion entwickelt werden können. Das CRF unterstützt auf den verschiedenen Abstraktionsstufen die Transformation zwischen den Modellen für unterschiedliche Plattformen (Context, vgl. Abbildung 4-10). Werden auf der obersten Ebene *Task & Concepts* für jede Plattform eigene Modelle entwickelt, dann werden die Bedienoberflächen getrennt entwickelt. Je mehr Modelle miteinander geteilt werden können, desto größer ist die Konsistenz der Benutzungsschnittstellen und die Commonality nimmt zu. Auf der anderen Seite bietet die Trennung auf höheren Ebenen die Möglichkeit einer größeren Variabilität und Adaption an eine spezifische Plattform. Das CRF gibt das Verhältnis von Commonality zu Variabilität nicht vor, sondern ermöglicht einen flexiblen Umgang mit den spezifischen Anforderungen.

Vergleichbar wird das auf die Integration der barrierefreien Bedienbarkeit übertragen. Die Bedienaufgaben dienen als Basis der Analyse und des Entwurfs. Für eine hohe Konsistenz der zu entwerfenden Bedienoberflächen unterstützen diese die gleichen Bedienaufgaben, sodass ein gemeinsames Bedienmodell verwendet wird. Werden auch Dialog- und Präsentationsmodelle gemeinsam genutzt, sind die Dialogabläufe, die Struktur der Bedienoberfläche etc. gleich, sodass sich bspw. der Lernaufwand für den Benutzer bzgl. der verschiedenen Bedienoberflächen verringert. Das bedeutet auch, dass die Variabilität des Entwurfs geringer ausfällt und dass u.U. spezifische Eigenschaften der Plattformen nicht unterstützt werden.

Der in dieser Forschungsarbeit entwickelte Entwurfsprozess deckt insbesondere die beiden abstrakten Ebenen des CRF mit einem Bedien-, Dialog- und Präsentationsmodell ab. Die konkrete Beschreibung der Weboberfläche erfolgt in der Fallstudie (vgl. Abschnitt 7.2.4) mit Unterstützung eines JSF-Frameworks.

Das abstrakte Präsentationsmodell auf der Basis der WAI-ARIA entspricht derzeitigen Anforderungen für HTML5-basierte Weboberflächen (vgl. Abschnitt 4.2), sodass die Adaption an aktuelle Webframeworks vereinfacht wird. Die Evaluation der Entwicklungswerkzeuge zeigt, dass neben JSF auch GWT sowie die Silverlight-Plattform geeignete Unterstützung bereithalten (vgl. Abschnitt 5.2). Diese Frameworks integrieren die Barrierefreiheit über moderne Schnittstellen sowie die Multiplattformentwicklung. In Kombination mit dem modellgetriebenen Entwurf aus dem sechsten Kapitel können Bedienoberflächen entworfen werden, deren Interaktionsverhalten vergleichbar zu lokalen Oberflächen ist. Um das Potenzial der Interaktionsmöglichkeiten mit spezifischen Oberflächen auszuschöpfen, wird dazu – wie im CRF beschrieben (vgl. Abbildung 4-10) – ein zusätzliches plattformspezifisches Präsentationsmodell in den Entwurfsprozess eingebunden (vgl. Abbildung 8-4).

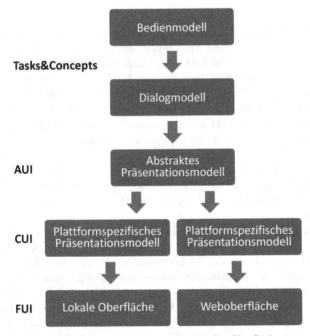

Abbildung 8-4: Multipfadentwicklung webbasierter und lokaler Oberflächen

Da die verwendete Standardarchitektur sowohl lokale Oberflächen als auch Weboberflächen unterstützt (vgl. Abschnitt 4.4), sind für eine Übertragung nur geringe Anpassungen in der Softwarearchitektur erforderlich.

8.4 Ausblick

In diesem Kapitel wird die Übertragbarkeit des benutzungszentrierten und modellgetriebenen Entwurfs barrierefreier Weboberflächen auf weitere Anwendungsplattformen untersucht. Für die Multiplattformentwicklung bietet das vorgestellte Modellierungskonzept eine gute Basis. Das ergibt sich insbesondere durch die Integration des CRF als Referenzmodell. Auch die Verwendung der Standardarchitektur bietet dafür Vorteile, bspw. unterstützt ihre Trennung fachlicher von technischen Komponenten die Wiederverwendung von Softwareartefakten. Damit ergibt sich das Potenzial, mit Hilfe des modellgetriebenen Entwurfs barrierefreie lokale Oberflächen zu entwickeln, da die verwendeten Entwurfskonzepte aus dem sechsten Kapitel von Hause aus eine hohe Affinität für die Anforderungen lokaler Oberflächen besitzen. Für die Übertragung des modellgetriebenen Entwurfs auf Bediensysteme der Produktautomatisierung stellen die limitierten Ressourcen der dort eingesetzten Bedientechnologien eine Herausforderung dar.

In dieser Forschungsarbeit erfolgen die Analyse und der Entwurf der Weboberfläche auf der Basis der Bedienaufgaben und anwendungsbezogener Barrieren. Das erfordert, dass Benutzer und Entwickler die Bedienung, ihre Ziele sowie Abläufe antizipieren können. Ist die Antizipation nicht möglich – bspw. bei komplett neu konzipierten Produkten – bzw. müssen andere Barriereklassen in die Analyse mit einbezogen werden (vgl. Abschnitt 3.2), dann sind weitergehende Ansätze von Interesse. Dazu zählt bspw. das aktivitätszentrierte Design auf der Basis der Tätigkeitstheorie (vgl. Gay & Hembrooke 2004).

Die modellgetriebene Entwicklung von Software stellt an die breite Anwendbarkeit noch weitergehende allgemeine Herausforderungen. Dazu zählen u.a. das Management von manuell erzeugtem Code bei nachträglichen Modelländerungen oder das Reverse Engineering (vgl. Abschnitt 4.5). Aus Sicht des praktischen Einsatzes der in dieser Forschungsarbeit entwickelten benutzungszentrierten und modellgetriebenen Entwurfsmethode ist die Untersuchung dieser allgemeinen Anforderungen an modellgetriebene Methoden eine wichtige Weiterentwicklung und Erweiterung. Des Weiteren schafft die strenge Formalisierung der im sechsten Kapitel verwendeten Modelle die Voraussetzung für die Ableitung der Transformationsregeln zwischen den Modellen (M2M-Transformation) sowie die Kompilierung in Laufzeitcode (M2T-Transformation). Das skizziert den Weg zur weitergehend werkzeuggestützten Umsetzung der im sechsten Kapitel beschriebenen Entwurfsmethode. Unabhängig davon bietet die weitere Ableitung dezidierter Test- und Evaluationsverfahren für Analyse und Entwurf von barrierefreien Webanwendungen unmittelbare Vorteile im praktischen Einsatz. Ziel dieser Verfahren muss es sein, frühzeitig Fehler im Entwurf zu identifizieren und korrigieren zu können. Ein geeigneter Ansatz dafür sind zum Beispiel modellgetriebene Tests sowie die in Abschnitt 7.3 vorgestellten Testfallmuster.

9   Zusammenfassung

In dieser Forschungsarbeit wird ein benutzungszentrierter und modellgetriebener Ansatz für den Entwurf barrierefreier Weboberflächen beschrieben und untersucht. Der Bedarf für diesen Ansatz ergibt sich einerseits durch die hohe Komplexität der Anforderungen für eine barrierefreie Bedienung, die mit der Vielfalt der Webtechnologien sowie der Diversität der Anforderungen korrespondiert. Andererseits erfordern moderne Entwicklungsprozesse eine frühe und umfassende Integration der Barrierefreiheit in Analyse, Spezifikation und Entwurf der Webanwendung. Die methodische Unterstützung des Entwurfs erleichtert die Vermeidung von Fehlern in der Konzeption, die Auswahl der geeigneten Werkzeuge und trägt zu einer Reduzierung der Entwicklungskosten bei. Die Voraussetzungen für die methodische Integration behandelt die erste Forschungsfrage nach den Anforderungen der barrierefreien Bedienbarkeit an den Entwurf einer Weboberfläche (vgl. Abschnitt 1.2). Die Beantwortung dieser Frage ist der Schwerpunkt des fünften Kapitels. Der interdisziplinäre Zugang dieser Forschungsarbeit untersucht dazu den Zusammenhang zwischen technischen Gestaltungskonzepten der sozialen Inklusion wie dem Universal Design auf der einen Seite (vgl. Abschnitt 3.3) und den Eigenschaften moderner Webentwicklungsprozesse auf der anderen Seite (vgl. Abschnitt 5.2). Durch eine Analyse des Forschungsfeldes auf Basis der Barrieren wird im dritten Kapitel herausgearbeitet, dass ein benutzungszentrierter Ansatz den geeigneten Rahmen für die Integration der Barrierefreiheit bietet. Das Ergebnis dieser Untersuchung bildet die Spezifikation für den Entwurf einer barrierefreien Weboberfläche (vgl. Abschnitt 5.4).

Die zweite Forschungsfrage nach dem „Wie" eines benutzungszentrierten und modellgetriebenen Entwurfs barrierefreier Weboberflächen behandelt die methodische Unterstützung (vgl. Abschnitt 1.2). Diese Frage bildet den Schwerpunkt des sechsten und siebten Kapitels. Die ganzheitliche Konzeption einer barrierefreien Bedienung erfordert Kenntnisse in verschiedenen Fachgebieten der HCI und der Webentwicklung (vgl. Kapitel 4). Da die vorhandenen Empfehlungen für barrierefreie Webinhalte nur das Laufzeitverhalten der Anwendung adressieren und nicht die Anforderungen an Analyse und Entwurf, ist Expertenwissen notwendig, um Fehler im Entwurf der Webanwendung zu vermeiden. Der im sechsten Kapitel beschriebene modellgetriebene Entwurfsprozess integriert die WCAG-Empfehlungen für barrierefreie Webinhalte und bietet die geforderte methodische Herangehensweise. Das Konzept der modellgetriebenen Entwicklung unterstützt den Transformationsprozess von den Bedienaufgaben hin zur Definition der Weboberfläche (vgl. Abschnitt 6.3). Den Ausgangspunkt dafür bildet die Analyse und Modellierung der Bedienaufgaben (vgl. Abschnitt 6.3.1). Die Methode des modellgetriebenen Entwurfs wird in den für die HCI essenziellen Sichten der Bedienabläufe, der Interaktion und des Verhaltens bzw. der Struktur der Weboberfläche ausgearbeitet. Der besondere Fokus liegt dabei auf der Modellierung des Kontexts der Interaktion zwischen Benutzer und Weboberfläche, um die Anforderungen bzgl. der Orientierung, des Überblicks und der Navigation zu unterstützen. Es wird gezeigt, dass eine detaillierte Abbildung der Anforderungen auch die Integration einer dezidierten Softwarearchitektur erfordert (vgl. Abschnitt 4.4 und 6.2). In einer Fallstudie im siebten Kapitel wird der benutzungszentrierte und modellgetriebene Entwurfsprozesses für den Entwurf der Weboberfläche eines Integrationssystems genutzt. Die Anwendungsfälle für das System werden analysiert und modelliert sowie eine adäquate Weboberfläche entworfen und implementiert. Eine Evaluation der Modellierung sowie der Weboberfläche vervollständigt die Fallstudie (vgl. Abschnitt 7.3). Für eine effiziente begleitende Evaluation wird das Konzept der Testfallmuster beschrieben.

Die abschließende dritte Forschungsfrage nach der Übertragbarkeit des benutzungszentrierten und modellgetriebenen Entwurfs barrierefreier Weboberflächen auf weitere Anwendungsfelder rundet die Untersuchung ab. Sie zielt auf die Grenzen des dargestellten Konzepts und die Möglichkeiten ihrer Überwindung. Das achte Kapitel befasst sich mit der Untersuchung dieser Forschungsfrage. Zunächst wird der benutzungszentrierte und modellgetriebene Entwurf in das domänenübergreifende Konzept des INAMOSYS-Projekts eingeordnet (vgl. Abschnitt 8.2). Die weite Verbreitung von Webtechnologien auf mobilen Geräten sowie die Affinität zwischen interaktiven Weboberflächen in Form der RIAs und lokalen Oberflächen unterstützen die Übertragung des Konzepts auf weitere technische Plattformen. Dazu wird die Multiplattformentwicklung mit dem CRF untersucht (vgl. Abschnitt 8.3). Die Übertragbarkeit wird auch dadurch unterstützt, dass in dieser Forschungsarbeit systematisch generische Konzepte wie die UML, die Standardarchitektur für interaktive Anwendungen oder das Referenzframework CRF verwendet werden.

Abschließend lässt sich feststellen, dass die barrierefreie Bedienbarkeit von Weboberflächen im Entwurf durch formalisierte Methoden unterstützt und erleichtert werden kann. Neben agilen und prozessgetriebenen Vorgehensweisen mit einem hohen Anteil an Benutzerbeteiligung bilden damit produktgetriebene „ingenieurmäßige" Herangehensweisen eine weitere Möglichkeit der ganzheitlichen Integration der Barrierefreiheit in den Entwicklungsprozess von Webanwendungen.

10 Anhang

10.1 Barrierefreiheit, Integration und Inklusion

Behinderung wird heutzutage nicht mehr allein aus der medizinische Perspektive betrachtet, sondern durch ein soziales Konzept erweitert. Barrierefreiheit gestaltet über rein technische Aspekte hinaus auch die soziale Inklusion mit. Für die sachliche Einordnung der Entwicklung gibt dieser Abschnitt einen kurzen Abriss der sozialwissenschaftlichen, medizinischen sowie juristischen Hintergründe.

Die ersten Förderschulen für Kinder mit sensorischen, motorischen oder kognitiven Einschränkungen sind im deutschsprachigen Gebiet im 18./19. Jahrhundert gegründet worden. In der zweiten Hälfte des 19. Jahrhunderts entsteht die Sonderpädagogik als eigenständige wissenschaftliche Disziplin und seit den 1950er Jahren erfolgt in der Bundesrepublik die Gründung von Sonder- bzw. Förderschulen[8]. Der Begriff *Barrierefreiheit* ist in Deutschland seit den 1960er Jahren in Gebrauch und zielt auf technische Maßnahmen für die alltägliche Lebensführung von Menschen mit Behinderung. Traditionell werden die Gestaltung der baulichen Umwelt sowie später Informations- und Kommunikationstechnologien adressiert[9]. Bis in die 1980er Jahre hinein beschränkt sich das Verständnis von Behinderung auf eine medizinische Perspektive und Ziel der Rehabilitation ist es, Menschen mit Behinderung wieder zu integrieren. Diese Sichtweise ist auch international dominant. Die WHO verabschiedet 1980 mit der *International Classification of Impairments, Disabilities and Handicaps* eine medizinische Klassifikation von Behinderungen (ICIDH, WHO 1980). Die ICIDH definiert Behinderung als Folge einer Krankheit und orientiert sich an den vorhandenen Störungen bzw. Defiziten. Die grundlegenden Begriffe sind Impairment (Schädigung), Disability (Fähigkeitsstörung) sowie Handycap (soziale Beeinträchtigung). Medizinische bzw. technische Maßnahmen dienen der Behandlung und Sicherstellung der sozialen Integration des Individuums.

Die Behindertenbewegung der 1970er Jahre entwickelt eine weitergehende Kritik der Diskriminierung, fehlenden Selbstbestimmung und sozialen Ausgrenzung. Die individuelle bzw. medizinische Perspektive wird durch ein soziales Modell der Behinderung ergänzt (Zola 1982; Oliver 1983), das Behinderung als sozial, kulturell und historisch konstruiert versteht. In der Folge entstehen ausgehend von US-amerikanischen und britischen Universitäten die Disability Studies

---

8 Eine Darstellung der Geschichte der Sonderpädagogik sowie -schulen gibt Ellger-Rüttgardt (Ellger-Rüttgardt 2008).

9 Zur Geschichte der Barrierefreiheit in der Bundesrepublik vgl. Bösl (Bösl 2012: 29–51) und zur amerikanischen Perspektive vgl. Longmore und Umansky (Longmore & Umansky 2001: 1–29). Für die techniksoziologische Sicht auf Technik und Behinderung vgl. Imrie (Imrie 1996), Schillmeier (Schillmeier 2007: 195–208), Lupton und Seymour (Lupton & Seymour 2000: 1851–1862) sowie Ott (Ott 2002: 1–42)

als interdisziplinäres Forschungsfeld. Der Perspektivenwechsel vom Individuum mit Behinderung hin zur exkludierenden Gesellschaft erfasst auch die internationale sowie nationale politische Willensbildung. Über den Verfassungsentwurf des Runden Tisches und die Landesverfassungen der neuen Bundesländer findet das Thema 1994 Eingang in das Grundgesetz der Bundesrepublik (Welti 2012: 68) mit der Ergänzung Art. 3 Abs. 3 Satz 2 „Niemand darf wegen seiner Behinderung benachteiligt werden." und wird in weiteren Landesgesetzen der alten Bundesländer verankert. Die Verantwortung für die weitere juristische Ausgestaltung liegt auf Bundes- und Landesebene. Für Bundesbehörden wird 2002 das *Behindertengleichstellungsgesetz* (BGG, BMJV 2002) erlassen. Zur Umsetzung des BGG auf Landesebene dienen Landesgleichstellungsgesetze, die teilweise Unterschiede in den Formulierungen und Intentionen enthalten. Auch auf europäischer und internationaler Ebene finden vergleichbare Entwicklungen statt. Das *Internationale Übereinkommen über die Rechte von Menschen mit Behinderungen* (*Convention on the Rights of Persons with Disabilities*, UN 2006) trat 2008 in Kraft und ist durch die Bundesrepublik ratifiziert worden (Bundestag 2008). Die Bundesregierung sah zum Zeitpunkt der Ratifizierung keinen Anpassungsbedarf für das deutsche Recht (vgl. Deutscher Bundestag 16. Wahlperiode: 1–3).

Als Ergänzung des BGG schreibt die *Barrierefreie Informationstechnik-Verordnung 2.0* (BITV 2.0, BMAS 2011) für alle Angebote von Bundesbehörden im Inter- und Intranet die Barrierefreiheit vor. Die Umsetzungsbedingungen gibt die BITV ebenfalls an und orientiert sich dabei an den WCAG des W3C (vgl. W3C 2008b). Auf Landesebene wurden eigenständige Regelungen erlassen, die sich meist an der BITV orientieren oder diese übernehmen. Für die Gestaltung barrierefreier technischer Systeme liegen neben der BITV internationale und nationale Normen vor. Dazu zählen die ISO-Norm EN ISO 9241:171 *Leitlinien für die Zugänglichkeit von Software* (deutsche Übersetzung vgl. DIN 2008b) als Bestandteil der internationalen Richtlinien zur Gestaltung der HCI sowie der DIN-Fachbericht 124 (2002): *Gestaltung barrierefreier Produkte* (DIN 2002). Der Bericht beschreibt Anforderungen, Richtwerte und Empfehlungen für die Gestaltung barrierefreier Produkte.

10.1.1 Inklusion statt Integration

Der normative Gegensatz[10] *Integration versus Inklusion* beschreibt einen Wechsel von der Integration des Individuums in vorgegebene soziale Verhältnisse hin zur Schaffung einer das Individuum einschließenden sozialen Umwelt.

Der deutlichste Unterschied zwischen dem Begriff der ‚Integration' und dem der ‚Inklusion' ... , besteht darin, dass Integration von einer vorgegebenen Gesellschaft ausgeht, in die integriert

---

10 In Abgrenzung vom systemtheoretischen Verständnis der Inklusion/Exklusion bei Luhmann (vgl. Luhmann 1994; Luhmann 1995).

werden kann und soll, Inklusion aber erfordert, dass gesellschaftliche Verhältnisse, die exkludieren, überwunden werden müssen. (Kronauer 2010: 56)

Insbesondere in der Pädagogik wird dieser Paradigmenwechsel in Bezug auf die Bildung derzeit intensiv diskutiert (vgl. Hinz 2002: 354–361; sowie Hinz 2013). Tabelle 10-1 zeigt eine Gegenüberstellung der integrativen und inklusiven Praxis am Beispiel des deutschen Schulsystems (Hinz 2002: 359).

Tabelle 10-1: Praxis von Integration und Inklusion im Schulsystem (vgl. Hinz 2002: 359)

Praxis der Integration	Praxis der Inklusion
Eingliederung von Kindern mit bestimmten Bedarfen in die allgemeine Schule	Leben und Lernen für alle Kinder in der allgemeinen Schule
Differenziertes System je nach Schädigung	Umfassendes System für alle
Zwei-Gruppen-Theorie (behindert/nichtbehindert; mit/ohne sonderpäd. Förderbedarf)	Theorie einer heterogenen Gruppe (viele Minderheiten und Mehrheiten)
Aufnahme von behinderten Kindern	Veränderung des Selbstverständnisses der Schule
Individuumszentrierter Ansatz	Systemischer Ansatz
Fixierung auf die institutionelle Ebene	Beachtung der emotionalen, sozialen und unterrichtlichen Ebenen
Ressourcen für Kinder mit Etikettierung	Ressourcen für Systeme (Schule)
Spezielle Förderung für behinderte Kinder	Gemeinsames und individuelles Lernen für alle
Individuelle Curricula für Einzelne	Ein individualisiertes Curriculum für alle
Förderpläne für behinderte Kinder	Gemeinsame Reflexion und Planung aller Beteiligten
Anliegen und Auftrag der Sonderpädagogik und Sonderpädagogen	Anliegen und Auftrag der Schulpädagogik und Schulpädagogen
Sonderpädagogen als Unterstützung für Kinder mit sonderpädagogischem Förderbedarf	Sonderpädagogen als Unterstützung für Klassenlehrer, Klassen und Schulen
Ausweitung von Sonderpädagogik in die Schulpädagogik hinein	Veränderung von Sonderpädagogik und Schulpädagogik
Kombination von (unveränderter) Schul- und Sonderpädagogik	Synthese von (veränderter) Schul- und Sonderpädagogik
Kontrolle durch ExpertInnen	Kollegiales Problemlösen im Team

Die Gegenüberstellung veranschaulicht den Perspektivenwechsel vom Individuum hin zum sozialen System am Beispiel der Schule. Diese Verschiebung des Fokus zeichnet Inklusion als politisches Programm allgemein aus und ist verbunden mit neuen Konzepten, die auch das Verständnis von Barrierefreiheit verändern (Croll 2009: 162). Darüber hinaus wird soziale Inklusion unter dem Begriff der sozialen Diversität (Diversity) inzwischen auch deutlich weiter ge-

fasst und schließt neben der Behinderung auch Kultur bzw. Ethnie, Alter, Ge-
schlecht, sexuelle Orientierung sowie Religion bzw. Weltanschauung mit ein.
    Zusammenfassend lässt sich feststellen, dass derzeit der Bedarf für eine sozi-
ale Sichtweise allgemein anerkannt wird. Insbesondere im Bereich der politischen Willensbildung, der Architektur, des Bildungswesens, der IKT sowie der
Medizin stellt das Umdenken auch keine Randerscheinung mehr dar. Medizinische und soziale Perspektive der Behinderung werden dabei teils als sich gegenseitig ausschließend und teils als komplementär, d.h. sich gegenseitig ergänzend
aufgefasst.

10.2   Wertschöpfungskette der barrierefreien Bedienbarkeit

Dieser Abschnitt stellt die Wertschöpfungskette der barrierefreien Bedienung
einer Webanwendung (vgl. Abbildung 10-1) aus Abschnitt 5.2 im Detail dar.

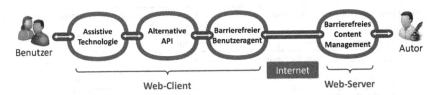

Abbildung 10-1: Wertschöpfungskette der barrierefreien Bedienung zur Laufzeit

10.2.1   Assistive Technologien

Assistive Technologie (AT) umfasst technische Hilfsmittel für die Unterstützung
bzw. Rehabilitation von Benutzern mit Einschränkungen. Sie zeichnet sich durch
eine große Vielfalt aus und die adäquate Versorgung im Rahmen der Rehabilitation erfordert daher i.A. Expertenwissen. In der Interaktion ergänzt bzw. ersetzt
AT die Standardkomponenten für die Ein- und Ausgabe. Assistive Technologie
umfasst in der Wertschöpfungskette der barrierefreien Interaktion jene Komponenten der Useware, mit denen der Benutzer unmittelbar physisch in Kontakt
steht. Die oft hoch spezialisierten Geräte bringen eigene Gerätetreiber mit, um
die Hardware mit den entsprechenden Schnittstellen des Betriebssystems zu
verbinden. In der barrierefreien Interaktion ergeben sich die Anforderungen des
Benutzers oft aus dem spezifischen Umgang mit der AT; bspw. resultiert die
Forderung nach seriellen Dialogen in der Interaktion u.a. aus der Vorlesefunkti-
onalität des Screenreaders, die Informationen seriell präsentiert. Abbildung 10-2
stellt die Einbindung der AT in die Bedienung der Webanwendung dar.

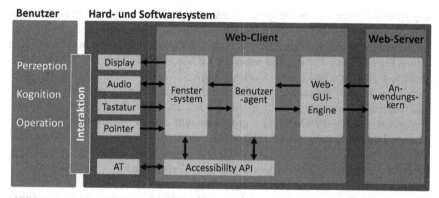

Abbildung 10-2: Komponenten der Interaktion mit AT und webbasierter Anwendung

Verbreitete AT sind Screenreader, Braillegeräte sowie Geräte für die zeigerunabhängige Bedienung. Screenreader sind ins Betriebssystem eingebundene Programme, die Softwareinhalte akustisch durch Vorlesen darstellen. Weitere Signaltöne können ergänzend vorhanden sein und ebenso Spracherkennung für die Kommando- und Spracheingabe. Screenreader sind darauf ausgelegt, dass der Benutzer auch ohne visuelle Wahrnehmung Zugriff auf das Betriebssystem und die Anwendungssoftware hat. Insbesondere für spätererblindete Benutzer, die die Brailleschrift gar nicht oder nur schlecht beherrschen, sind sie eine verbreitete AT. Auch Nutzer mit Braillezeilen oder mit Leseschwäche setzen Screenreader ein. Ein gängiger Screenreader – insbesondere im angelsächsische Raum – ist JAWS (Job Access With Speech, Freedom Scientific 2014).

10.2.2 Alternative Schnittstellen in Betriebssystemen

Moderne Betriebssysteme enthalten zusätzliche Schnittstellen zur Verbindung der AT mit der Anwendungssoftware bzw. dem Benutzeragenten. Betriebssysteme von Computern sind u.a. für die Kommunikation zwischen den Softwarekomponenten der Ein- und Ausgabe-Technologie (Maus-, Tastatur- und Grafiktreiber) und den Softwareanwendungen zuständig. Gegenüber älteren Paradigmen der Ein-/Ausgabe zeichnen sich GUIs durch eine einfache und flexible Bedienung aus, die auch die barrierefreie Bedienung unterstützen kann. Bestimmte AT erfordert zusätzliche Integration, um bspw. einen nicht-visuellen Zugriff auf den Desktop zu unterstützen. Seit den 1980er Jahren wurden verschiedene Reverse-Engineering-Techniken entwickelt (z. B. 1986 die Bildschirmlupe inLARGE), die benötigte Informationen u.a. aus dem Betriebssystem, dem Grafikspeicher und den Anwendungen extrahierten. Seit den 1990er Jahren haben sich für diesen Zweck allgemein alternative Schnittstellen etabliert (vgl. Tabelle 5-1), sodass die Anwendungen die benötigten Informationen direkt kommunizieren. Microsoft-Anwendungen haben durch die frühe Integration der Barrierefreiheit in das GUI-basierte Windows-Betriebssystem große Verbreitung unter den Anwendern von AT gewonnen. Für die Betriebssysteme Mac OS (ab Version 10.4) und iOS steht seit 2005 als integrierte Vorlesefunktion *VoiceOver* zur Verfügung. Aufgrund der hohen Marktdurchdringung und des zeitlichen Vorsprungs sind die Microsofttechnologien bis heute dominant. Insbesondere das Konzept der *Microsoft Accessibility API* (MSAA) wurde auch auf andere Plattformen übertragen und wird nachfolgend genauer vorgestellt.

10.2.2.1 Microsoft Active Accessibility und UI Automation

Die *Microsoft Active Accessibility API* (MSAA) bietet MS Windows-Anwendungen die Möglichkeit, Informationen zu gerenderten Objekten, Bedienelementen und Maus- oder Tastaturereignissen an AT zu liefern. Betriebssysteme der Windows-Familie enthalten sie seit Version Windows 95 (ab 1997 per Update verfügbar). Seit Windows 98 und NT 4.0 ist sie fest integriert. Seitdem wurde die MSAA kontinuierlich weiterentwickelt. Aus Sicht der MSAA fungieren Applikationen wie bspw. Word als MSAA-Server, die Informationen und Kontrolle über das UI anbieten und AT fungiert als MSAA-Client, der darauf zugreift (vgl. Abbildung 10-3, grüne Komponenten. Die MSAA unterstützt dazu Informationen über die Rolle, den Namen, den Wert und den Zustand eines UI-Elements. Seit Windows Vista ist die MSAA Bestandteil des deutlich leistungsfähigeren Frameworks *UI Automation* (UIA) (Abbildung 10-3: blaue Komponenten).

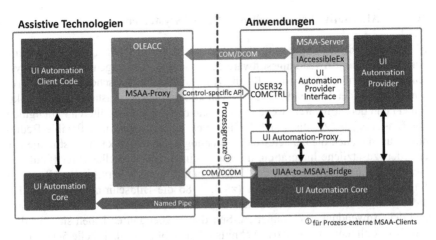

Abbildung 10-3: Architektur der MSAA und UIA ab Windows XP

UI Automation basiert auf WPF. Um die Abwärtskompatibilität zur MSAA zu gewährleisten, steht anwendungsseitig ein MSAA-to-UIA-Proxy zur Verfügung, an den Applikationen MSAA-Nachrichten senden können. Assistive Technologie kann über die UIA-to-MSAA-Bridge weiterhin auf MSAA-Nachrichten zugreifen. Dadurch ist sichergestellt, dass sowohl Anwendungen als auch Benutzeragenten, die nur die MSAA unterstützen, in das UIA integriert sind.

Intern bildet das UIA den Desktop (Root-Element) als Baumstruktur ab. Untergeordnete Elemente sind die Anwendungsfenster, weiterhin Komponenten, Einträge etc. Da das gesamte Modell typischerweise aus tausenden Elementen besteht, ist die Verwendung von Teilansichten oder Filtern möglich. Die wichtigsten Unterschiede zu MSAA sind die Nutzung von WPF statt COM, die Unterstützung von Views und Rich Text, Navigation, Identifikation sowie flexible Komponenten. Im Vergleich zur MSAA bietet UIA neben Filtern und Teilansichten weitere neue Funktionalitäten wie automatisierte Testskripts und Framework-unabhängige Sichten. Durch die Gleichstellung alternativer Ein- und Ausgabewege zu Grafikausgabe/Maus und Tastatur ergeben sich neue Möglichkeiten technologieunabhängiger Definition und Verarbeitung der Interaktion zwischen Benutzer und System. Sowohl für Microsoft Windows-Betriebssysteme als auch andere Plattformen existieren weitere Frameworks zur Integration von AT (vgl. Tabelle 5-1). Insbesondere der integrierte Screenreader *VoiceOver* für Apple-Betriebssysteme hat durch die Verbreitung des iPhone in den letzten Jahren an Bedeutung gewonnen.

10.2.3 Barrierefreie Benutzeragenten

In der Wertschöpfungskette der barrierefreien Interaktion mit Webinhalten (vgl. Abbildung 10-1) ist die Aufgabe des Benutzeragenten die Interpretation der Webinhalte. Ein barrierefreier Benutzeragent muss in der Lage sein, zusätzliche Informationen für die barrierefreie Nutzung abzurufen und darzustellen sowie eine barrierefreie Interaktion unterstützen indem er bspw. mit alternativen Schnittstellen im Betriebssystem kommuniziert. Werden Webstandards durch Browser nicht unterstützt, nötigt das Webentwickler zu Workarounds und erschwert schnelle Tests – bspw. mit Screening-Techniken. Insbesondere für Webbrowser gilt, dass Webentwickler keine Funktionalitäten verwenden, die nicht durch die gängigen Browser unterstützt werden (vgl. Gunderson 2008: 168). Das W3C stellt deshalb für barrierefreie Benutzeragenten eigene Empfehlungen zur Verfügung – die *User Agent Accessibility Guidelines* (UAAG, W3C 2014f), die spezifisch für den Bedarf im Web ausgelegt sind. Benutzeragenten umfassen neben Webbrowsern und deren Plugins auch Email-Clients etc. Vergleichbar zu den WCAG sind auch die UAAG nach Prinzipien, Richtlinien und Konformitätsstufen organisiert. Tabelle 10-2 stellt einen Überblick zum aktuellen Stand (Oktober 2014) der UAAG dar. Herausforderung für den Tastaturzugang ist derzeit, dass eine über alle Systemplattformen und Benutzeragenten hinweg gültige Belegung und Behandlung der Tastenkombinationen (Shortcuts) und Accesskeys fehlt (vgl. Gunderson 2008: 170–173). Die Belegung der Tasten orientiert sich daher vorzugsweise an den Konventionen des Betriebssystems. Neben dem Paradigma der Trennung von Inhalt und Layout unterstützen moderne Designansätze wie Liquid bzw. Responsive Layout eine benutzerspezifische Darstellung mit Anpassung der Schriftgröße, Farbkontraste etc.

Tabelle 10-2: Prinzipien der UAAG 2 (W3C 2014f)

Prinzip	Richtlinien
Benutzeragent und seine Ausgabe durch den Anwender wahrnehmbar	- Zugang zu alternativen Inhalten - Ergänzung fehlender Inhalte - Hervorhebung von Auswahlelementen, besuchten Links, Keyboardfokus etc. - Konfigurierbare Textdarstellung - Konfigurierbare Lautstärke, Sprachausgabe und benutzerdefinierte Stylesheets - Unterstützung der Benutzerorientierung - Alternative Ansichten - Informationen zu Elementen
Anwender kann Benutzeragenten kontrollieren und mit ihm interagieren	- Vollständiger Tastaturzugang - Sequentielle Navigation - Direkte Navigation und Aktivierung - Textsuche und strukturelle Navigation - Zugängliche Eventhandler - Konfigurierbare und speicherbare Benutzerpräferenzen - Konfigurierbare Kontrollelemente des Benutzeragenten - Unterstützung einer zeitunabhängigen Interaktion - Benutzer kann Blitzen unterbinden - Kontrollelemente für zeitbasierte Medien - Unterstützung alternativer Eingabegeräte
Anwender versteht die Funktionalitäten des Benutzeragenten	- Vermeidung und Beseitigung von Fehlern - Dokumentation des UI und der Funktionalitäten für die Barrierefreiheit - Vorhersehbares Verhalten des Agenten
Zugriff für AT auf Kontrollelemente des Benutzeragenten	- Unterstützung für die Einbindung von AT
Benutzeragent konform zu anderen Richtlinien für Barrierefreiheit z. B. WCAG und Plattformen (Windows, Linux etc.)	- Einhalten relevanter Spezifikationen und Konventionen

Eine gute Unterstützung der strukturellen Navigation zwischen Überschriften, Hyperlinks etc. bietet derzeit der Opera-Browser. Strukturelle Navigation (vgl. Hellbusch & Probiesch 2011: 255–272) per Tastatur nutzt den semantischen

Aufbau einer Seite für die Fokussetzung – bspw. durch direktes Ansteuern der Links. Darüber hinaus wird durch AT das Navigieren zwischen Seitenbereichen, Überschriften und Bildern unterstützt (z. B. JAWS) und so die notwendige Anzahl von Tastaturanschlägen reduziert. Neben der Navigation unterstützt strukturelle Navigation auch die Orientierung für Benutzer mit bestimmten Seheinschränkungen. Voraussetzung ist die korrekte Auszeichnung der Semantik in Webangeboten und die Unterstützung der entsprechenden Shortcuts in Browsern. Neben dem klassischen HTML bietet WAI-ARIA erweiterte Möglichkeiten der Auszeichnung von Seitenbereichen mit Rollen (Main, Navigation etc.).

In der ersten Version der WCAG forderte das W3C noch, dass Webseiten auch ohne aktiviertes Scripting funktional sein müssen, da zur Jahrtausendwende die fehlende standardkonforme Unterstützung von JavaScript dazu führte, dass es nur eingeschränkt eingesetzt werden konnte. In den letzten Jahren hat sich die standardkonforme Unterstützung von JavaScript deutlich verbessert und clientseitig dynamisch erzeugte Inhalte sind in RIAs heutzutage Normalität. Die Nutzer von Screenreadern aktivieren in Browsern JavaScript (WebAIM 2014b: JavaScript Enabled) und durch die Verwendung der WAI-ARIA bieten sich umfassende Möglichkeiten der barrierefreien Gestaltung interaktiver Inhalte.

Informationen über gerenderte Objekte auf dem Desktop reicht u.a. die MSAA bzw. UIA an AT weiter. Die alternative API bietet jedoch keinen direkten Zugriff auf HTML-Inhalte. Diese Informationen sind über das *Document Object Model* (DOM) verfügbar. Die UAAG fordern, dass Browser Accessibility APIs wie die MSAA unterstützen. Das schließt insbesondere den Zugriff auf das DOM mit ein, um zusätzliche Informationen über HTML-Inhalte an AT weitergeben zu können. Das DOM ist für den Einsatz mit Skriptsprachen wie JavaScript gedacht, da so die Inhalte einer Webseite über einen hierarchischen Elementbaum direkt manipuliert werden können. HTML-Elemente und - Attribute können direkt ausgewählt und ausgelesen werden. Typisches Problem der Barrierefreiheit einer Webseite im Zusammenhang mit dem DOM ist, dass der grafisch gerenderte Inhalt und das DOM nicht konsistent sind (Gunderson 2008: 185).

Die Barrierefreiheit der Benutzeragenten und insbesondere der Webbrowser bietet allgemein noch erhebliches Potenzial für Verbesserungen. Die Auswahl an Alternativen und die Standardkonformität haben sich in den letzten Jahren bereits verbessert. Daneben erfordern bspw. konkurrierende und inkonsistente Tastaturbelegungen übergreifende organisatorische Ansätze, um die Tastaturunterstützung zu verbessern.

10.2.4 Autorenwerkzeuge für barrierefreie Webinhalte

Die vierte Komponente der Wertschöpfungskette bildet die Produktion der Webinhalte durch Autoren (vgl. Abbildung 10-1). Die Inhaltserzeugung und Wartung komplexer Webangebote erfordert Prozessketten mit mehreren Beteiligten sowie ein *Content-Management* (vgl. Abbildung 10-4).

Abbildung 10-4: Prozesskette des Content-Managements nach FIAO (Bullinger 2000)

Dafür bieten *Content-Management-Systeme* (CMS, vgl. Tabelle 5-2) die notwendige Unterstützung. Ihre Kernfunktionalitäten umfassen:

– Trennung von Inhalt und Layout
– Templates für Inhalte, Layout und Funktionalitäten
– Automatisierte Erstellung der Navigationsfunktionalitäten: Hauptnavigation, Sitemap, Menüs, Suchfunktion etc.
– Grafische Weboberfläche für die Generierung von Inhalten und die Administration

Content-Management-Systeme trennen die administrativ-technische Seite der Systempflege vom Authoring und entlasten damit die Erstellung der Inhalte von technischen Aspekten und der Layoutpflege. Zusätzlich bieten einige Systeme auch umfangreiche Unterstützung für Redaktionsprozesse z. B. TYPO3 (vgl. Tabelle 5-2). Autorenwerkzeuge erzeugen automatisiert einen Teil der Inhalte, bieten Templates an, geben Auswahlmöglichkeiten und unterstützen die Mehrsprachigkeit. Zusätzlich unterstützen sie Autoren u.a. mit WYSIWYG-Editoren im Erstellungsprozess. Fehlt in einem Autorenwerkzeug die technische Unterstützung für barrierefreie Inhalte – durch eine nicht standardkonforme Auszeichnungssprache (Markup) oder fehlende Unterstützung von Alternativinformationen –, dann sind die damit erzeugten Inhalte nicht barrierefrei.

Für die barrierefreie Gestaltung von Autorenwerkzeugen wurden im Jahre 2000 durch das W3C erstmalig die *Authoring Tools Accessibility Guidelines* (ATAG, W3C 2000) publiziert. Die ATAG beschreiben, wie sich barrierefreie Inhalte durch Autorenwerkzeuge erzeugen lassen und wie die Barrierefreiheit des Werkzeugs selbst sichergestellt wird. Bis 2007 erfüllten nur wenige Werkzeuge die Empfehlungen der ATAG 1.0 mit der Priorität I und II (Treviranus 2008: 129). Aktuell in 2014 existieren einige CMS mit expliziter Unterstützung Barrierefreiheit. Tabelle 5-2 gibt dazu einen Überblick für die am häufigsten genutzten CMS inkl. Papoo – das die Unterstützung der Barrierefreiheit als Herausstellungsmerkmal anführt. Die zweite Version der ATAG (W3C 2013a) ist derzeit in Vorbereitung und orientiert sich zur Förderung der Konformität an den WCAG. Die zwei Schwerpunkte sind die Barrierefreiheit des Autorenwerkzeugs selbst und die Unterstützung in der Erzeugung barrierefreier Inhalte.

Tabelle 10-3: Prinzipien der ATAG 2 (W3C 2013a)

Teil A: Zugängliche Bedienoberfläche
A.1 Erfüllt relevante Richtlinien der Barrierefreiheit A.2 Wahrnehmbare Editor-Ansichten A.3 Operable Editor-Ansichten A.4 Verständliche Editor-Ansichten
Teil B: Unterstützung zur Erzeugung zugänglicher Webinhalte
B.1 Automatisierte Prozesse erzeugen barrierefreie Inhalte B.2 Unterstützung für Autoren in der Produktion barrierefreier Inhalte B.3 Unterstützung für Autoren in der Verbesserung der Barrierefreiheit existierender Inhalte B.4 Werkzeuge propagieren und integrieren ihre Unterstützung für barrierefreie Inhalte

Die Softwarearchitektur moderner CMS ist stark modularisiert; die Basisarchitektur des aktuellen Typo3 Neos besteht bspw. ohne Erweiterungen aus 17 Komponenten (vgl. Lobacher 2013). Die Module decken grundlegende Funktionalitäten ab – z. B. die Administration oder den Editor – und können entsprechend den eigenen Anforderungen erweitert werden. Der modulorientierte Ansatz der CMS bietet an, Barrierefreiheit in einzelnen Komponenten umzusetzen, die dann in mehreren Frameworks eingesetzt werden; bspw. wurde 2005 der HTML-Editor TinyMCE (TinyMCE Community 2014) konform zu den ATAG implementiert (vgl. Treviranus 2008: 129), der in Drupal, Joomla, Typo3 und WordPress zur Anwendung kommt. Module können auch extern entwickelt werden und die Umsetzung der Barrierefreiheit unterliegt u.U. keiner zentralen Kontrolle. Typischerweise erfolgt die Integration der Barrierefreiheit ohne systematische Konzepte über Kommentare zu Problemen und dem anschließenden Fixing durch einen Entwickler. Das barrierefreie Zusammenspiel zwischen den Modulen ist oft nicht vorhersehbar, bspw. durch Veränderungen im Layout, die Verwendung neuerer Technologie etc. Die Fehlersuche gestaltet sich entsprechend aufwändig. Content-Management-Systeme verwalten in Themes automatisiert den Darstellungsstil von Webseiten. Ein Theme umfasst Schrifttyp, Seitenstruktur, Farben, Layout etc. Das Theme ist damit für zahlreiche Aspekte der barrierefreien Bedienung relevant: Schriftgröße, Farbkontrast, Abfolge der Seitenelemente („Inhalt zuerst." versus Skip Link) etc. Durch die Trennung von Inhalt und Layout lassen sich Themes portieren und anpassen. Als Basis für barrierefreie Layouts wird das browserübergreifende CSS-Framework YAML (*Yet Another Multicolum Layout*) entwickelt. In diversen CMS ist YAML integriert (vgl. Tabelle 5-2).

Zusammenfassend kann festgestellt werden, dass CMS generell eine gute Unterstützung bei der Erzeugung barrierefreier Inhalte geben können und dass ihnen dabei auch eine essenzielle Rolle zukommt. Mit den ATAG liegen unterstützende Empfehlungen vor. In der Praxis ist jedoch ATAG- sowie WCAG-Konformität noch nicht die Regel. Die funktionale Modularisierung bietet dabei einerseits gutes Potenzial durch Wiederverwendung barrierefreier Komponenten, andererseits bringt jede Modulgrenze das Risiko einer Bedienbarriere mit sich.

10.3   Entwicklung barrierefreier Webanwendungen

Dieser Abschnitt ergänzt die Darstellung des Webentwicklungsprozesses in Abschnitt 5.2 (vgl. Abbildung 10-5). Schwerpunkt liegt auf der Darstellung der Methoden und Werkzeuge für die Implementation und Evaluation.

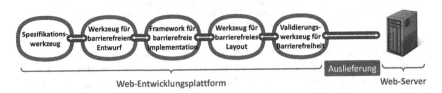

Abbildung 10-5: Prozess der barrierefreien Webentwicklung

10.3.1   Entwicklungsframeworks für Webanwendungen

10.3.1.1   Apache Flex (vorher Adobe Flex)

Apache Flex (ASF 2014b) ist ein Entwicklungsframework für RIAs, das auf Adobes Flash-Plattform (Adobe 2014c) aufsetzt. Flex orientiert sich als Erweiterung der Adobe-Flash-Plattform an den Bedürfnissen von Entwicklern. Die GUI wird mittels MXML (*Magic eXtensible Markup Language*) definiert und die Logik der UI-Komponenten getrennt vom Layout in XML. Die Beschreibung in MXML greift auf eine UI-Bibliothek zurück, die auch komplexere Komponenten, bspw. einen Datepicker, umfasst und erweiterbar ist. Da keine HTML-Ausgabe erfolgt, wird die Barrierefreiheit nicht auf Basis der WCAG o.ä. unterstützt, sondern unter Windows direkt über die MSAA (vgl. Anhang 10.2); d.h. unter Apple OS und Linux fehlt diese Unterstützung. Flex generiert Action Script-Code als Bytecode in einem Flash-Container, der auf allen unterstützten Plattformen läuft. Flex-Anwendungen können sowohl im Web über den Flash-Player abgespielt werden als auch auf dem Desktop über die *Adobe Integrated Runtime* (AIR, Adobe 2014a). Abgesehen von Linux/Unix unterstützt AIR alle gängigen Betriebssysteme. Als WYSIWYG-Editor steht Flex Builder für die GUI-Erzeugung zur Verfügung, der den MXML-Code erzeugt. Einen zu Flex vergleichbaren Ansatz verfolgt *OpenLaszlo* (Laszlo Systems 2010).

10.3.1.2   Java Server Faces & Apache MyFaces

Die *Java Server Faces*-Technologie (JSF, Oracle 2012) ist eine Spezifikation für interaktive Webanwendungen. JSF-Applikationen sind RIAs auf der Basis der Java-Enterprise-Edition-Plattform (Java EE). Für die Verwendung als Entwick-lungswerkzeug muss die JSF-Spezifikation implementiert werden, bspw. durch die Referenzimplementation *Mojarra* (Oracle 2014c). Weite Verbreitung (Sohn & Taboada 2011: 29) haben *Apache MyFaces* (ASF 2014a), *RichFaces* (JBoss 2014)und *PrimeFaces* (PrimeFaces Community 2014) gefunden, von denen MyFaces stellvertretend evaluiert wurde. Mit *Apache Trinidad* (ASF 2014d) und *Tobago* (ASF 2014c) stehen unter MyFaces umfangreiche zusätzliche UI-Kom-ponentenbibliotheken zur Verfügung. Das JSF-Konzept bietet Unterstützung für die Deklaration der Navigation und die Entwicklung von HighLevel-UI-Bibliotheken, die das HTML und JavaScript kapseln, sodass das Präsentations-modell mit einer geeigneten UI-Bibliothek abgebildet werden kann. Rapid Proto-typing lässt sich manuell umsetzen. Insbesondere Trinidad-Komponenten sind unter besonderer Berücksichtigung der Barrierefreiheit nach Section 508 (vgl. Abschnitt 3.3) implementiert und unterstützen verschiedene Modi der Zugäng-lichkeit inkl. einer Serialisierung der Interaktion mit AT. Code-Generierung für HTML und JavaScript wird unterstützt; für den Java-Code können die Funktio-nalitäten der Entwicklungsumgebung – z. B. in Eclipse – genutzt werden. Eine automatische Validierung der Barrierefreiheit wird nicht unterstützt. Die JSF-Architektur ist konform zum Architekturmuster MVC. Der Code wird bei Ände-rungen typischerweise neu kompiliert und lässt sich ansonsten gut warten, da kein direkter Eingriff in den Laufzeit-Code erforderlich ist. Abhängig von der verwendeten Library werden Beans unterstützt.

10.3.1.3   GWT Web Toolkit & Sencha GWT

Das *GWT Web Toolkit* (GWT, ehemals *Google Web Toolkit*, GWT Community 2014) ist ein Entwicklungsframework für RIAs. Implementierungssprache im GWT ist Java – server- und clientseitig. Der clientseitige Code (HTML und

JavaScript) wird durch das Toolkit automatisch erzeugt. GWT bietet Unterstützung für Unit-Tests sowie eine kleine Widget-Bibliothek für UI-Komponenten – in der Nutzung vergleichbar mit Java Swing. Eine HighLevel-Unterstützung für die UI-Modellierung gibt es derzeit nicht. Erweiternde Bibliotheken wie das auf GWT aufsetzende *Sencha GWT* (Sencha 2014) bieten ein deutlich umfangreicheres Angebot an HighLevel-UI-Komponenten. Rapid Prototyping wird durch das GWT nicht unterstützt und ist durch die enge Verzahnung von client- und serverseitigen Code auch in der manuellen Umsetzung aufwändig.

Das GWT unterstützt bereits seit längerem die WAI-ARIA, sodass eine plattformübergreifende, zeitgemäße Unterstützung der barrierefreien Bedienung vorliegt. Auch die UI-Komponenten des *Sencha GWT* unterstützen fast durchgängig die WAI-ARIA. Darüber hinaus hängt diese Unterstützung jeweils konkret von der Implementation der UI-Komponente ab und es lassen sich zusätzliche WAI-ARIA-Attribute direkt verwenden. GWT-Anwendungen sind browserbasiert und plattformunabhängig, insofern eine gute JavaScript-Unterstützung gegeben ist. Die Desktop-orientierte Erweiterung *Google Gears* wird seit 2011 nicht mehr weiterentwickelt. Als Entwicklungswerkzeug wird ein Eclipse-Plugin angeboten, das rudimentäre Code-Generation (get/set-Methoden) unterstützt, sowie diverse Funktionalitäten für Refactoring. Die Validation der Barrierefreiheit wird nicht unterstützt. GWT unterstützt das MVC-Entwurfspattern und RPCs. Front- und Backend-Bereich werden integrativ entwickelt und können sich Klassen und Interfaces teilen. Ebenso bietet GWT Unterstützung für den durchgehenden Austausch komplexer Datenobjekte zwischen Datenbank und Browser.

10.3.1.4   Java FX

Oracles *Java FX* (Oracle 2014a) ist ein Java-basiertes Entwicklungsframework für RIAs und Bestandteil des Java JDK. Die Webanwendung läuft in einer Java-Laufzeitumgebung des Browsers. HighLevel-Deklarationen für UIs werden in FXML definiert. Zusätzlich können Importe aus Adobe Photoshop, Illustrator oder im SVG-Format genutzt werden, sodass die Schnittstelle zwischen Designer und Entwickler vereinfacht wird. Grundlegende UI-Komponenten stehen zur Verfügung und auch erweiternde Bibliotheken sind verfügbar (z. B. JFXtras Community 2014). Layout und Code wird voneinander getrennt. Unterstützung für eine durchgehende barrierefreie Bedienung über die *Java Accessibility API* (JAAPI) bzw. *Java Access Bridge* (JAB) fehlt bisher. Eine plattformunabhängige Unterstützung auf Basis der WCAG oder WAI-ARIA ist nicht gegeben. JavaFX-Anwendungen laufen auf allen Systemen mit aktuellen JREs sowohl Desktop- als auch Browser-basiert. Codegenerierung wird nicht unterstützt. Spätere Änderungen werden durch die Trennung von Layout und Code unterstützt. Das MVC-Muster lässt sich implementieren.

10.3.1.5 Microsoft Silverlight & Expression Blend

Silverlight (Microsoft 2014b) ist eine proprietäre Browser-Erweiterung für RIAs unter Windows- und Apple OS-Systemen. Für die deklarative Beschreibung der Bedienoberfläche dient das text-basierte XAML (*Extensible Application Markup Language*). Die Beschreibung der Struktur erfolgt als Komponentenbaum, der sich mittels JavaScript manipulieren lässt. Silverlight setzt auf dem WPF-Framework auf. WPF bietet einen WYSIWIG-Editor, der die Erstellung von konkreten Präsentationsmodellen unterstützt. Silverlight bzw. WPF bieten eine umfangreiche Bibliothek von Steuerelementen für die UI. Die barrierefreie Bedienung wird über UI Automation unterstützt.

Rapid Prototyping wird durch die Entwicklungsumgebung Expression Blend (Microsoft 2014a) unterstützt. Die Steuerelemente lassen sich per Drag & Drop positionieren. Silverlight (für RIA) bzw. WPF (für Desktop-Anwendungen) generieren das entsprechende XAML-Markup. Ausgehend von der XAML-Deklaration erzeugt dazu Silverlight die Logik in JavaScript bzw. WPF in .NET-Sprachen wie C# oder Visual Basic. Silverlight implementiert eine Teilmenge der WPF-Komponenten. Die XAML-Deklaration wird durch das Silverlight-Browser-Plugin in HTML übersetzt. Die Evaluation der Oberflächenelemente bzw. Benutzerinteraktionen in Bezug auf Barrierefreiheit kann mit UI Automation (vgl. Anhang 10.2) erfolgen. Silverlight unterstützt die Entwurfsmuster MVC und MVVM.

10.3.1.6 Spring MVC und Web Flow

Spring (SpringSource 2014) ist ein Entwicklungsframework für die Java- und Java EE-Plattform, das insbesondere die lose Koppelung der Komponenten fördert. Der Schwerpunkt von Spring liegt im Bereich der klassischen Java-Entwicklung im Backend-Bereich, d.h. in der Implementierung von Anwendungsfunktionalitäten mit zahlreichen Modulen. Die Frontend-Entwicklung wird durch die Module *Spring MVC* und *Spring Web Flow* unterstützt. Dabei bietet Spring MVC verschiedene Komponenten für die Verarbeitung von Requests und mit Web Flow können ereignisbasiert Dialoge gestaltet werden. Grundlage der View-Deklaration sind *Java Server Pages* (JSP) und HTML. Für die Vereinfachung lassen sich Templates einsetzen. UI-Komponenten-Bibliotheken existieren nicht. Die Vermischung von HTML und JSP-Tags ist nicht mehr zeitgemäß und erschwert die Trennung von Layout und Code sowie deren Wartung. Rapid Prototyping und Barrierefreiheit (WCAG bzw. WAI-ARIA) werden nicht unterstützt und müssen manuell umgesetzt werden. Die erzeugte Webanwendung ist plattformunabhängig. Das MVC-Muster wird unterstützt, Codegenerierung dagegen nicht.

10.3.2   Evaluation der Barrierefreiheit

In Abschnitt 5.2 wird die Evaluation der Barrierefreiheit im Überblick dargestellt (vgl. Tabelle 5-6). Nachfolgend werden die einzelnen Validierungsmethoden genauer beschrieben.

10.3.2.1   Evaluation auf Standard-Konformität

Die Evaluation der Standardkonformität hat zum Ziel, zu überprüfen, ob ein Produkt einen bestimmten Standard für Barrierefreiheit erfüllt. Standards können organisationsinterne Richtlinien sein oder externe Richtlinien. Standards für die Barrierefreiheit liegen auf internationaler, nationaler Ebene ebenso vor wie von Standardisierungsgremien oder vom Gesetzgeber. Für Deutschland relevante Standards sind die BITV, die WCAG, die ISO 9241-171 sowie die ISO/IEC24756. Die Überprüfung auf Standardkonformität ist oft strikter als ein typischer Review der Benutzungsschnittstelle, insbesondere dann, wenn sie mit rechtlichen Anforderungen verbunden ist. Außerdem überlappen sich technische Aspekte und HCI-Aspekte oft gegenseitig.

10.3.2.2   Automatische Validierung

Validatoren prüfen automatisch Webinhalte auf Konformität mit Vorgaben wie den WCAG. Ihr Vorteil liegt in der schnellen und kostengünstigen Nutzung. Nachteilig ist, dass sich nicht alle Aspekte der barrierefreien Bedienbarkeit automatisiert prüfen lassen; bspw. kann ein Validator überprüfen, ob Alternativtexte für Bilder vorliegen, jedoch nicht feststellen, ob der Inhalt äquivalent zu Zweck und Funktion des Bildes ist. Der größte Teil der Validatoren ist für Webseiten und evaluiert die Konformität mit den WCAG des W3C. Letztendlich verbessern automatisierte Validatoren die Effizienz und ergänzen den Review durch den Anwender.

10.3.2.3   Heuristische Evaluation

In einer heuristischen Evaluation bewerten Experten die Konformität einzelner Komponenten mit Usability-Standards (Nielsen & Mack 1994). Analog erfolgt die heuristische Evaluation der Barrierefreiheit in Bezug auf Barrierefreiheit.

10.3.2.4   Design Walkthroughs

Während eines Design Walkthroughs werden Benutzer bei der Ausführung typischer Bedienabläufe in frühen Prototypen beobachtet (vgl. Rubin 1994). Ziel ist die Identifizierung potenzieller Benutzungsprobleme. Eine Testperson wird dabei durch repräsentative Tasks geführt. Verwendung finden prototypische Implementationen oder auch Papier-Mockups. Um gezielt die Barrierefreiheit zu evaluieren, werden entweder entsprechende Anforderungen in den Abläufen überprüft oder es werden gezielt Testabläufe entworfen. Ein Beispiel für den ersten Fall ist Beachtung der geräteunabhängigen Interaktion. Beschriebene Mausaktivitäten müssen auch per Tastatur ausführbar sein. Für den Entwurf von Walkthroughs werden Benutzerprofile sowie Szenarios mit adaptiven Strategien genutzt.

10.3.2.5 Usability Testing

Das Testen der Benutzbarkeit durch reale Benutzer liefert quantitative und qualitative Daten zum Ausführen von Bedienaufgaben. Typische Testroutinen zur Evaluation der Benutzbarkeit lassen sich um Aspekte der Barrierefreiheit erweitern inkl. des Testens durch Nutzer mit Beeinträchtigungen. Usability Tests sind gut geeignet, um zu evaluieren, wie ein Produkt verwendet wird oder wie benutzbar eine Technik zur Unterstützung der Barrierefreiheit ist. Sie sind nicht geeignet, um die Konformität mit Empfehlungen und Richtlinien zu überprüfen.

10.3.2.6 Screening-Techniken

Screening-Techniken sind einfache Aktivitäten zur frühzeitigen Identifizierung möglicher (sensorischer bzw. motorischer) Barrieren. Typischerweise interagieren dazu Entwickler bzw. Benutzer mit dem Produkt unter Einschränkung der sensorischen oder motorischen Fähigkeiten bspw. durch das Tragen dicker Handschuhe oder entsprechend modifizierter Brillen. Screening-Techniken umfassen das Testen von Adaptionsstrategien und von AT. Sie sind insbesondere in den Frühphasen der Entwicklung effektiv einsetzbar (vgl. Henry 2007: 105). Screening Tests werden meist nicht mit Benutzern mit Beeinträchtigung durchgeführt, sondern durch die Designer und Entwickler selbst. Sie stellen deshalb auch keine Simulationen realer Verhältnisse dar und sind fehleranfällig für Situationen, in denen die Expertise in der Benutzung von AT eine wichtige Rolle spielt, bspw. bei der Benutzung von Screenreadern. Screening-Techniken helfen, offensichtliche Barrieren frühzeitig zu erkennen. Insbesondere lassen sich spätere Benutzertests effizient gestalten, indem Kapitalfehler vermieden werden, die verhindern, dass ein Anwender mit sensorischen, motorischen oder kognitiven Einschränkungen einen Test vollständig durchführen kann.

11 Literaturverzeichnis

Abou-Zahra, Shadi (2008). Web Accessibility Evaluation, in Harper, Simon & Yesilada, Yeliz (Hg.): *Web Accessibility: A Foundation for Research*. London: Springer, 79–106.

ACM (2014a). *Association for Computing Machinery*. URL: http://www.acm.org/ [Stand 04.06.2014].

ACM (2014b). *The International ACM SIGACCESS Conference on Computers and Accessibility*. URL: http://www.sigaccess.org/assets/ [Stand 04.06.2014].

Adobe (2014a). *Adobe AIR*. URL: http://www.adobe.com/de/products/air.html [Stand 07.08.2014].

Adobe (2014b). *Adobe Dreamweaver CC*. URL: http://www.adobe.com/de/products/dream weaver.html[Stand 01.08.2014].

Adobe (2014c). *Ressourcen für Flash CS3*. URL: http://www.adobe.com/support/documentation /de/flash/ [Stand 07.08.2014].

Aegis (2012). *Personas*. URL: http://www.aegis-project.eu/index.php?option=com_content &view=article&id=63&Itemid=53,%20ACCESSIBLE%20Project??? [Stand 26.06.2014].

Allaire, Jeremy (2002). *Macromedia Flash MX - A next-generation rich client*. San Francisco, CA. URL: http://download.macromedia.com/pub/flash/whitepapers/richclient.pdf [Stand 04.06.2014].

Allen, James F. (1983). Maintaining Knowledge about Temporal Intervals. *Commun. ACM* 26(11), 832–843.

ASF (2014a). *Apache MyFaces*. URL: http://myfaces.apache.org [Stand 07.08.2014].

ASF (2014b). *Flex: The open-source framework for building expressive web and mobile applications*. URL: http://flex.apache.org [Stand 06.08.2014].

ASF (2014c). *MyFaces Tobago*. URL: http://myfaces.apache.org/tobago [Stand 07.08.2014].

ASF (2014d). *MyFaces Trinidad*. URL: http://myfaces.apache.org/trinidad/ [Stand 07.08.2014].

ASF (2014e). *Struts*. URL: http://struts.apache.org [Stand 06.08.2014].

ASF (2014f). *Tapestry 5*. URL: http://tapestry.apache.org [Stand 06.08.2014].

Assis, Patricia S. de, Schwabe, Daniel & Nunes, Demetrius A. (2006). ASHDM – Model-Driven Adaptation and Meta-adaptation, in Wade, Vincent, Ashman, Helen & Smyth, Barry (Hg.): *Adaptive Hypermedia and Adaptive Web-Based Systems*. Berlin Heidelberg: Springer. (LNCS, 4018), 213–222.

Baker, Paul, et al. (2009). *Model-driven Testing: Using the UML testing profile*. Berlin Heidelberg: Springer.

Balzer, Lars (2005). *Wie werden Evaluationsprojekte erfolgreich?: Ein integrierender theoretischer Ansatz und eine empirische Studie zum Evaluationsprozess. Dissertation*. Landau: Empirische Pädagogik.

Baresi, Luciano, et al. (2006). W2000: A Modeling Notation for Complex Web Applications, in Mendes, Emilia & Mosley, Nile (Hg.): *Web Engineering*. Berlin Heidelberg New York: Springer, 335–364.

Barfield, Lon (1993). *The User Interface: Concepts & Design*: Addison-Wesley. (Human computer interaction).

Bass, Leonard J., Clements, Paul & Kazman, Rick (2013). *Software Architecture in Practice*. 3. Aufl. Upper Saddle River, NJ: Addison-Wesley. (SEI series in software engineering).

Bass, Leonard J., Clements, Paul C. & Kazman, Rick (1997). *Software architecture in practice.* Reading, Massachusetts: Addison-Wesley. (SEI series in software engineering).

Beigbeder, Santiago M. & Castro, Cristina C. (2004). An MDA Approach for the Development of Web Applications, in Koch, Nora, Fraternali, Piero & Wirsing, Martin (Hg.): *Web Engineering.* Berlin Heidelberg: Springer. (LNCS, 3140), 300–305.

Berger, Andrea, et al. (2010). *Web 2.0 / barrierefrei: Eine Studie zur Nutzung von Web 2.0 Anwendungen durch Menschen mit Behinderung.* Bonn. URL: http://publikationen.aktionmensch.de/barrierefrei/Studie_Web_2.0.pdf.

Bhatia, Sunil (2008). Interview Pete Kercher, in Design For All Institute of India (Hg.): *Design for All: Newsletter.* Design for All Newsletter, 107–131.

Bichler, Martin & Nusser, Stefan (1996). Modular Design of Complex Web-applications with W3DT: *Proceedings 5th Workshop on Enabling Technologies, Infrastructure for Collaborative Enterprises (WET-ICE'96):* IEEE Computer Society, 328–333.

Blenkhorn, Paul & Evans, David G. (1994). A Method of Access to Computer Aided Software Engineering (CASE) Tools for Blind Software Engineers, in Zagler, Wolfgang L., Busby, Geoffrey & Wagner, Roland R. (Hg.): *Computers for Handicapped Persons: Proceedings 4th IC-CHP '94.* Berlin Heidelberg: Springer. (LNCS, 860), 321–328.

BMAS (2014). *Unser Weg in die inklusive Gesellschaft: Der nationale Aktionsplan der Bundesregierung zur Umsetzung der UN-Behindertenrechtskonvention.* Berlin. URL: http://www.bmas.de /SharedDocs/Downloads/DE/PDF-Publikationen/a740-nationaler-aktionsplan-barrierefrei.pdf? __blob=publicationFile [Stand 22.07.2014].

Boldt, Werner (1982). BRAILLEX - Der >>Elektronische Privatsekretär für Blinde<<. *Kultur & Technik* 1982, 68–72.

Booch, Grady (1994). *Object-oriented Analysis and Design with Applications (2Nd Ed.).* Redwood City, CA, USA: Benjamin-Cummings Publishing Co., Inc.

Bösl, Elsbeth (2012). Behinderung, Technik und gebaute Umwelt. Zur Geschichte des Barriereabbaus in der Bundesrepublik Deutschland seit dem Ende der 1960er Jahre, in Tervooren, Anja & Weber, Jürgen (Hg.): *Wege zur Kultur: Barrieren und Barrierefreiheit in Kultur- und Bildungseinrichtungen.* Köln: Böhlau. (Schriften des Deutschen Hygiene-Museums Dresden, 9), 29–51.

Bower, Andy & McGlashan, Blair (2000). Twisting the Triad: The evolution of the Dolphin Smalltalk MVP application framework: *Tutorial Paper for European Smalltalk User Group (ESUG).*

Boyd, Lawrence H. (1990). The Graphical User Interface Crisis: Danger and Opportunity. *Journal of Visual Impairment & Blindness* 84(10), 496–502.

British Standards Institution (2005). *British Standard 7000-6:2005. Design management systems: Part 6: Managing inclusive design – Guide.* London. URL: http://dx.doi.org/10.4017 /gt.2005.04.03.012.00.

Bullinger, Hans-Jörg (Hg.) (2000). *Content Management Systeme: Auswahlstrategien, Architekturen und Produkte; Dokumentation.* 3. erw. u. überarb. Aufl. Nürnberg: Wirtschaftswoche.

BMAS (2002). *Verordnung zur Schaffung barrierefreier Informationstechnik nach dem Behindertengleichstellungsgesetz (Barrierefreie-Informationstechnik-Verordnung - BITV).* Bundesministerium für Arbeit und Soziales.

BMAS (2011). *Verordnung zur Schaffung barrierefreier Informationstechnik nach dem Behindertengleichstellungsgesetz (Barrierefreie-Informationstechnik-Verordnung - BITV 2.0).* Bundesministerium für Arbeit und Soziales, 1–21.

BMJV (2002). *Gesetz zur Gleichstellung behinderter Menschen (Behindertengleichstellungsgesetz - BGG).* Bundesministerium für Justiz und Verbraucherschutz.

Bundestag (2008). *Gesetz zu dem Übereinkommen der Vereinten Nationen vom 13. Dezember 2006 über die Rechte von Menschen mit Behinderungen sowie zu dem Fakultativprotokoll vom 13. Dezember 2006 zum Übereinkommen der Vereinten Nationen über die Rechte von Menschen mit Behinderungen.* Bundestag. *Bundesgesetzblatt* 2008 Teil II, 1419–1457.

Calvary, Gaëlle, et al. User Interface eXtensible Markup Language SIG, 693–695.

Calvary, Gaëlle, et al. (2003). A unifying reference framework for multi-target user interfaces. *Interacting with Computers* 15, 289–308.

Calvary, Gaëlle & Pinna, Anne-Marie (2008). *Lessons of Experience in Model-Driven Engineering of Interactive Systems: Grand challenges for MDE?*

Calvary, Gaëlle., et al. (2002). *The CAMELEON Project: R&D Project IST-2000-30104.* URL: http://giove.isti.cnr.it/projects/cameleon/pdf/CAMELEON%20D1.1RefFramework.pdf [Stand 12.07.2012].

Card, Stuart K., Moran, Thomas P. & Newell, Allen (1983). *The Psychology of Human-Computer Interaction*: Lawrence Erlbaum Associates; New Ed edition.

Casteleyn, Sven, et al. (2006). Considering Additional Adaptation Concerns in the Design of Web Applications, in Wade, Vincent, Ashman, Helen & Smyth, Barry (Hg.): *Adaptive Hypermedia and Adaptive Web-Based Systems.* Berlin Heidelberg: Springer. (LNCS, 4018), 254–258.

Centeno, Vicente L., et al. (2005). Web Composition with WCAG in Mind, in ACM (Hg.): *W4A at WWW2005.* (ACM International Conference Proceeding Series, 88), 38–45.

Ceri, Stefano, et al. (2003). *Designing Data-intensive Web Applications.* Amsterdam: Kaufmann.

Ceri, Stefano, et al. (2007). Designing Data-intensive Web Applications for Content Accessibility Using Web Marts. *Commun. ACM* 50(4), 55–61.

Chang, Yen-ning, Lim, Youn-kyung & Stolterman, Erik (2008). Personas: From Theory to Practices: *Proceedings of the 5th Nordic Conference on Human-computer Interaction: Building Bridges.* New York: ACM Press. (NordiCHI '08), 439–442.

Charwat, Hans J. (1994). *Lexikon der Mensch-Maschine-Kommunikation.* 2. Aufl. München: Oldenbourg.

Chen, Peter P.-S. (1976). The Entity-Relationship Model - Toward a Unified View of Data. *ACM Trans. Database Syst.* 1(1), 9–36.

Chung, Lawrence, et al. (1999). *Non-Functional Requirements in Software Engineering.* New York: Springer. (International Series in Software Engineering, 1384-6469, 5).

Chung, Lawrence & Supakkul, Sam (2005). Representing NFRs and FRs: A Goal-Oriented and Use Case Driven Approach, in Hutchison, David, u.a. (Hg.): *Software Engineering Research and Applications: Second International Conference, SERA 2004 Los Angeles, CA, USA, May 5-7, 2004 Selected Revised Papers.* Berlin, Heidelberg: Springer. (LNCS), 29–41.

Clements, Paul, Kazman, Rick & Klein, Mark (2002). *Evaluating Software Architectures: Methods and case studies.* Boston: Addison-Wesley. (SEI series in software engineering).

Coleman, Roger, et al. (2003). From Margins to Mainstream, in Clarkson, John, u.a. (Hg.): *Inclusive Design: Design for the Whole Population.* London Berlin Heidelberg: Springer, 1–29.

Coleman, Roger, et al. (2007). *Design for Inclusivity: A Practical Guide to Accessible, Innovative and User-centred Design.* Aldershot, Burlington, VT: Gower; Ashgate Pub. (Design for social responsibility series).

Coleman, Roger, Bendixen, Karin & Tahkokallio, Päivi (2003). A European Perspective, in Clarkson, John, u.a. (Hg.): *Inclusive Design: Design for the Whole Population.* London Berlin Heidelberg: Springer, 288–307.

Conallen, Jim (1999). *Building Web applications with UML.* Reading, MA: Addison-Wesley. (Addison-Wesley object technology series).

Conallen, Jim (2002). *Building Web Applications with Uml*. 2nd. Boston: Addison-Wesley Longman Publishing Co., Inc.

Coninx, Karin, et al. (2003). Dygimes: Dynamically Generating Interfaces for Mobile Computing Devices and Embedded Systems, in Chittaro, Luca (Hg.): *Human-Computer Interaction with Mobile Devices and Services*. Berlin Heidelberg: Springer. (LNCS), 256–270.

Connell, Bettye R., et al. (1997). *Universal Design Principles: Version 2.0*. Raleigh NC. URL: http://www.ncsu.edu/ncsu/design/cud/about_ud/udprinciples.htm [Stand 25.07.2014].

Constantine, Larry L. (2003). Canonical Abstract Prototypes for Abstract Visual and Interaction Design, in Jorge, Joaquim A., Jardim Nunes, Nuno & Falcão e Cunha, João (Hg.): *Interactive Systems. Design, Specification, and Verification*. Berlin Heidelberg: Springer. (LNCS, 2844), 1–15.

Constantine, Larry L. (2004). Beyond User-Centered Design and User Experience: Designing for User Performance. *Cutter IT Journal* 17(2).

Constantine, Larry L. & Lockwood, Lucy (1999). *Software for Use: A Practical Guide to the Models and Methods of Usage-Centered Design*: Addison Wesley. (Acm Press Series).

Constantine, Larry L. & Lockwood, Lucy A. (2002). Usage-Centered Engineering for Web Applications. *IEEE Softw* 19(2), 42–50.

Cooper, Alan (2004). *The Inmates are Running the Asylum: Why High-Tech Products Drive Us Crazy and How to Restore the Sanity*. 2. Aufl. Idianapolis: Sams Publishing.

Cooper, Alan, Reimann, Robert & Cronin, David (2007). *About Face 3: The Essentials of Interaction Design*. Indianapolis, Indiana: Wiley Publishing.

Cooper, RJ. & Senge, Jeffrey C. (1994). An Attempt to Define Fully-Accessible Workstation Levels of Accessibility, in Zagler, Wolfgang L., Busby, Geoffrey & Wagner, Roland R. (Hg.): *Computers for Handicapped Persons: Proceedings 4th ICCHP '94*. Berlin Heidelberg: Springer. (LNCS, 860), 164–169.

Cornelssen, Iris & Schmitz, Christian (2008). *Barrierefreiheit ist ein Meilenstein auf dem Weg zum Internet der Zukunft*. URL: https://www.aktion-mensch.de/presse/pressemitteilungen /detail.php?id=304 [Stand 13.10.2014].

Croll, Jutta (2009). Internet - Digitale Integration mit allen Sinnen, in Christ, Wolfgang (Hg.): *Access for All: Zugänge zur gebauten Umwelt*. Basel Boston Berlin: Birkhäuser. (SpringerLink : Bücher), 158–169.

da Silva, Paulo P. (2001). User Interface Declarative Models and Development Environments: A Survey, in Palanque, Philippe & Paternó, Fabio (Hg.): *Interactive Systems: Design, Specification, and Verification*. Berlin Heidelberg: Springer. (LNCS, 1946), 207–226.

da Silva, Paulo P. (2002). Object modelling of interactive systems: The UMLi approach. Dissertation. University of Manchester.

Deutscher Bundestag 16. Wahlperiode *Gesetzentwurf der Bundesregierung: Entwurf eines Gesetzes zu dem Übereinkommen der Vereinten Nationen vom 13. Dezember 2006 über die Rechte von Menschen mit Behinderungen sowie zu dem Fakultativprotokoll vom 13. Dezember 2006 zum Übereinkommen der Vereinten Nationen über die Rechte von Menschen mit Behinderungen. Denkschrift*. (Drucksache). Berlin. URL: http://www.schleswig-holstein.de/MSGFG /DE/MenschenBehinderung/unKonvention__blob=publicationFile.pdf [Stand 22.07.2014].

DFKI (2014). *Das Projekt automotiveHMI*. URL: http://www.automotive-hmi.org/index.php?id=47 [Stand 06.06.2014].

Di Ruscio, Davide, Muccini, Henry & Pierantonio, Alfonso (2004). A Data-modelling Approach to Web Application Synthesis. *Int. J. Web Eng. Technol.* 1(3), 320–337.

DIMDI (2005). *Internationale Klassifikation der Funktionsfähigkeit, Behinderung und Gesundheit: ICF. Autorisierte deutsche Übersetzung der International Classification of Funtioning, Disability amd Health.*

DIN (2002). *DIN-Fachbericht 124:2002: Gestaltung barrierefreier Produkte.* (DIN-Fachbericht 124:2002). Berlin.

DIN (2008a). *Ergonomie der Mensch-System-Interaktion - Teil 110: Grundsätze der Dialoggestaltung (ISO 9241-110:2006); Deutsche Fassung EN ISO 9241-110:2006.* Berlin: Deutsches Institut für Normung.

DIN (2008b). *Ergonomie der Mensch-System-Interaktion - Teil 171: Leitlinien für die Zugänglichkeit von Software (ISO 9241-171:2008); Deutsche Fassung EN ISO 9241-171:2008.* Berlin: Deutsches Institut für Normung.

DIN (2011). *Ergonomie der Mensch-System-Interaktion - Teil 210: Prozess zur Gestaltung gebrauchstauglicher interaktiver Systeme (ISO 9241-210:2010); Deutsche Fassung EN ISO 9241-210:2010.* Berlin: Deutsches Institut für Normung.

Duncan, Richard (2007). *Universal Design - Clarification and Development: A Report for the Ministry of Enviroment, Government of Norway.* URL: http://www.universellutforming.miljo.no/file_upload/udclarification.pdf [Stand 20.07.2014].

Edwards, W. K., Mynatt, Elizabeth D. & Stockton, Kathryn (1994). Providing Access to Graphical User Interfaces - Not Graphical Screens: *Proceedings of the First Annual ACM Conference on Assistive Technologies.* New York: ACM. (Assets '94), 47–54.

EF (2014). *RAP - Remote Application Platform: Enabling modular business apps for desktop, browser and mobile.* URL: http://www.eclipse.org/rap/ [Stand 06.08.2014].

EIDD-Design for all Europe (2004). *Die EIDD Deklaration von Stockholm.* Stockholm. URL: http://www.designforalleurope.org/upload/design%20for%20all/sthlm%20declaration/stockholm_declaration_deutsch.pdf [Stand 16.07.2014].

El Kaim, William, Studer, Philippe & Muller, Pierre-Alain (2003). Model Driven Architecture for Agile Web Information System Engineering, in Konstantas, Dimitri, u.a. (Hg.): *Object-Oriented Information Systems.* Berlin Heidelberg: Springer. (LNCS, 2817), 299–303.

Ellger-Rüttgardt, Sieglind (2008). *Geschichte der Sonderpädagogik: Eine Einführung.* München, Basel: E. Reinhardt. (UTB, 8362).

Engels, Gregor & Kremer, Marion u. (2012). *Quasar 3.0: A Situational Approach to Software Engineering.* Paris. URL: https://www.yumpu.com/en/document/view/3805730/.

Engeström, Y., Miettinen, R. & Punamäki, R.L. (1999). *Perspectives on Activity Theory:* Cambridge University Press. (Learning in Doing: Social, Cognitive and Computational Perspectives).

Engineering Design Centre (2013). *Inclusive Design Toolkit.* URL: http://www.inclusivedesigntoolkit .com/ [Stand 20.07.2014].

Epsilon Community (2012). *Human Usable Textual Notation.* URL: http://www.eclipse.org/epsilon /doc/hutn/ [Stand 07.08.2014].

EU (2004). *Richtlinie 2004/18/EG des Europäischen Parlaments und des Rats vom 31.März 2004: über die Koordinierung der Verfahren zur Vergabe öffentlicher Bauaufträge, Lieferaufträge und Dienstleistungsaufträge. deutsche Ausfertigung.* Brüssel.

Europarat (2001). *Resolution ResAP(2001)1: On the Introduction of the Principles of Universal Design into the Curricula of all Occupations Working on the built environment. englische Fassung.* Straßburg. URL: https://wcd.coe.int/ViewDoc.jsp?Ref=ResAP%282001%291&Language =lanEnglish&Site=COE&BackColorInternet=DBDCF2&BackColorIntranet=FDC864&BackCo lorLogged=FDC864 [Stand 23.07.2014].

Europarat (2007). *Resolution ResAP(2007)3: Achieving Full Participation Through Universal Design. englische Fassung.* Straßburg. URL: https://wcd.coe.int/ViewDoc.jsp?id=1226267 &Site=COE&BackColorInternet=DBDCF2&BackColorIntranet=FDC864&BackColorLogged= FDC864 [Stand 23.07.2014].

Faulkner, Steve (2011). *HTML5 accessibility: A work in progress: Example solutions.* URL: http:// www.html5accessibility.com/index-aria.html [Stand 16.05.2014].

Faulkner, Steve (2014). *HTML5: A Work in Progress: March 2014. Editors Draft March 12, 2014.* URL: http://www.html5accessibility.com/ [Stand 16.06.2014].

Fembek, Michael, et al. (2014). *Zero Project Report 2014: International Study on the Implementation of the UN Convention on the Righs of Persons with Disabilties. Focus of the Year 2014: Accessibility.* Österreich. URL: http://zeroproject.org/wp-content/uploads/2013/12/ZERO-PROJECT-REPORT-2014.pdf.

Fette, Ian & Melnikov, Alexey (2011). *The WebSocket Protocol.* URL: http://tools.ietf.org/html /rfc6455 [Stand 02.06.2014].

Feuerstack, Sebastian (2010). An Interactive Dialogue Modelling Editor for Designing Multimodal Applications: *Proceedings of the 28th ACM International Conference on Design of Communication.* New York, NY, USA: ACM. (SIGDOC '10), 257–258.

Feuerstack, Sebastian (2012). *The Multimodal Interaction Framework.* URL: http://www.multi-access.de/ [Stand 06.06.2014].

Feuerstack, Sebastian, dos Santos Anjo, Mauro & Pizzolato, Ednaldo B. (2011). Modellierung und Ausführung von multimodalen Anwendungen auf Basis von Zustandsdiagrammen. *i-com* 10(3), 40–47.

Fiala, Zoltán & Houben, Geert-Jan (2005). A Generic Transcoding Tool for Making Web Applications Adaptive, in Belo, Orlando, u.a. (Hg.): *17th Conference on Advanced Information Systems Engineering (CAiSE 2005): CAiSE Forum, Short Paper Proceedings.* (CEUR Workshop Proceedings).

Fielding, Roy T. (2000). Architectural Styles and the Design of Network-based Software Architectures. PhD-Thesis. University of California.

Finkelstein, Anthony, Kramer, Jeff & Goedicke, Michael (1990). ViewPoint Oriented Software Development: *Proceedings of the Third International Workshop on Software Engineering and its Applications,* 337–351.

Fowler, Martin (2006). *GUI Architectures.* URL: http://martinfowler.com/eaaDev/uiArchs.html [Stand 27.05.2014].

Fowler, Martin (2011). *Domain-specific Languages:* Addison-Wesley. (The Addison-Wesley signature series).

Frasincar, Flavius, Houben, Geert-Jan & Barna, Peter (2010). Hypermedia Presentation Generation in Hera. *Information Systems* 35(1), 23–55.

Fraternali, Piero & Paolini, Paolo (1998). A Conceptual Model and a Tool Environment for Developing More Scalable, Dynamic, and Customizable Web Applications: *Proceedings of the 6th International Conference on Extending Database Technology: Advances in Database Technology.* London: Springer. (EDBT '98), 421–435.

Freedom Scientific (2014). *Blindness Solutions: JAWS: The World's Most Popular Windows Screen Reader.* URL: http://www.freedomsci.com/products/fs/JAWS-product-page.asp [Stand 03.08.2014].

Fuggetta, Alfonso (1993). A Classification of CASE Technology. *Computer* 26(12), 25–38.

Gaedke, Martin & Graf, Guntram (2000). WebComposition Process Model: Ein Vorgehensmodell zur Entwicklung und Evolution von Web-Anwendungen, in Flatscher, R. G. & Turowski, K.

(Hg.): *Workshop Komponentorientierte betriebliche Awendungssysteme (WKBA 2): Tagungsband 2*. Wien, 21–38.

Gaedke, Martin, Nussbaumer, Martin & Meinecke, Johannes (2004). WSLS: An Agile System Facilitating the Production of Service-Oriented Web Applications, in Matera, Maristella & Comai, Sara (Hg.): *Engineering Advanced Web Applications*: Rinton Press, Princetown, New Jersey, 26–37.

Garrett, Jesse J. (2005). *Ajax: A New Approach to Web Applications*. URL: http://web.archive.org/web/20080702075113/http://www.adaptivepath.com/ideas/essays/archives/000385.php [Stand 15.07.2014].

Garvin, David (1984). What does product quality really mean? *Sloan Management Review* 26, 25–45.

Garzotto, Franca, Paolini, Paolo & Schwabe, Daniel (1991). HDM - A Model for the Design of Hypertext Applications: *Proceedings of the Third Annual ACM Conference on Hypertext*. New York: ACM. (HYPERTEXT '91), 313–328.

Garzotto, Franca, Paolini, Paolo & Schwabe, Daniel (1993). HDM—a model-based approach to hypertext application design. *ACM Transactions on Information Systems (TOIS)* 11(1), 1–26.

Gay, Geri & Hembrooke, Helene (2004). *Activity-centered Design: An ecological approach to designing smart tools and usable systems*. Cambridge, MA: MIT Press. (Acting with technology).

Gellersen, Hans-Werner, Wicke, Robert & Gaedke, Martin (1997). WebComposition: an object-oriented support system for the Web engineering lifecycle. *Computer Networks and ISDN Systems* 29(8–13), 1429–1437.

Glinz, Martin (2005a). On Non-Functional Requirements: *Proceedings of the Third World Congress for Software Quality (3WCSQ '05)*, 21–26.

Glinz, Martin (2005b). Rethinking the Notion of Non-Functional Requirements: *Proceedings of the Third World Congress for Software Quality (3WCSQ '05)*, 55–64.

Göhner, Peter & Jeschke, Sabina (2011). *Zwischenbericht zum DFG-Forschungsvorhaben: Integrated Accessibility Models of User Interfaces for Web and Automation Systems (INAMO-SYS),. Geschäftszeichen JE 534/2-1 GO 810/26-1*. Aachen/Stuttgart.

Gómez, Jaime & Cachero, Cristina (2003). OO-H Method: Extending UML to Model Web Interfaces, in van Bommel, Patrick (Hg.): *Information Modeling for Internet Applications*. Hershey, PA, USA: IGI Publishing, 144–173.

Gonzalez-Calleros, Juan M., et al. (2009). Towards Canonical Task Types for User Interface Design: *Proceedings of the 2009 Latin American Web Congress (La-web 2009)*. Washington, DC, USA: IEEE Computer Society. (LA-WEB '09), 63–70.

Goodwin, Kim (2002). *Getting from Research to Personas: Harnessing the Power of Data*.

Gossman, John (2005). *Introduction to Model/View/ViewModel pattern for building WPF apps*. URL: http://blogs.msdn.com/b/johngossman/archive/2005/10/08/478683.aspx [Stand 27.05.2014].

Gunderson, Jon (2008). Desktop Browsers, in Harper, Simon & Yesilada, Yeliz (Hg.): *Web Accessibility: A Foundation for Research*. London: Springer, 163–193.

GWT Community (2014). *GWT Web Toolkit*. URL: http://www.gwtproject.org/ [Stand 04.06.2014].

Haan, Gert de (2000). ETAG: a Formal Model of Competence Knowledge for User Interface Design. Dissertation. Vrije Universiteit.

Halasz, Frank & Schwartz, Mayer (1990). The Dexter Hypertext Reference Model, in NIST (Hg.): *Proceedings of the Hypertext Workshop*. (NIST Special Publication, Bd. 500-178Bd), 95–133.

Hardt, Annett & Schrepp, Martin (2011). Barrierefreiheit von Webanwendungen mit dem ARIA Standard sicherstellen: Erste Erfahrungen aus einem Anwendungsprojekt, in Brau, Henning, u.a. (Hg.): *Proceedings of Usability Professionals 2011*. Stuttgart: German UPA, 153–157.

Harper, Simon & Yesilada, Yeliz (2007). Web Authoring for Accessibility (WAfA). *Web Semantics: Science, Services and Agents on the World Wide Web* 5(3), 175–179.

Harper, Simon & Yesilada, Yeliz (Hg.) (2008). *Web Accessibility: A Foundation for Research.* London: Springer.

Hellbusch, Jan E. & Probiesch, Kerstin (2011). *Barrierefreiheit verstehen und umsetzen:* dpunkt.

Helms, James, et al. (2008). *User Interface Markup Language (UIML) Version 4.0: Committee Draft. 23 January 2008.* Burlington, Massachusetts. URL: https://www.oasis-open.org/committees /download.php/28457/uiml-4.0-cd01.pdf [Stand 03.09.2014].

Helms, James, et al. (2009). Human-Centered Engineering with the User Interface Markup Language, in Seffah, Ahmed, Vanderdonckt, Jean & Desmarais, Michel C. (Hg.): *Human-Centered Software Engineering.* London: Springer. (Human-Computer Interaction Series), 141–173.

Henry, Shawn L. (2002). Another –ability: Accessibility Primer for Usability Specialists. URL: http://www.uiaccess.com/upa2002a.html [Stand 16.05.2014].

Henry, Shawn L. (2005). *Introduction to Web Accessibility.* URL: http://www.w3.org/WAI/intro /accessibility.php [Stand 06.05.2014].

Henry, Shawn L. (2007). *Just ask: Integrating Accessibility throughout Design.* Raleigh, North Carolina: Lulu.com.

HIIS-Laboratory (2010). *Multimodal TERESA - Tool for Design and Development of Multi-platform Applications.* URL: http://giove.isti.cnr.it/teresa.html [Stand 02.06.2014].

Hinz, Andreas (2002). Von der Integration zur Inklusion - terminologisches Spiel oder konzeptionelle Weiterentwicklung? *Zeitschrift für Heilpädagogik* 53(9), 354–361.

Hinz, Andreas (2013). Inklusion – von der Unkenntnis zur Unkenntlichkeit!? - Kritische Anmerkungen zu einem Jahrzehnt Diskurs über schulische Inklusion in Deutschland. *Zeitschrift für Inklusion*(1).

Hix, Deborah & Hartson, H. R. (1993). *Developing User Interfaces: Ensuring Usability through Product & Process.* New York: J. Wiley. (Wiley professional computing).

Hoffman, D., Grivel, E. & Battle, L. (2005). Designing software architectures to facilitate accessible Web applications. *IBM Systems Journal* 44(3), 467–483.

Honold, Frank, Schüssel, Felix & Weber, Michael (2011). A UML-based approach for model driven GUI generation, 26–32.

Horstmann, M., et al. (2004). TeDUB: Automatic Interpretation and Presentation of Technical Diagrams for Blind People, in Hersh, Marion (Hg.): *CVHI 2004.*

Houben, Geert-Jan, et al. (2008). HERA, in Rossi, Gustavo, u.a. (Hg.): *Web Engineering: Modelling and Implementing Web Applications.* London: Springer. (Human-Computer Interaction Series), 263–301.

IEEE (1990). *IEEE Standard Computer Dictionary: A Compilation of IEEE Standard Computer Glossaries. 610.* New York: Institute of Electrical and Electronics Engineers [Stand 16.06.2014].

Imrie, Robert (1996). *Disability and the City: International Perspectives.* London: P. Chapman.

Isakowitz, Tomás, Stohr, Edward A. & Balasubramanian, P. (1995). RMM: A Methodology for Structured Hypermedia Design. *Commun. ACM* 38(8), 34–44.

ISO (1993). *ISO/IEC 2382-1:1993 Information Technology; Vocabulary; Part 1: Fundamental terms.* (Bd. 35.020; 01.040.35Bd). Genf: ISO.

ISO (2011). *ISO/IEC 16262:2011 - Programming languages, their environments and system software interfaces - ECMAScript language specification.* 3. Aufl. Genf.

Jacobson, Ivar, et al. (1992). *Object-Oriented Software Engineering: A Use Case Driven Approach.* Reading: Addison-Wesley.

Jansen, Bernard J. (2006). Using Temporal Patterns of Interactions to Design Effective Automated Searching Assistance. *Commun. ACM* 49(4), 72–74.

JBoss (2014). *RichFaces.* URL: http://richfaces.jboss.org/ [Stand 07.08.2014].

Jeschke, Sabina, Pfeiffer, Olivier & Vieritz, Helmut (2009). Benutzungsorientierte Entwicklung barrierefreier Benutzungsschnittstellen, in Wandke, Hartmut, Kain, Saskia & Struve, Doreen (Hg.): *Mensch & Computer 2009: Grenzenlos frei!?: Interdisziplinäre Fachtagung.* München: Oldenbourg, 23–32.

JFXtras Community (2014). *JFXtras.* URL: http://jfxtras.org/ [Stand 07.08.2014].

Jureta, Ivan J., Mylopoulos, John & Faulkner, Stéphane (2009). A Core Ontology for Requirements. *Applied Ontology* 4(3-4), 169–244.

Kamm, Christian, Reine, Franke & Wördehoff, Hendrik (2001). Basisarchitektur E-Business: *GI Jahrestagung (2)*, 683–690.

Karshmer, Arthur I., et al. (1994). Adapting Graphical User Interfaces for Use by Visually Handicapped Computer Users: Current Results and Continuing Research, in Zagler, Wolfgang L., Busby, Geoffrey & Wagner, Roland R. (Hg.): *Computers for Handicapped Persons: Proceedings 4th ICCHP '94.* Berlin Heidelberg: Springer. (LNCS, 860), 16–24.

Kavaldjian, Sevan, et al. (2008). Transforming Discourse Models to Structural User Interface Models, in Giese, Holger (Hg.): *Models in Software Engineering:* Springer Berlin Heidelberg. (LNCS), 77–88.

Kieninger, Thomas & Kuhn, Norbert (1994). Hyperbraille: A Hypertext System for the Blind: *Proceedings of the First Annual ACM Conference on Assistive Technologies.* New York: ACM. (Assets '94), 92–99.

Kieras, David & Polson, Peter G. (1985). An Approach to the Formal Analysis of User Complexity. *International journal of man-machine studies* 22(4), 365–394.

Klein-Luyten, Malte, et al. (2009). *Impulse für Wrtschaftswachstum und Beschäftigung durch Orientierung von Unternehmen und Wirtschaftspolitik am Konzept Design für Alle: Gutachten im Auftrag des Bundesministeriums für Wirtschaft und Technologie.* Berlin. URL: http://www.idz.de/dokumente/DFA_schlussbericht.pdf [Stand 16.07.2014].

Kleppe, Anneke (2008). *Software Language Engineering: Creating Domain-Specific Languages Using Metamodels:* Addison Wesley.

Kluge, Verena, et al. (2011). Ein UML-basierter Ansatz für die modellgetriebene Generierung grafischer Benutzungsschnittstellen, in Gesellschaft für Informatik (Hg.): *INFORMATIK 2011 Lecture Notes in Informatics: INFORMATIK 2011 - Informatik schafft Communities:* 41. Jahrestagung der Gesellschaft für Informatik. (Bd. P192Bd).

Koch, Nora (2001). Software Engineering for Adaptive Hypermedia Systems: Reference Model, Modeling Techniques and Development Process. Dissertation. Ludwig-Maximilians-Universität.

Koch, Nora, et al. (2008). UML-based Web Engineering: An Approach Based on Standards, in Rossi, Gustavo, u.a. (Hg.): *Web Engineering: Modelling and Implementing Web Applications.* London: Springer. (Human-Computer Interaction Series), 157–191.

Kochanek, Dirk (1994). Designing an Offscreen Model for a GUI, in Zagler, Wolfgang L., Busby, Geoffrey & Wagner, Roland R. (Hg.): *Computers for Handicapped Persons: Proceedings 4th ICCHP '94.* Berlin Heidelberg: Springer. (LNCS, 860), 89–95.

Kronauer, Martin (2010). Inklusion – Exklusion. Eine historische und begriffliche Annäherung an die soziale Frage der Gegenwart, in Kronauer, Martin (Hg.): *Inklusion und Weiterbildung. Reflexi-*

onen zur gesellschaftlichen Teilhabe in der Gegenwart. Bielefeld: Bertelsmann. (Theorie und Praxis der Erwachsenenbildung), 24–58.

Kulak, Daryl & Guiney, Eamonn (2004). *Use Cases: Requirements in Context.* 2nd ed. Boston: Addison-Wesley.

Kurniawan, Sri H. (2008). Ageing, in Harper, Simon & Yesilada, Yeliz (Hg.): *Web Accessibility: A Foundation for Research.* London: Springer, 47–58.

Kurze, Martin (1996). TDraw: A Computer-based Tactile Drawing Tool for Blind People: *Proceedings of the Second Annual ACM Conference on Assistive Technologies.* New York: ACM. (Assets '96), 131–138.

Kurze, Martin (1999). Methoden zur computergenerierten Darstellung räumlicher Gegenstände für Blinde auf taktilen Medien. Dissertation. Freie Universität Berlin.

Lang, Tania (2003). *Comparing website accessibility evaluation methods and learnings from usability evaluation methods.* Brisbane. URL: http://www.peakusability.com.au/__documents/pdf /website_accessibility.pdf [Stand 02.06.2014].

Langridge, Stuart (2002). *Unobtrusive DHTML, and the power of unordered lists.* URL: http://www.kryogenix.org/code/browser/aqlists/ [Stand 26.06.2014].

Lano, Robert J. (1977). *The N2 Chart.* (TRW Software Series). Redondo Beach, CA.

Lano, Robert J. (1979). *A Technique for Software and Systems Design.* Amsterdam, New York: North-Holland Pub. Co., Elsevier North-Holland Pub. Co. (TRW series on software technology, Bd. v. 3Bd).

Laszlo Systems (2010). *OpenLaszlo.* URL: http://openlaszlo.org/ [Stand 06.05.2014].

Lauber, Rudolf & Göhner, Peter (1999). *Prozessautomatisierung 1: Automatisierungssysteme und-strukturen, Computer- und Bussysteme für die Anlagen- und Produktautomatisierung. Echtzeitprogrammierung und Echtzeitbetriebssysteme, Zuverlässigkeits- und Sicherheitstechnik*: Springer.

Laux, Lila F., et al. (1996). Designing the World Wide Web for People with Disabilities: A User Centered Design Approach: *Proceedings of the Second Annual ACM Conference on Assistive Technologies.* New York: ACM. (Assets '96), 94–101.

Lima, Fernanda & Schwabe, Daniel (2003). Modeling Applications for the Semantic Web, in Lovelle, Juan Manuel Cueva, u.a. (Hg.): *Web Engineering.* Berlin Heidelberg: Springer. (LNCS), 417–426.

Limbourg, Quentin, et al. (2005). USIXML: A Language Supporting Multi-path Development of User Interfaces, in Bastide, Rémi, Palanque, Philippe & Roth, Jörg (Hg.): *Engineering Human Computer Interaction and Interactive Systems.* Berlin Heidelberg: Springer. (LNCS), 200–220.

Lobacher, Patrick (2013). *Typo3 Neos: Das Kompendium.* URL: http://www.typovision.de/fileadmin /slides/TYPO3-Neos-Das-Kompendium-Patrick-Lobacher-typovision-20130808.pdf.

Loitsch, Claudia & Weber, Gerhard (2012). Viable Haptic UML for Blind People, in Miesenberger, Klaus, u.a. (Hg.): *Computers Helping People with Special Needs: Proceedings 13th ICCHP Part II.* Berlin Heidelberg: Springer. (LNCS, 7383), 509–516.

Longmore, Paul K. & Umansky, Lauri (2001). Disability History: From the Margins to the Mainstream, in Longmore, Paul K. & Umansky, Lauri (Hg.): *The New Disability History: American Perspectives.* New York: New York University Press. (The history of disability series), 1–29.

Lucke, Carsten (2009). *Architektur grafischer Bedienoberflächen: Komponentenbasierte Software-Architektur von GUI-Clients.* Saarbrüclken: VDM-Verlag.

Ludewig, Jochen & Lichter, Horst (2007). *Software Engineering: Grundlagen, Menschen, Prozesse, Techniken*: dpunkt-Verlag.

Luhmann, Niklas (1994). Inklusion und Exklusion, in Berding, Helmut (Hg.): *Nationales Bewußtsein und kollektive Identität*. Frankfurt a. M.: Suhrkamp. (Suhrkamp-Taschenbuch Wissenschaft, 1154), 15–46.

Luhmann, Niklas (1995). Inklusion und Exklusion, in Luhmann, Niklas (Hg.): *Soziologische Aufklärung 6: Die Soziologie und der Mensch*. Opladen: Westdeutscher Verlag, 237–264.

Lupton, Deborah & Seymour, Wendy (2000). Technology, Selfhood and Physical Disability. *Social Science and Medicine* 50(12), 1851–1862.

Luyten, Kris, et al. (2003). Derivation of a Dialog Model from a Task Model by Activity Chain Extraction, in Jorge, Joaquim A., Jardim Nunes, Nuno & Falcão e Cunha, João (Hg.): *Interactive Systems. Design, Specification, and Verification*. Berlin Heidelberg: Springer. (LNCS, 2844), 203–217.

Luyten, Kris (2004). Dynamic User Interface Generation for Mobile and Embedded Systems with Model-Based User Interface Development. Transnationale Universiteit.

Mace, Ronald L. (1985). *Universal Design, Barrier-Free Environments for Everyone*. Los Angeles: Designers West.

Mairiza, Dewi, Zowghi, Didar & Nurmuliani, Nurie (2010). An Investigation into the Notion of Non-functional Requirements: *Proceedings of the 2010 ACM Symposium on Applied Computing*. New York, NY, USA: ACM. (SAC '10), 311–317.

Marcos, E., et al. (2002). MIDAS/BD: A Methodological Framework for Web Database Design, in Arisawa, Hiroshi, u.a. (Hg.): *Conceptual Modeling for New Information Systems Technologies*. Berlin Heidelberg: Springer. (LNCS, 2465), 227–238.

Martin, Adriana E. (2013). Engineering Accessible Web Applications: An Aspect-Oriented Approach. Dissertation. Universidad Nacional de La Plata.

Martín, Adriana, et al. (2010). Engineering Accessible Web Applications. An Aspect-oriented Approach. *World Wide Web* 13(4), 419–440.

Martínez-Ruiz, Francisco J. (2010). A Development Method for User Interfaces of Rich Internet Applications. Dissertation. Université catholique de Louvain.

Meinecke, Johannes, Gaedke, Martin & Nussbaumer, Martin (2005). A Web Engineering Approach to Model the Architecture of Inter- Organizational Applications, in Turowski, Klaus & Zaha, Johannes M. (Hg.): *Component-Oriented Enterprise Applications: Proceedings of the Conference on Component-Oriented Enterprise Applications (COEA 2005)*. (LNI), 125–137.

Meisen, Tobias (2012). *Framework zur Kopplung numerischer Simulationen für die Fertigung von Stahlerzeugnissen*. Als Ms. gedr. Düsseldorf: VDI-Verl. (Fortschritt-Berichte VDI : Reihe 10, Informatik, Kommunikation, 823).

Meixner, Gerrit, Paternò, Fabio & Vanderdonckt, Jean (2011). Past, Present, and Future of Model-Based User Interface Development. *i-com* 10(3), 2–11.

Meixner, Gerrit & Schäfer, Robbie (2009). Modellbasierte Entwicklung von Benutzungsschnittstellen mit UIML. *i-com* 8(1), 60–67.

Meixner, Gerrit, Seissler, Marc & Breiner, Kai (2011). Model-Driven Useware Engineering, in Hussmann, Heinrich, Meixner, Gerrit & Zuehlke, Detlef (Hg.): *Model-Driven Development of Advanced User Interfaces*: Springer Berlin Heidelberg. (Studies in Computational Intelligence), 1–26.

Meixner, Gerrit, Seissler, Marc & Nahler, Marcel (2009). Udit – A Graphical Editor For Task Models, in Meixner, Gerrit, u.a. (Hg.): *4th International Workshop on Model Driven Development of Advanced User Interfaces*: CEUR Workshop Proceedings (Online). (CEUR Workshop Proceedings, 439).

Meliá, Santiago & Gomez, Jaime (2006). The webSA Approach: Applying Model Driven Engineering to Web Applications. *Journal of Web Engineering* 5(2), 121–149.

Merialdo, Paolo, Atzeni, Paolo & Mecca, Giansalvatore (2003). Design and Development of Data-intensive Web Sites: The Araneus Approach. *ACM Trans. Internet Technol.* 3(1), 49–92.

Metec AG (2007). *HyperBraille: Das grafikfähige Display für Blinde.* URL: http://www. hyperbraille.de/ [Stand 26.05.2014].

Microsoft (2012). *ASP.NET.* URL: http://msdn.microsoft.com/en-US/aa336522 [Stand 15.07.2014].

Microsoft (2014a). *Microsoft Expression: Changes.* URL: http://www.microsoft.com/expression/eng/ [Stand 01.08.2014].

Microsoft (2014b). *Silverlight 5.* URL: http://www.microsoft.com/silverlight/ [Stand 15.07.2014].

Miesenberger, Klaus, et al. (2014a). *Computers Helping People With Special Needs: Proceedings 14th ICCHP '14 Part I,* 2 Bde. (LNCS, 8547). Berlin Heidelberg: Springer.

Miesenberger, Klaus, et al. (2014b). *Computers Helping People With Special Needs: Proceedings 14th ICCHP '14 Part II,* 2 Bde. (LNCS, 8548). Berlin Heidelberg: Springer.

Moerchen, Fabian (2010). *Temporal pattern mining in symbolic time point and time interval data.* Princeton, NJ.

Moran, Thomas P. (1981). The Command Language Grammar: A Representation for the User Interface of Interactive Computer Systems. *International journal of man-machine studies* 15(1), 3–50.

Moran, Thomas P. (1983). Getting into a System: External-internal Task Mapping Analysis, in ACM (Hg.): *Proceedings of the SIGCHI Conference on Human Factors in Computing Systems.* New York: ACM. (CHI '83), 45–49.

Moreno, Lourdes (2010). AWA, Methodological Framework in the Accessibility Domain for Web Application Development. Dissertation. Universidad Carlos III de Madrid.

Moreno, Lourdes, et al. (2013). Supporting Accessibility in Web Engineering Methods: A Methodological Approach. *J. Web Eng.* 12(3&4), 181–202.

Moreno, Lourdes, Martínez, Paloma & Ruiz, Belén (2008). A MDD Aproach for Modelling Web Accessibility, in Olsina, Luis, u.a. (Hg.): *7th International Workshop on Web-Oriented Software Technologies (IWWOST'08),* 7–12.

Moreno, Nathalie & Vallecillo, Antonio (2008). Towards interoperable Web engineering methods. *JASIST* 59(7), 1073–1092.

MSDN (2001). *Microsoft Active Accessibility.* URL: http://msdn.microsoft.com/en-us/library/ms971350.aspx [Stand 04.06.2014].

Muller, Pierre-Alain, et al. (2005). Platform independent Web application modeling and development with Netsilon. *Software and System Modeling* 4(4), 424–442.

Müller, Andreas (2003). Spezifikation geräteunabhängiger Benutzerschnittstellen durch Markup-Konzepte. Dissertation. Universität Rostock.

Müller, Karin (2012). How to Make Unified Modeling Language Diagrams Accessible for Blind Students, in Miesenberger, Klaus, u.a. (Hg.): *Computers Helping People with Special Needs: Proceedings 13th ICCHP '12 Part I.* Berlin Heidelberg: Springer. (LNCS, 7382), 186–190.

Mullery, Geoff P. (1979). CORE - a Method for Controlled Requirement Specification, in IEEE (Hg.): *Proceedings of the 4th International Conference on Software Engineering.* Piscataway, New Jersey: IEEE Press. (ICSE '79), 126–135.

Myers, Brad A. & Rosson, Mary B. (1992). Survey On User Interface Programming: *Proceedings of the SIGCHI Conference on Human Factors in Computing Systems.* New York: ACM. (CHI '92), 195–202.

Neumann, Peter (2014). *Entwicklung handlungsleitender Kriterien für KMU zur Berücksichtigung des Konzepts Design für Alle in der Unternehmenspraxis: Studie im Auftrag des Bundesministeriums für Wirtschaft und Energie (Projekt Nr. 56/12)*. *Kurzfassung des Schlussberichts*. Münster. URL: http://www.bmwi.de/BMWi/Redaktion/PDF/Publikationen/Studien/entwicklung-hand lungsleitender-kriterien-fuer-kmu-zur-beruecksichtigung-des-konzepts-design-fuer-alle,property=pdf,bereich=bmwi2012,sprache=de,rwb=true.pdf.

Nielsen, J. & Mack, R.L. (1994). *Usability inspection methods*: Wiley. (Tutorial / Interact '95).

Nomensa (2006). *United Nations Global Audit of Web Accessibility*. Bristol London. URL: http://www.un.org/esa/socdev/enable/documents/fnomensarep.pdf [Stand 08.10.2014].

Oberquelle, Horst (1984). On Models and Modelling in Human-computer Co-operation, in van der Veer, G., Tauber, M. & Green, T. (Hg.): *Readings on Cognitive Ergonomics - Mind and Computers*. Berlin: Springer, 26–43.

Oliver, Michael (1983). *Social work with disabled people*. London: Macmillan, for the British Association of Social Workers. (Practical social work).

OMG (2004). *UML Human-Usable Textual Notation (HUTN)*. URL: http://www.omg.org/spec /HUTN/ [Stand 07.08.2014].

OMG (2011). *OMG's MetaObject Facility: MOF: Meta-Object Facility*. URL: http://www.omg.org /mof/ [Stand 11.07.2012].

OMG (2013a). *Business Process Model And Notation (BPMN)*. URL: http://www.omg.org/spec /BPMN/ [Stand 07.08.2014].

OMG (2013b). *Unified Modeling Language (UML)*. URL: http://www.omg.org/spec/UML/index.htm [Stand 11.07.2012].

OMG (2014a). *Object Constraint Language (OCL): OMG Formally Released Versions of OCL*. URL: http://www.omg.org/spec/OCL/ [Stand 30.10.2014].

OMG (2014b). *OMG Model Driven Architecture*. URL: http://www.omg.org/mda/ [Stand 02.06.2014].

OMG (2014c). *OMG's MetaObject Facility*. URL: http://www.omg.org/mof/ [Stand 07.08.2014].

OMG (2014d). *XML Metadata Interchange (XMI)*. URL: http://www.omg.org/spec/XMI/ [Stand 07.08.2014].

Oracle (2012). *JavaServer Faces Technology*. URL: http://www.oracle.com/technetwork/java/javaee /javaserverfaces-139869.html [Stand 12.07.2014].

Oracle (2014a). *Java FX 2*. URL: http://www.oracle.com/us/technologies/java/fx/overview/ [Stand 07.08.2014].

Oracle (2014b). *JavaServer Pages Technology*. URL: http://www.oracle.com/technetwork/java /javaee/jsp/index.html [Stand 06.08.2014].

Oracle (2014c). *Mojarra*. URL: https://java.net/projects/javaserverfaces/ [Stand 07.08.2014].

Ott, Katherine (2002). The Sum of it's Parts: An Introduction to Modern Histories of Protheties, in Ott, Katherine, Serlin, David & Mihm, Stephen (Hg.): *Artificial Parts, Practical Lives: Modern Histories of Prosthetics*. New York: New York University Press, 1–42.

Pastor, Oscar, et al. (2006). Conceptual Modelling of Web Applications: The OOWS Approach, in Mendes, Emilia & Mosley, Nile (Hg.): *Web Engineering*. Berlin Heidelberg New York: Springer, 277–302.

Paterno, Fabio, Mancini, Cristiano & Meniconi, Silvia (1997). ConcurTaskTrees: A Diagrammatic Notation for Specifying Task Models, in Howard, Steve, Hammond, Judy & Lindgaard, Gitte (Hg.): *Human-Computer Interaction INTERACT '97*: Springer New York. (IFIP — The International Federation for Information Processing), 362–369.

Paternò, Fabio, Santoro, Carmen & Spano, Lucio D. (2009). MARIA: A Universal, Declarative, Multiple Abstraction-level Language for Service-oriented Applications in Ubiquitous Environments. *ACM Trans. Comput.-Hum. Interact.* 16(4), 1–38.

Paternò, Fabio (2003). ConcurTaskTrees: An Engineered Notation for Task Models. *The Handbook of Task Analysis for Human-Computer Interaction*, 483–503.

Payne, Stephen J. & Green, T.R.G. (1986). Task-action Grammars: A Model of the Mental Representation of Task Languages. *Human-Computer Interaction* 2(2), 93–133.

Payne, Stephen J. & Green, T.R.G. (1989). The Structure of Command Languages: An Experiment on Task-action Grammar. *International journal of man-machine studies* 30(2), 213–234.

Peissner, Mathias & Hipp, Cornelia (2013). *Potenziale der Mensch-Technik-Interaktion für die effiziente und vernetzte Produktion von morgen*. Stuttgart: Fraunhofer-Verlag.

Peters, Cara & Bradbard, David A. (2010). Web accessibility: an introduction and ethical implications. *J. Inf., Comm, Ethics in Society* 8(2), 206–232.

Petrasch, Roland (2007). Model Based User Interface Design: Model Driven Architecture und HCI Patterns. *Softwaretechnik-Trends* 27(3), 5–10.

Petrie, Helen & Bevan, Nigel (2009). *The evaluation of accessibility, usability and user experience*.

Pietrek, Georg & Trompeter, Jens (Hg.) (2007). *Modellgetriebene Softwareentwicklung: MDA und MDSD in der Praxis*. Frankfurt am Main: Entwickler.Press.

Plessers, Peter, et al. (2005). Accessibility: A Web Engineering Approach, in Ellis, Allan & Hagino, Tatsuya (Hg.): *Proceedings of the 14th International Conference on World Wide Web*. New York: ACM. (WWW '05), 353–362.

Pohl, Klaus (2008). *Requirements Engineering: Grundlagen, Prinzipien, Techniken*: dpunkt.

Potel, Mike (1996). *MVP: Model-View-Presenter The Taligent Programming Model for C++ and Java"*, Taligent Inc.

PrimeFaces Community (2014). *PrimeFaces*. URL: http://www.primefaces.org/ [Stand 07.08.2014].

Pruitt, J. & Adlin, T. (2006). *The Persona Lifecycle: Keeping People in Mind Throughout Product Design*: Morgan Kaufmann. (Morgan Kaufmann Series in Interactive Technologies).

Reenskaug, Trygve (1979). *Thing-Model-View-Editor: an Example from a planningsystem*. URL: http://de.scribd.com/doc/6414921/Original-MVC-Pattern-Trygve-Reenskaug-1979 [Stand 27.05.2014].

Reisner, Phyllis (1981). Formal Grammar and Human Factors Design of an Interactive Graphics System. *IEEE Trans. Softw. Eng.* 7(2), 229–240.

Reuther, Achim (2003). *useML: Systematische Entwicklung von Maschinenbediensystemen mit XML*. Als Ms. gedr. Kaiserslautern: Univ., PAK.

Richards, John T., Montague, Kyle & Hanson, Vicki L. (2012). Web Accessibility As a Side Effect: *Proceedings of the 14th International ACM SIGACCESS Conference on Computers and Accessibility*. New York: ACM. (ASSETS '12), 79–86.

Rossi, Gustavo & Schwabe, Daniel (2006). Model-Based Web Application Development, in Mendes, Emilia & Mosley, Nile (Hg.): *Web Engineering*. Berlin Heidelberg New York: Springer, 303–333.

Rubin, Jeffrey (1994). *Handbook of Usability Testing: How to Plan, Design, and Conduct Effective Tests*. New York, NY, USA: John Wiley & Sons, Inc.

Rumbaugh, James, et al. (1991). *Object-oriented Modeling and Design*. Upper Saddle River, NJ, USA: Prentice-Hall, Inc.

Rumbaugh, James, Jacobson, Ivar & Booch, Grady (1997). *The Unifying Modeling Language, Documentation Set 1.0*. Santa Clara.

Rumpe, Bernhard (2003). Model-based Testing of Object-Oriented Systems, in Boer, Frank de, u.a. (Hg.): *Formal methods for components and objects: First international symposium, FMCO 2002, Leiden, The Netherlands, November 5 - 8, 2003; revised lectures*. Berlin Heidelberg: Springer. (LNCS, 2852), 380–402.

Salmen, John P. (2011). U.S. Accessibility Codes and Standards: Challenges for Universal Design, in Preiser, Wolfgang & Smith, Korydon (Hg.): *Universal Design Handbook*. New York u.a.: McGraw-Hill. (M-H handbooks).

Schäfer, Robbie (2007). *Model-Based Development of Multimodal and Multi-Device User Interfaces in Context-Aware Environments*. Aachen: Shaker. (C-LAB publication, Bd. Bd. 25Bd).

Schäfer, Robbie, Bleul, Steffen & Müller, Wolfgang (2007). Dialog Modeling for Multiple Devices and Multiple Interaction Modalities, in Coninx, Karin, Luyten, Kris & Schneider, Kevin A. (Hg.): *Task Models and Diagrams for Users Interface Design*. Berlin Heidelberg: Springer. (LNCS), 39–53.

Scharl, Arno (1999). A Conceptual, User-centric Approach to Modeling Web Information Systems: *Proceedings of Fifth Australian World Wide Web Conference (AusWeb99)*, 17–20.

Schilberg, Daniel (2010). *Architektur eines Datenintegrators zur durchgängigen Kopplung von verteilten numerischen Simulationen*. Als Ms. gedr. Düsseldorf: VDI-Verl. (Fortschritt-Berichte VDI : Reihe 10: Informatik, Kommunikation, 807).

Schillmeier, Michael (2007). Dis/abling Practices: Rethinking Disability. *Human Affairs* 17(5), 195–208.

Schlungbaum, Egbert (1996). *Model-based User Interface Software Tools Current state of declarative models*.

Schulte-Coerne, Till, et al. (2012). *ROCA - Resource-oriented Client Architecture: A collection of simple recommendations for decent Web application frontends*. URL: http://roca-style.org/ [Stand 20.06.2014].

Schwabe, Daniel & Rossi, Gustavo (1995). The Object-oriented Hypermedia Design Model. *Commun. ACM* 38(8), 45–46.

Schwinger, Wieland & Koch, Nora (2006). Modeling Web Applications, in Kappel, Gerti, u.a. (Hg.): *Web Engineering: The Discipline of Systematic Development of Web Applications*. Hoboken, New Jersey: John Wiley & Sons, 39–64.

Sencha (2014). *Sencha GXT: Application Framework for Google Web Toolkit*. URL: http://www.sencha.com/products/gxt/ [Stand 07.08.2014].

Shelest, Alexy (2009). *Model View Controller, Model View Presenter, and Model View ViewModel Design Patterns*. URL: https://workspaces.codeproject.com/alexy-shelest/model-view-controller-model-view-presenter-and-mod [Stand 27.04.2014].

Shneiderman, Ben (2000). Universal Usability: Pushing human-computer interaction research to empower every citizen. *Commun. ACM* 43(5), 84–91.

Siedersleben, Johannes (2004). *Moderne Software-Architektur: Umsichtig planen, robust bauen mit Quasar*: Dpunkt.

Sloan, David, et al. (2006). Contextual Web Accessibility - Maximizing the Benefit of Accessibility Guidelines, in ACM (Hg.): *Proceedings of the 2006 International Cross-disciplinary Workshop on Web Accessibility (W4A): Building the Mobile Web: Rediscovering Accessibility?* New York: ACM. (W4A '06), 121–131.

Sohn, Dirk M. & Taboada, Pappick G. (2011). *OIO Kompass: Java Web-Frameworks: Eine Studie zu den Hintergründen der Auswahl von Java Web-Frameworks*. Mannheim. URL: http://www.oio.de/public/java/java-web-frameworks-vergleich/OIO-Kompass-Webframeworks-Studie.pdf [Stand 07.08.2014].

Sommerville, Ian (2008). *Viewpoints.* URL: http://www.softwareengineering-9.com/Web/Require ments/Viewpoints.html [Stand 01.08.2014].

Sommerville, Ian (2010). *Software Engineering.* 9th. Boston: Addison-Wesley.

SpringSource (2014). *Spring.* URL: https://spring.io/ [Stand 07.08.2014].

Stahl, Thomas, u.a. (Hg.) (2007). *Modellgetriebene Softwareentwicklung: Techniken, Engineering, Management.* 2. Aufl. Heidelberg: dpunkt.

Starke, Gernot (2014). *Effektive Softwarearchitekturen: Ein praktischer Leitfaden.* 6., überarb. Aufl. München: Hanser.

Stiedl, Thomas (2009). *Multimodale Interaktion mit Automatisierungssystemen.* Aachen: Shaker.

Story, Molly, Mueller, James & Mace, Ronald (1998). *The Universal Design File: Designing for People of All Ages and Abilities:* North Carolina State University, Center for Universal Design.

Szekely, Pedro (1996). Retrospective and Challenges for Model-Based Interface Development, in Bodart, Francois & Vanderdonckt, Jean (Hg.): *Design, Specification and Verification of Interactive Systems '96:* Springer Vienna. (Eurographics), 1–27.

Tauber, Michael J. (1990). ETAG: Extended Task Action Grammar. A Language for the Description of the User's Task Language, in Diaper, Dan, u.a. (Hg.): *Proceedings of the IFIP TC13 Third Interational Conference on Human-Computer Interaction.* Amsterdam: North-Holland Publishing Co. (INTERACT '90), 163–168.

The PHP Group (2014). *PHP.* URL: http://php.net/ [Stand 15.07.2014].

Thimbleby, Harold (2010). *Press on: Principles of Interaction Programming.* Cambridge, Mass: MIT Press.

Thompson, Terry, et al. (2007). International Research on Web Accessibility for Persons With Disabilities, in Khosrow-Pour, Mehdi (Hg.): *Managing Worldwide Operations and Communications with Information Technology.* Hershey: IGI.

TinyMCE Community (2014). *TinyMCE Accessibility.* URL: http://www.tinymce.com/wiki.php /TinyMCE3x:Accessibility [Stand 01.08.2014].

Trætteberg, Hallvard (2002). Model-based User Interface Design. PhD Thesis. Norwegian University of Science and Technology.

Treviranus, Jutta (2008). Authoring Tools, in Harper, Simon & Yesilada, Yeliz (Hg.): *Web Accessibility: A Foundation for Research.* London: Springer, 127–138.

Troyer, Olga de & Leune, Carsten J. (1998). WSDM: a user centered design method for Web sites. *Computer Networks and ISDN Systems* 30(1-7), 85–94.

UN (2006). *Convention on the Rights of Persons with Disabilities.* New York. URL: https://treaties.un.org/Pages/ViewDetails.aspx?src=TREATY&mtdsg_no=IV-15&chapter=4&lang=en [Stand 22.07.2014].

United States Access Board (1998). *About the Section 508 Standards.* URL: http://www.access-board.gov/guidelines-and-standards/communications-and-it/about-the-section-508-standards [Stand 27.05.2014].

UsiXML Community (2012). *User Interface Extensible Mark-up Language: UsiXML.* URL: http://www.usixml.eu/ [Stand 11.07.2012].

Vallecillo, Antonio, et al. (2007). MDWEnet: A Practical Approach to Achieving Interoperability of Model-Driven Web Engineering Methods, in Koch, Nora, Vallecillo, Antonio & Houben, Geert-Jan (Hg.): *Workshops of 7th Intl. Conf. on Web Engineering: MDWE'07,* 246–254.

van der Sluijs, Kees, et al. (2006). Hera-S: Web Design Using Sesame, in Wolber, David, u.a. (Hg.): *Proceedings of the 6th International Conference on Web Engineering, ICWE 2006, Palo Alto, California, USA, July 11-14, 2006:* ACM, 337–344.

van Welie, Martijn (2001). *Task-based User Interface Design*. (SIKS dissertation series).

Vanderdonckt, Jean (2008). Model-Driven Engineering of User Interfaces: Promises, Successes, Failures, and Challenges.

Vanderdonckt, Jean M. & Bodart, François (1993). Encapsulating Knowledge For Intelligent Automatic Interaction Objects Selection: *Proceedings of the INTERACT '93 and CHI '93 Conference on Human Factors in Computing Systems*. New York: ACM. (CHI '93), 424–429.

VERVA (2008). *Swedish National Guidelines for Public Sector Websites. English translation*. URL: http://www.eutveckling.se/static/doc/swedish-guidelines-public-sector-websites.pdf   [Stand 21.07.2011].

Vieritz, Helmut, et al. (2011a). Discussions on Accessibility in Industrial Automation Systems: *Proceedings of the 2011 IEEE 9th International Symposium on Applied Machine Intelligence and Informatics (SAMI 2011)*. Piscataway, New York: IEEE, 111–116.

Vieritz, Helmut, et al. (2011b). User-Centered Design of Accessible Web and Automation Systems, in Holzinger, Andreas & Simonic, Klaus-Martin (Hg.): *Information Quality in e-Health*. Berlin Heidelberg: Springer. (LNCS, 7058), 367–378.

Vieritz, Helmut, Schilberg, Daniel & Jeschke, Sabina (2010). User Interface Modeling for Accessible Web Applications with the Unified Modeling Language, in Gnanayutham, Paul, Paredes, Hugo & Rekanos, Ioannis T. (Hg.): *Proceedings of 3rd International Conference on Software Development for Enhancing Accessibility and Fighting Info-exclusion (DSAI 2010)*, 119–125.

Vieritz, Helmut, Schilberg, Daniel & Jeschke, Sabina (2012). Access to UML Diagrams with the HUTN: *Proceedings of the 14th International ACM SIGACCESS Conference on Computers and Accessibility*. New York: ACM. (ASSETS '12), 237–238.

Vieritz, Helmut, Schilberg, Daniel & Jeschke, Sabina (2013). Early Accessibility Evaluation in Web Application Development, in Stephanidis, Constantine & Antona, Margherita (Hg.): *Universal Access in Human-Computer Interaction. User and Context Diversity*: Springer Berlin Heidelberg. (LNCS), 726–733.

Vilain, Patrícia, Schwabe, Daniel & Souza, Clarisse Sieckenius de (2000). A Diagrammatic Tool for Representing User Interaction in UML, in Evans, Andy, Kent, Stuart & Selic, Bran (Hg.): *«UML» 2000 — The Unified Modeling Language*. Berlin Heidelberg: Springer. (LNCS), 133–147.

W3C (1997). *World Wide Web Consortium Launches International Program Office for Web Accessibility Initiative: Government, Industry, Research and Disability Organizations Join Forces to Promote Accessibility of the Web*. Washington DC, USA. URL: http://www.w3.org/Press/IPO-announce [Stand 09.02.2014].

W3C (1999a). *HTML 4.01 Specification: W3C Recommendation 24 December 1999*. URL: http://www.w3.org/TR/1999/REC-html401-19991224/ [Stand 04.06.2014].

W3C (1999b). *Web Content Accessibility Guidelines 1.0: W3C Recommendation 5-May-1999. WCAG*. URL: http://www.w3.org/TR/WCAG10/ [Stand 11.05.2014].

W3C (1999c). *XML Path Language (XPath) Version 1.0: W3C Recommendation 16 November 1999*. URL: http://www.w3.org/TR/xpath/ [Stand 09.09.2014].

W3C (2000). *Authoring Tool Accessibility Guidelines 1.0: W3C Recommendation 3 February 2000*. URL: http://www.w3.org/TR/ATAG/ [Stand 12.05.2014].

W3C (2002). *User Agent Accessibility Guidelines 1.0: W3C Recommendation 17 December 2002*. URL: http://www.w3.org/TR/WAI-USERAGENT/ [Stand 12.05.2014].

W3C (2007). *XQuery 1.0: An XML Query Language: W3C Recommendation 23 January 2007*. URL: http://www.w3.org/TR/2007/REC-xquery-20070123/ [Stand 09.09.2014].

W3C (2008a). *Mobile Web Best Practices 1.0.* URL: http://www.w3.org/TR/mobile-bp/ [Stand 01.06.2014].

W3C (2008b). *Web Content Accessibility Guidelines (WCAG) 2.0: W3C Recommendation 11 December 2008.* URL: http://www.w3.org/TR/WCAG20/ [Stand 26.05.2014].

W3C (2009). *Richtlinien für barrierefreie Webinhalte (WCAG) 2.0: Autorisierte deutsche Übersetzung. Datum der Veröffentlichung: 29 Oktober 2009.* URL: http://www.w3.org/Translations /WCAG20-de/ [Stand 26.05.2014].

W3C (2011a). *Scalable Vector Graphics (SVG) 1.1 (Second Edition): W3C Recommendation 16 August 2011.* URL: http://www.w3.org/TR/SVG11/ [Stand 19.09.2014].

W3C (2011b). *WAI Guidelines and Techniques.* URL: http://www.w3.org/WAI/guid-tech.html.

W3C (2012a). *Developing Websites for Older People: How Web Content Accessibility Guidelines (WCAG) 2.0 Applies.* URL: http://www.w3.org/WAI/older-users/developing.html [Stand 04.06.2014].

W3C (2012b). *OWL 2 Web Ontology Language Document Overview (Second Edition): W3C Recommendation 11 December 2012.* URL: http://www.w3.org/TR/2012/REC-owl2-overview-20121211/ [Stand 15.09.2014].

W3C (2013a). *Authoring Tool Accessibility Guidelines (ATAG) 2.0: W3C Candidate Recommendation 7 November 2013.* URL: http://www.w3.org/TR/2013/CR-ATAG20-20131107/ [Stand 19.09.2014].

W3C (2013b). *Model-Based UI Working Group Charter.* URL: http://www.w3.org/2011/01/mbui-wg-charter.html [Stand 02.06.2014].

W3C (2014a). *Accessible Rich Internet Applications (WAI-ARIA) 1.0: W3C Recommendation 20 March 2014.* URL: http://www.w3.org/TR/wai-aria/ [Stand 27.06.2014].

W3C (2014b). *Accessible Rich Internet Applications 1.0. WAI-ARIA.* URL: http://www. w3.org/TR/wai-aria/ [Stand 11.07.2012].

W3C (2014c). *HTML5: A Vocabulary and Associated APIs for HTML and XHTML. W3C Last Call Working Draft 17 June 2014.* URL: http://www.w3.org/TR/html/ [Stand 30.07.2014].

W3C (2014d). *MBUI - Task Models: W3C Working Group Note 08 April 2014.* URL: http://www. w3.org/TR/task-models/ [Stand 02.06.2014].

W3C (2014e). *The WebSocket API: Editor's Draft 14 May 2014.* URL: http://dev.w3.org/html5 /websockets/.

W3C (2014f). *User Agent Accessibility Guidelines (UAAG) 2.0: W3C Working Draft 25 September 2014.* URL: http://www.w3.org/TR/2014/WD-UAAG20-20140925/.

W3C (2014g). *WAI-ARIA 1.0 User Agent Implementation Guide: A user agent developer's guide to understanding and implementing Accessible Rich Internet Applications. W3C Recommendation 20 March 2014*: World Wide Web Consortium. URL: http://www.w3.org/TR/2014/REC-wai-aria-implementation-20140320/ [Stand 12.05.2014].

W3C (2014h). *Web Accessibility Initiative (WAI).* URL: http://www.w3.org/WAI/ [Stand 18.09.2014].

W3C (2014i). *Website Accessibility Conformance Evaluation Methodology 1.0: WCAG-EM. W3C Working Draft 30 January 2014.* URL: http://www.w3.org/TR/WCAG-EM/ [Stand 02.06.2014].

W3Techs (2014). *Usage of Content Management Systems for Websites.* URL: http://w3techs.com /technologies/overview/content_management/all [Stand 27.02.2014].

WAB Cluster Community (2007). *UWEM 1.2: Unified Web Evaluation Methodology version 1.2.* URL: http://www.wabcluster.org/uwem1_2/ [Stand 27.05.2014].

WebAIM (2009). *Screen Reader User Survey #2 Results.* URL: http://webaim.org/projects/screen readersurvey2/ [Stand 26.06.2014].

WebAIM (2014a). *Accessible JavaScript.* URL: http://webaim.org/techniques/javascript/ [Stand 26.06.2014].

WebAIM (2014b). *Screen Reader User Survey #5 Results.* URL: http://webaim.org/projects/screen readersurvey5/ [Stand 26.06.2014].

Welti, Felix (2012). Rechtliche Vorraussetzungen von Barrierefreiheit in Deutschland, in Tervooren, Anja & Weber, Jürgen (Hg.): *Wege zur Kultur: Barrieren und Barrierefreiheit in Kultur- und Bildungseinrichtungen.* Köln: Böhlau. (Schriften des Deutschen Hygiene-Museums Dresden, 9), 67–84.

WHO (1980). *International Classification of Impairments, Disabilities, and Handicaps (ICIDH).* Genf. URL: http://whqlibdoc.who.int/publications/1980/9241541261_eng.pdf [Stand 10.02.2014].

WHO (2001). *International Classification of Functioning, Disability and Health (ICF).* Genf. URL: http://books.google.de/books?id=lMZPmEJrJ3sC [Stand 21.05.2014].

Wilson, M. D., et al. (1988). Knowledge-Based Task Analysis for Human-Computer Systems, in van der Veer, G., u.a. (Hg.): *Working with Computers: Theory vs. Outcome*: Academic Press.

Wolffgang, Ulrich (2012). Modellgetriebene Entwicklung daten- und prozessbasierter Webapplikationen. Dissertation. Westfälische Wilhelms-Universität Münster.

Woods, Stefan (2007). Websites for Visually Impaired Users. Thesis. Vrije Universiteit Brussel.

Yazdi, Farzan, et al. (2011). A Concept for User-Centered Development of Accessible User Interfaces for Industrial Automation Systems and Web Applications, in Stephanidis, Constantine (Hg.): *Universal Access in Human-Computer Interaction. Applications and Services: 6th International Conference, UAHCI 2011, Held as Part of HCI International 2011.* Berlin Heidelberg: Springer. (LNCS, 6768), 301–310.

Yesilada, Yeliz, et al. (2004). Screen readers cannot see, in Koch, Nora, Fraternali, Piero & Wirsing, Martin (Hg.): *Web Engineering.* Berlin Heidelberg: Springer. (LNCS, 3140), 445–458.

Yesilada, Yeliz, et al. (2007). Evaluating DANTE: Semantic Transcoding for Visually Disabled Users. *ACM Trans. Comput.-Hum. Interact.* 14(3).

Zeller, Jürgen (2014). *Client Utilities & Framework.* 2. Aufl. URL: http://cuf.sourceforge.net [Stand 31.07.2014].

Zimmermann, Gottfried & Vanderheiden, Gregg (2007). Accessible design and testing in the application development process: considerations for an integrated approach. *Universal Access in the Information Society* 7(1-2), 117–128.

Zola, Irving K. (1982). *Missing Pieces: A Chronicle of Living with a Disability.* Philadelphia: Temple University Press.

Zühlke, Detlef (2002). USEWARE – Herausforderung der Zukunft. *Automatisierungstechnische Praxis atp* 44(9).

Printed in the United States
By Bookmasters